U0158479

本书受国家社科基金一般项目（16BZX025）、国家社科基金重大项目（19ZDA040）资助出版

技术创新
实践哲学论纲

夏保华 吴一迪 刘战雄 王 皓／著

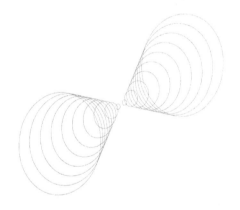

Outline for Practical
Philosophy of
Technological Innovation

科学出版社
北 京

内 容 简 介

本书在解决技术创新的当代"实践性难题"和反映"新实践"时代精神的学术旨趣驱动下，努力超越当前流行的技术创新中性论的经济主义解释范式，突破"技术实践"与"伦理实践"相互割裂的哲学理论传统，审慎提出作为"技术-伦理实践"的全责任创新理念，将技术创新由一个纯粹工具主义的现代性经济范畴提升为一个全面的价值实践哲学范畴。本书内容具体由三部分组成，即思想篇、理论篇和实践个案篇。思想篇主要集中梳理被学界忽略的技术人类学视域中的技术创新实践思想观念；理论篇主要集中在基于负责任创新研究的全责任创新的理论建构上；实践个案篇主要集中在电脑游戏设计创新的实践哲学研究上。

本书可供科技哲学领域研究者、管理工作者以及高校有关学科领域师生阅读参考。

图书在版编目（CIP）数据

技术创新实践哲学论纲/夏保华等著. —北京：科学出版社，2023.10
ISBN 978-7-03-076427-0

Ⅰ. ①技… Ⅱ. ①夏… Ⅲ. ①技术哲学-研究 Ⅳ. ①N02

中国国家版本馆 CIP 数据核字（2023）第 181479 号

责任编辑：邹 聪 陈晶晶/责任校对：韩 杨
责任印制：师艳茹/封面设计：有道文化

科 学 出 版 社 出版
北京东黄城根北街 16 号
邮政编码：100717
http://www.sciencep.com

北京中科印刷有限公司 印刷
科学出版社发行 各地新华书店经销
＊

2023 年 10 月第 一 版 开本：720×1000 B5
2023 年 10 月第一次印刷 印张：18 3/4
字数：330 000

定价：128.00 元

（如有印装质量问题，我社负责调换）

目　　录

引　论

技术创新在近半个世纪被视为现代社会的象征和解决所有问题的万能钥匙，受到中外经济学家、管理学家、政治家和民众的热情追捧。在当代技术创新颂歌喧嚣的背后，技术创新实践的本质到底是什么，或者说，技术创新实践何以可能，就成为一个有待认真反思的深层次哲学问题。

在我国，20 世纪 90 年代，陈昌曙、关士续、远德玉、刘则渊、陈文化等先生在研究技术创新的动力、能力等问题时，已初步涉及技术创新实践的本质问题。基于"技术过程论"，陈昌曙、远德玉、陈凡等提出一个代表性观点，即技术创新是科学技术成果向现实生产力转化的社会化过程。这种从技术哲学与技术社会学角度提出的技术创新实践本质的观点，深化了当时经济学家和管理学家普遍持有的将技术创新作为新技术的首次商业化的认识，曾被誉为"技术创新研究的新范式"。但究其根本，当时人们依然习以为常地将技术创新视为一个"经济范畴"，保留着浓厚的"科技推动色彩"，而未对作为思维前提的"现代性意识"本身作批判性反思和清理。

进入 21 世纪以后，受陈昌曙先生"认真地从哲学和社会学的视野探讨技术创新"倡议的影响，我国多位科技哲学专家试图从哲学高度揭示技术创新实践的本质，譬如：陈其荣[①]、王大洲[②]、李兆友[③]等人的认识论视角研究；关士续[④]、安维复[⑤]、吴永忠[⑥]等人的建构论、信息论视角研究；远德玉[⑦]、金吾伦[⑧]、王滨[⑨]等人的过程论、生成论视角研究；赵建军[⑩]、陈文化等[⑪]、彭福

---

① 陈其荣. 技术创新的哲学视野. 复旦学报（社会科学版），2000，（1）：14-20，75.

② 王大洲. 技术创新与制度结构. 沈阳：东北大学出版社，2001.

③ 李兆友. 技术创新论：哲学视野中的技术创新. 沈阳：辽宁人民出版社，2004.

④ 关士续. 技术与创新研究. 北京：中国社会科学出版社，2005.

⑤ 安维复. 技术创新的社会建构——建立健全国家创新体系的理论分析和政策建议. 上海：文汇出版社，2003.

⑥ 吴永忠. 技术创新的信息过程论. 沈阳：东北大学出版社，2002.

⑦ 远德玉. 过程论视野中的技术：远德玉技术论研究文集. 沈阳：东北大学出版社，2008.

⑧ 金吾伦. 创新的哲学探索. 上海：东方出版中心，2010.

⑨ 王滨. 技术创新过程论——对中间试验的哲学探索. 上海：同济大学出版社，2002.

⑩ 赵建军. 创新之道：迈向成功之路. 北京：华夏出版社，2011.

⑪ 陈文化，田幸，陈晓丽. 全面创新学. 长沙：中南大学出版社，2014.

扬等①的全面发展论视角研究；巨乃岐②、易显飞③等人的价值论视角研究；等等。这些哲学视角的研究都旨在突破技术创新的经济主义解释框架，试图更深刻地把握技术创新实践的本质。但遗憾的是，上述这些研究本身还多停留在哲学认识论和方法论层面，着重揭示技术创新的技术性实践内容与机制。它们指认技术创新是一种"实践"，但却忽视了技术创新的"实践性"本身这个根本的实践哲学问题。

比较而言，在国外，关于技术创新实践的认识论和方法论研究早已存在。代表性成果有：德克斯的发明划界理论④、德韶尔的发明"第四王国"理论⑤、阿奇舒勒的发明问题解决理论⑥、多西的"技术范式"理论⑦、斯坦纳的突出非常规个体作用的创新哲学理论⑧、阿瑟的发明结构理论⑨等。但值得注意的是，进入21世纪后，在这种认识论和方法论研究进路持续进行的同时，国外出现了集本体论、价值论和认识论于一体的综合性研究趋势，主要成果包括：①高汀从思想史上试图揭示当代流行的技术创新的经济主义解释框架的历史性及其局限⑩；②芬伯格基于社会建构论论证技术决定论的自然主义谬误，温纳揭示技术配置的政治性和价值性意蕴，他们试图从哲学上揭示技术创新实践内在的实践建构性和价值可塑性⑪⑫；③维贝克提出道德物化理论⑬，弗里德曼等提出价值敏感性设计（value sensitive design，VSD）理论⑭，范·登·霍文等人提出价值设计（design for values，

---

① 彭福扬，刘红玉. 论生态化技术创新的人本伦理思想. 哲学研究，2006，（8）：104-106.

② 巨乃岐. 技术价值论. 北京：国防大学出版社，2012.

③ 易显飞. 技术创新价值取向的历史演变研究. 沈阳：东北大学出版社，2014.

④ Dircks H. The Philosophy of Invention. London：E. & F. Spon，1867.

⑤ Dessauer F. Streit um die Technik. Frankfurt：Verlag Josef Knecht，1956.

⑥ Altshuller G. The Innovation Algorithm. Worcester：Technical Innovation Center，Inc.，1999（1969）.

⑦ Dosi G. Technological paradigms and technological trajectories：a suggested interpretation of the determinants and directions of technical change. Research Policy，1982，11（3）：147-162.

⑧ Steiner C. A philosophy for innovation. Journal of Product Innovation Management，1995，12（5）：431-440.

⑨ Arthur W. The Nature of Technology：What It Is and How It Evolves. New York：Free Press，2009.

⑩ Godin B. Innovation Contested：The Idea of Innovation Over the Centuries. New York：Routledge，2015.

⑪ Feenberg A. Transforming Technology：A Critical Theory Revisited. Oxford：Oxford University Press，2002.

⑫ 兰登·温纳. 自主性技术：作为政治思想主题的失控技术. 杨海燕译. 北京：北京大学出版社，2014.

⑬ Verbeek P. Moralizing Technology：Understanding and Designing the Morality of Things. Chicago：The University of Chicago Press，2011.

⑭ Friedman B，Kahn P，Borning A. Value sensitive design and information systems//Zhang P，Galletta D. Human-computer Interaction and Management Information Systems：Foundations. New York：M. E. Sharpe，2006：348-372.

DFV）理论①，他们试图论证技术设计嵌入道德价值和社会价值的可能性与途径；④范·登·霍文等提出负责任创新理论，尝试全面把握技术创新过程中的伦理和社会维度②③；⑤布劳克④、帕维⑤、格伦瓦尔德⑥等人近来开始自觉开展负责任创新的相关哲学研究。这种新兴的综合性研究，超越了传统的认识论和方法论视野，反映了当代技术创新与伦理、价值相互纠缠的"实践性难题"，已在很大程度上暴露了技术创新的"实践性"本身这个根本的实践哲学问题，但遗憾的是，它们还未立足实践哲学在源头上澄清技术创新实践是何种性质的实践，由此，它们还未真正牢固确立自己理论的"阿基米德点"。

　　西方实践哲学存在两种基本传统，即亚里士多德传统和 F. 培根传统，他们在"伦理实践"和"技术实践"的实践哲学连续谱中各自偏执于一端。在理论上，技术创新实践被亚里士多德传统排除在纯粹的"伦理实践"范畴之外，而被 F. 培根传统定位于纯粹的"技术实践"范畴之中。但在当代新科技革命实践中，技术创新实践已充分展现出一种技术与价值深度互构、融合的"新实践"形态，单纯的亚里士多德意指的"伦理实践"概念和 F. 培根意指的"技术实践"概念都不能涵盖这一新实践形态。

　　值得注意的是，马克思突破了传统实践哲学的理论范式，将"遵循自然概念的实践"与"遵循自由概念的实践"相统一，提出了全面而统一的实践观。在马克思实践哲学的理论支撑和思想启发下，在解决技术创新的当代"实践性难题"和反映"新实践"时代精神的学术旨趣驱动下，本书努力超越当前流行的技术创新中性论的经济主义解释范式，突破"技术实践"与"伦理实践"相互割裂的实践哲学理论传统，审慎地提出作为"技术-伦理实践"的全责任创新理念，将技术创新由一个纯粹工具主义的现代性经济范畴提升为一个全面的价值实践范畴。

　　本书从属于我们始终专注开拓的"技术创新哲学"。经过二十年的研究探索，我们初步形成了集"思想史"（《发明哲学思想史论》）、"理论建构"（《技术创新哲学研究》《社会技术转型与中国自主创新》）和"面向重大实践问题"（《企业持

---

①　van den Hoven J, Vermaas P E, van de Poel I. Handbook of Ethics, Values and Technological Design: Sources, Theory, Values and Application Domains. Dordrecht: Springer, 2015.

②　van den Hoven J, Swierstra T, Koops B-J, et al. Responsible Innovation 1: Innovative Solutions for Global Issues. Dordrecht: Springer, 2014.

③　Koops B, Oosterlaken I, Romijn H, et al. Responsible Innovation 2: Concepts, Approaches, and Applications. Dordrecht: Springer, 2015.

④　Blok V. Philosophy of innovation: a research agenda. Philosophy of Management, 2018, 17 (1): 1-5.

⑤　Pavie X. Critical Philosophy of Innovation and the Innovator. Hoboken: John Wiley & Sons, 2020.

⑥　Grunwald A. The Hermeneutic Side of Responsible Research and Innovation. Hoboken: John Wiley & Sons, 2016.

续技术创新的结构》）三位于一体的研究特色与策略。本书亦由三部分组成，即思想篇、理论篇和实践个案篇。在我们看来，完整的技术创新实践哲学研究应包括相关思想史、理论建构和具体技术创新实践案例研究三大维度。每一维度都有丰富多样的有待研究的问题，本着陈昌曙先生教导的"宁要片面的深刻，不要全面的肤浅"的学术创新原则，本书在每一维度上都只集中探究了其中的一个重要问题。

思想篇主要集中梳理被学界忽略的技术人类学视域中的技术创新实践思想观念。比较而言，学界已十分重视和熟悉技术经济学、技术社会学的相关研究，但忽略了具有同等重要性的技术人类学的相关研究。我们在研究早期法国技术社会学学派的过程中注意到了莫斯的"礼物经济"观念对现代人习以为常的"市场经济"意识的冲击，受莫斯思想的指引（学科意义上的技术社会学和技术人类学研究都可溯源到莫斯，他对技术社会学和技术人类学的学科创建都有重要贡献），我们走进了技术人类学研究领域。技术人类学一直是思考技术创新与人类社会关系的主导性、实践性人文学科，在帮助我们突破围绕着技术创新的被视为理所当然的现代性观念上具有不可或缺的作用，当代技术人类学虽未发展成熟，但其中一些基本观念，如超越自然与社会的二元分割、将技术创新置于社会整体实践境域中观察等，对我们启发很大。

理论篇主要集中在基于负责任创新研究的全责任创新的理论建构上。负责任创新是近十余年出现的一个影响巨大的新理念，已受到科技创新实践者、科技管理与政策学者、科技伦理学者等的广泛关注。负责任创新主要是技术创新实践者在当代创新实践困境中生发出的一个理念，具有丰富的实践哲学意蕴。本书立足于马克思实践哲学的全面统一的实践观，在积极吸收负责任创新研究成果的基础上，通过对负责任创新概念进行改造，提出全责任创新理念，并把它作为技术创新的实践哲学现实形态来加以系统揭示。

实践个案篇主要集中在电脑游戏设计创新的实践哲学研究上。马克思实践哲学强调实践优位——"哲学家们只是用不同的方式解释世界，而问题在于改变世界"[①]，亚里士多德实践哲学突出"个别"之本体，因此技术创新实践哲学研究不能仅停留在一般性的理论说明上，还必须进一步研究具体的技术创新。鉴于电脑游戏产业发展迅速，在当代社会生活中影响巨大，相关社会问题重重，以及电脑游戏哲学在国内外近几年才刚刚兴起，本书选择将电脑游戏设计作为具体实践哲学的个案研究，期望能对负责任的电脑游戏设计创新及其哲学研究有推进作用。

---

① 马克思，恩格斯. 马克思恩格斯选集（第一卷）. 中共中央马克思恩格斯列宁斯大林著作编译局编译. 北京：人民出版社，2012：140.

本书的学术创新主要体现在三方面。其一，在国内外负责任创新研究中，尝试提出了全责任创新理念及理论。比较而言，目前国外负责任创新研究主要是科技管理学者在经验科学层面的研究，一些哲学、伦理学学者的研究也偏向于实操层面的方法论研究。国内哲学学者的相关研究大多还停留在对国外相关负责任创新研究的反思上，本书在这些重要的相关反思基础上，从实践哲学视角对国际上的负责任创新研究进行扬弃，从概念到实行提出了全责任创新理论。

其二，在国外电脑游戏哲学初创而国内还几乎未见关注的阶段，本书在吸收相关研究成果的基础上，从实践哲学视角尝试提出由四大类设计构成主体的电脑游戏设计创新哲学研究框架理论。

其三，国内技术哲学领域虽有对技术人类学思想的研究，但与对技术史、技术社会学思想研究的重视相比，这类研究还远远不够，本书对当代技术人类学的新进展作了较系统的梳理，有意突出将技术人类学研究作为技术哲学的基本经验基础的这一不被重视的思想传统。

本书的学术旨趣之一，即在于开拓出技术创新哲学进一步研究的问题空间。本书构建的关于技术创新实践哲学的三大维度的研究框架，蕴含丰富的有待研究的问题。譬如，在思想研究维度，可在技术人类学、技术社会学、技术历史学等经验社会科学的相关思想的分门别类研究基础上进行关于技术创新实践观的综合思想史研究。在理论建构维度，就全责任创新研究而言，全责任创新的实现动力与实践逻辑等问题还有待深入研究。在实践个案研究方面，可进一步结合新一轮科技革命，进行其他（如人工智能创新、合成生物学创新等）的实践哲学研究等。

最后需要说明的是，技术创新原初主要是一个狭义的经济学概念，主要指与技术发明相区别的发明首次商业化的过程，而今越来越多的人在宽泛意义上使用技术创新概念，用技术创新来指称新技术发明及其商业化应用的完整过程。其实，技术发明与技术创新已成为谈论技术创造现象的两套话语体系，是从旧的技术发明话语到如今更为流行的技术创新话语的转换，实质是从"思想创生"中心主义到"实践引入"中心主义的哥白尼式革命。在本书中，技术创新是指技术发明及其首次商业化的完整活动过程与结果。在具体语境中，技术创新指称略有不同。作为动词时，技术创新指称新技术创造的整个活动过程，其中包含发明；作为名词时，技术创新主要指新的技术，或新的技术人工物，此种情况下，技术创新亦基本等同于技术或技术人工物。

思想篇

技术创新作为实践范畴的技术人类学思想

技术创新行为亘古存在，人们对其进行自觉或不自觉的思考亦由来已久。以亚里士多德为代表的伦理实践哲学本着分割原则，将技术创新作为"创制"范畴而与"实践"相区别，旨在揭示人类所特有的生命行为——"实践"；而以 F. 培根为代表的技术实践哲学本着实效原则，将技术创新径直宣称为"实践"，旨在突出认识和改造自然的行为，以改善人类的社会生活境况。这两种影响深远的实践哲学传统看似尖锐对立，但在关于技术创新的实践性认识上，它们预设的思维前提却是一致的，即两者都认为技术创新行为不属于社会的实践范畴。

本篇反其道而行之，恰恰是要为确立"技术创新作为实践范畴"这个思想观念一搏。鉴于此观念在实践哲学思想史上十分薄弱，在实践哲学上去论证此观念，首先需要去做一些相关经验性思想的清理工作。比较而言，在当代技术哲学领域，特别是对我国学者而言，对技术社会学、技术史的相关研究已较为熟悉，而对技术人类学的相关研究还较为陌生。事实上，从本源上看，技术人类学与技术哲学联系十分密切。正如法国学者让-伊夫·戈菲（Jean-Yves Goffi）指认，技术人类学是柏拉图技术哲学思想的三大组成部分之一，《普罗泰戈拉篇》（Protagoras）中的技术人类学思想对后世学者影响深远。从本性上看，技术人类学作为一门以社会田野实践为根基的学科，借助其突出的文化整体观、文化相对观、文化比较观等观念，在突破主流思维定式和全面把握技术创新的实践性上有优势。从中国立场看，中国悠久的历史、巨大的人口差异、迅速发展的经济、快速变迁的社会环境等独具特色的因素，共同构成了特殊的国情。这种特殊国情使得中国的技术创新活动处于独特的"中国语境"之中，使得中国的技术发展道路没有先例可循。技术人类学的研究是以社会技术系统和技术实践活动为核心的，强调语境依赖和社会建构。这种将人类学文化整体论和文化相对论结合的视野，可以为我们突破定势思维，为找寻符合中国语境的技术创新发展之路提供思想启示。

本篇将集中于当代技术人类学思想研究，详细介绍了技术人类学中最重要的三位人物和一个学派，即解读和评析莱蒙里尔（Pierre Lemonnier）的技术选择理论、普法芬伯格（Bryan Pfaffenberger）的社会技术系统理论、英戈尔德（Tim Ingold）的技术环境观以及奥尔堡学派的技术-人类学研究。将莱蒙里尔的思想解读为社会表征和技术系统的统一，将普法芬伯格的理论定性为物质功能论和象征意义论的中间道路，将英戈尔德的观念理解为对技术与人类二元划分的摈弃，将奥尔堡学派的研究视作哲学与人类学的互通。总之，技术人类学展现出了技术创新的社会的、复合的、整体的全面实践性。

本篇主要观点如下。①传统技术人类学思想主要可归属于物质功能论、象征意义论两大类，而肇始于 20 世纪 80 年代末的当代技术人类学则以研究技术意义的社会系统论转向为标识，代表性人物是法国学者莱蒙里尔和美国学者普法芬伯格。莱蒙里尔对莫斯（Marcel Mauss）以来的法国技术人类学研究进行了总结和阐发，建立了包括物质、能量、对象、动作和特定知识五大要素在内的技术系统，重点研究了技术选择过程中的社会表征、兼容性和随意性。普法芬伯格提出了文化决定技术选择、象征彰显技术意义以及技术史是社会技术系统的生成过程的核心观点，构建出了社会技术系统的理论体系。②从莱蒙里尔对技术活动中社会因素的重视，到普法芬伯格将社会因素直接整合到技术系统中，进而提出了社会技术系统的理论构架，再到英戈尔德的技术与人、自然与人文不可分割的整体化、语境化的技术理解，技术人类学研究存在一个系统化、语境化、人技复合化的发展趋向。③当代技术人类学的奥尔堡学派更加均衡地对待了技术与人类，他们的技术-人类学研究以三角结构理论和 7E 理论①为指导，主要针对技术身体、技术空间和技术族群开展田野调查，更直接关注技术设计和技术创新环节。其研究具有多学科参与、哲学化倾向、使用者视角、社会化趋势、对象多元化等特色。

---

① 波丁提出的 7E 理论包括了参与（engagement）、移情（empathy）、具身（embodiment）、展现（enactment）、增强（enhancement）、授权（empowerment）、解放（emancipation）七个关键词。

第一章　人类学视野中的技术创新研究综论

对于人类学视野中的技术创新研究，由于研究者的学科背景、理论观点、研究方法复杂多元，因此存在着基本概念不清、研究历程不明、研究理论混乱等诸多问题。本章首先对基本概念进行澄清，对主要的研究历程和理论范式进行归纳梳理。

第一节　人类学视野

一、人类学的概念

"人类学"一词来源于古希腊，人类学的英文 anthropology 是由希腊语中的 anthropos 和 logos 组合而成的。在希腊语中，anthropos 代表人类，logos 代表学问。因此从词源来看，人类学最基本的含义就是关于人类的学问。这个含义所覆盖的范围实在太过广泛，如果仅仅是以关于人类的学问的词义为定义依据，那么定义人类学恐怕会比定义技术更加困难。

现实情况也是如此，在美国有以文化研究为核心的人类学传统，文化被认为是关于人的学问；在英国有以社会研究为核心的人类学传统，关于人的学问就是人类社会的学问；在法国、德国等欧洲大陆国家，有以民族研究为核心的人类学传统，人类学被理解成民族学。[①]每种传统对人类学的概念都有不同的理解，这造成了人类学难以定义的困难。

在这三大国家传统之外，又存在着以研究对象不同而划分出的各种人类学分支。最为典型的是美国人类学界将人类学划分为生物人类学、考古人类学、语言人类学和文化人类学四大分支。其中生物人类学也被称为体质人类学，是对人类生物属性的研究，是从生物学的角度来研究人类的由来。考古人类学是通过化石、

---

① 艾伦·巴纳德. 人类学历史与理论（修订版）. 王建民，刘源，许丹，等译. 北京：华夏出版社，2006：2-3.

古文物来研究史前社会，以重建史前社会史和古代生活史为研究目的。语言人类学关注的重点是语言的多样性，又有着描述语言学、社会语言学和历史语言学等分支。文化人类学是人类学中最为主要的分支，所有关涉文化多样性和文化普遍性的人类学研究都可以被纳入这一分支。文化人类学在英国被称为社会人类学，在欧洲大陆又等同于民族学。在这四大分支的基础上，还有更多诸如医学人类学、政治人类学、经济人类学等应用人类学的分支。总之，人类学学科内可谓分支林立，难以详述。

虽然人类学存在着多种多样的传统与分支，但还是可以总结出人类学的一些研究共性，这表现在：人类学的分支都以人类群体、人类文化或人类社会为研究对象，都以参与观察、田野实践为研究方法等。另外需要指出的是，传统的人类学是将人视为生物属性的人和文化属性的人进行研究的，而当代的人类学则打破了这种二元论划分，将人类的多种属性视为整体来进行研究。

二、人类学主要理论流派

人类学发展壮大的历程中，出现了进化论、传播论、历史特殊论、法国社会学派、功能主义、结构主义、象征主义、实践主义等几十种理论流派。在此选取与技术人类学关系密切的部分流派来进行简要说明。

进化论是人类学最早的理论流派，是人类学成形的标志。进化论又分为古典进化论和新进化论，古典进化论的代表人物是达尔文（Charles Robert Darwin）、泰勒（Edward Burnett Tylor）和摩尔根（Lewis Henry Morgan），其代表观点是"单线进化论"，他们认为人类各个民族都是遵循着同样的路径进化的，民族间存在差异是由于进化程度不同。新进化论的代表是怀特（Leslie Alvin White）和斯图尔德（Julian Haynes Steward）等人，他们在古典进化论的基础上提出了"多线进化论"和"普遍进化论"，认为进化的标志在于能量的获取。

传播论是 19 世纪末 20 世纪初由拉采尔（Friedrich Ratzel）、里弗斯（William Halse Rivers）、施密特（Wilhelm Schmidt）、博厄斯（Franz Boas）等人创立推行的学说。传播论的观点与进化论针锋相对，强调文化发展过程中文化传播的重要意义，认为文化传播可以解释不同民族文化的相似性问题，并根据文化中出现的特质来划分文化圈。

历史特殊论是博厄斯及其弟子威斯勒（Clark Wissler）、克罗伯（Al-fred Louis Kroeber）和戈登威泽（Alexander Goldenweiser）等人在传播论基础上的进一步阐发，可以视为传播论在美国的变体，也可以视为美国特色的人类学学派。他们主张研究每一个民族的特殊历史，而不是强行将民族的特殊性放到统一的进化范畴中进行研究。

法国社会学派是 19 世纪末在涂尔干（Émile Durkheim）、列维-布留尔（Lucien Lévy-Bruhl）、莫斯（Marcel Mauss）、赫尔兹（Robert Hertz）、葛兰言（Marcel Granet）等人的努力下逐渐成形的人类学学派。其学派的主要活动是由《经济与社会史年鉴》（*Annales d'histoire économique et sociale*）而联结在一起的，大多数人的身份是社会学家兼人类学家，所以在研究中具有社会学的特质，更重视社会统计，而较少地进行田野调查。

功能主义是于 20 世纪初在英国形成的人类学学派，其代表人物是马林诺夫斯基[①]（Bronislaw Kaspar Malinowski）和拉德克利夫-布朗（Alfred Reginald Radcliffe-Brown）。其主要观点包括不提倡对历史进行臆测，而重视对现实留存的原始社会进行研究；把文化视为整体的概念，风俗习惯、社会制度等因素都在文化的整体中具有功能。在功能主义的学者中，拉德克利夫-布朗更加重视对社会结构的研究，因此其思想又被称为结构功能主义。

结构主义是 20 世纪中叶开始流行的人类学理论，理论创始者和最负盛名的代表人物是法国人类学大师列维-斯特劳斯（Claude Lévi-Strauss），另外荷兰的尼达姆（Rodney Needham）、英国的利奇（Edmund Leach）等人也被认为是结构主义的重要代表。结构主义将事物关系还原为两两对立的关系，从而从对立的关系中发现事物本身的社会价值。结构主义强调整体的观念，认为各个事物之间的关系网络整体才是研究的重点，只有通过研究整个关系网络，才能解释整体中各个部分的意义。在部分人文社会科学学者的观点中，结构主义被认为是整个 20 世纪社会科学唯一的原创性范式。[②]

象征主义是于 20 世纪 60 年代形成的人类学流派，又可以分为以芝加哥大学格尔茨（Clifford Geertz）为代表的格尔茨学派和以康奈尔大学特纳（Victor Witter Turner）为代表的特纳学派。二者的共同点在于都对象征符号进行关注，而不同点在于格尔茨的研究是基于美国文化人类学的传统，研究符号是如何成为文化的载体的；特纳的研究是基于英国社会人类学的传统，将符号视为社会过程中的运作者（operators）。

实践主义的研究倾向开始于 20 世纪 70 年代，是源于对结构主义和象征主义的反思以及马克思主义人类学的影响。事实上，一些结构主义、象征主义人类学

---

① 也可译作马凌诺斯基。

② 雪莉·奥特纳. 20 世纪 60 年代以来的人类学理论//庄孔韶. 人类学经典导读. 北京：中国人民大学出版社，2008：621-652.

学者就是在对自身前期思想的批判的基础上转向了实践主义。如格尔茨认为象征主义使人类学的研究渐渐脱离了实践，因此试图用文化解释、地方性知识等理论来重新为人类学打造坚实基础。

三、人类学立场

上述流派对人类学的理解各具特色，通过对这些人类学流派的梳理我们可以总结出人类学的主要观点和研究方法，从而整合出人类学立场。具体来说，人类学立场包括三大基本观点和两类基本方法。

人类学立场中的三大基本观点是文化相对观、文化整体观和文化比较观。文化相对观强调文化的相对性和多样性，尊重每一种文化的特性，认为每一种文化都有其自身的发展规律和价值体系，因而在文化价值上也是平等的。文化整体观是指在研究某一地区的人类的某一项行为或人类社会的某一部分时，应该将与其相联系的各种行为、各个部分视为整体进行研究，并且要在时间和空间上进行追溯，研究不同历史时期、不同地区的行为，体现出宏大的视野。文化比较观建立在文化整体观的宏大视野之上，对整个人类社会的民族和文化进行比较，又分为同时代不同区域的共时性比较、同区域不同时代的历时性比较和对不同文化样本的跨文化比较。除上述三大基本观点外，人类学研究中还包括文化普同观、文化适应观、文化整合观等观点，属于三大基本观点之外的延伸和流变，在此不再赘述。[①]

人类学立场的研究方法可以分为两大类别："一是获取资料；二是分析所获得的资料，以认知和解读被调查对象的文化。"[②]其中分析所获得的资料的方法主要包括背景分析、跨文化比较、主位客位研究等，体现了人类学基本理论和观点对分析手段的渗透。而人类学方法最为核心的精髓在于获取资料方面，或者说，田野调查是人类学方法的核心。

田野调查是人类学学者了解人类行为和收集文化资料最基本、最常用的方法，人类学家基辛（Roger Keesing）指出："田野工作是对一个社区及其生活方式从事长期的研究。从许多方面而言，田野工作是人类学最重要的经验，是人类学家收集资料和建立通则的主要根据。"[③]田野调查又可以细分为参与观察法、深度访谈法、问卷法、口述史等具体方法，其中，参与观察法和深度访谈法是人类学方法的重中之重。参与观察法强调观察静态的自然环境、人工建筑和动态的日

① 孙秋云. 文化人类学教程. 北京：民族出版社，2004：6-11.
② 罗康隆. 文化人类学论纲. 昆明：云南大学出版社，2005：15.
③ 周大鸣. 人类学导论. 昆明：云南大学出版社，2007：55.

常活动、生活礼仪、人际关系等，通过一年以上的共同居住、共同劳动来获取更为真实可靠的资料。深度访谈法则是与知情人进行聊天式的访谈，可以是事先设定好问题的结构性访谈，也可以是开放式的非结构性访谈，无论是什么形式的访谈，其原则是对访谈对象的原意进行忠实记录。参与观察法与深度访谈法的相互补充，可以使资料更加真实可靠。

总之，所谓人类学立场，就是建立在文化相对观、文化整体观和文化比较观的基本观点上，通过参与观察法、深度访谈法等田野调查方式收集经验材料，并进行分析的研究实践过程。确立了人类学立场，可以帮助人们从新的视角、采用新的方法来解读研究对象和解决研究问题。

四、人类学视野中的技术创新研究意蕴

人类学视野至少在三个方面为研究技术创新的含义提供帮助：首先，关于实践的问题。人类学是一门基于实践的学科，人类学的研究方法和研究特色都是以实践为基础的。田野调查本身就是实践的方法，将技术作为田野，在实践活动中对技术创新进行参与观察，对技术实践者进行深度访谈，这些都可以帮助我们获得实践中的技术知识，帮助我们在实践活动中了解技术创新的本质。

其次，关于语境的问题。人类学所强调的文化整体观，其实就是强调要构建语境，要将技术创新置于与其相关联的社会、自然因素之中来进行整体理解。人类学提出的文化比较观，可以成为分析技术创新语境的方法。借鉴文化比较观，至少可以构建出共时性的、历时性的和跨文化的技术创新语境。人类学所提倡的文化相对观，更是在强调要从各具特色的地方性技术创新出发进行研究，而不是将技术创新的概念限定在现代的西方观念。

最后，关于描述的问题。人类学本身就是一门讲故事的学科，在关于如何对对象进行描述的问题上，人类学也有许多方法值得借鉴。比如，当前人类学界所流行的深描式民族志写作方法，提倡不是仅局限于对象表面动作的浅显描述，而是要讲解对象通常在何种情况下出现此动作，进而分析对象动作的深度含义。同样，放之于技术的描述，同样的技术创新行为也会有不同的深层意义，值得进行深描。可见，借助人类学的研究方法，可以更准确地描述技术创新的特征，从而更接近技术创新的真实含义。

除上述三方面之外，人类学理论应用在技术创新之中，至少在以下四对范畴的研究上对技术哲学有启发。

第一，在主位与客位的关系方面。20世纪60年代之后，人类学领域兴起了

主位与客位的研究方法。其中主位研究是从研究对象的角度来解释文化，客位研究是从研究者的立场来进行分析，将两种研究进行结合，就能完整地解读研究对象。应用到技术创新的研究之中，主位研究就是要从技术本身出发，或是从技术创新活动参与者的角度出发。客位研究就是要从技术创新的评价者、观察者的角度出发。整合了两种研究视角的技术创新研究，才是完整的。

第二，在个体与整体的关系方面。在技术人类学的研究中，个体论强调对文化标志物的研究，对技术物和整体社会生态关系的思考较少，可以被称为是对微观技术创新的研究。整体论则将技术与社会文化的关系作为研究重点，强调特定文化语境下的技术创新趋势，可以被称为是对宏观技术创新的研究。更进一步的研究则是将两种研究取向结合，建立社会技术系统的研究理论。

第三，在自然法则与特殊论的关系方面。人类学强调多元化和差异化，因此对同一事物在道德判断上存在着差异，有的认为正确，有的认为错误。自然法则强调的是存在一种跨族群的统一道德标准，无论在什么族群，某些事物都是错误或者正确的，就如同自然的秩序一样。把人类学对自然法则和特殊论的理解应用于技术哲学研究之中，自然法则是指不同的族群对于某些技术具有一致的判断标准，特殊论是指技术存在地方性的差异。自然法则追寻的是技术的共性，而与之相对的特殊论则研究的是技术的特性。特殊论源于德国，被康德（Immanuel Kant）在其哲学中清晰地表述出来，指的是每个民族和他们的文化应该是为了其自身的缘故去被领会研究，而不是为了展现某个大的历史运动或者某种具体的必要性。每种文化首先必须被理解为是由其自身的特殊历史所造成的，而不是由于一些外部的力量。这成为人类学研究地方性技术创新的哲学根据。[①]

第四，在对象与背景的关系方面。技术究竟是研究对象还是研究背景，这是值得思考的问题。人类学对于对象与背景的关系有过思考，格尔茨认为，村落不是人类学的研究对象，只是研究对象的生活背景，生活在村落中的人才是研究对象。同样的道理，在人类学视域中，技术不是研究对象，只是研究背景，使用技术的人群才是研究对象。当然，这一观点在此之后有了转变，英戈尔德等部分技术人类学学者认为，技术同样是研究对象，技术与人的关系更是研究对象。

此外，结构主义、象征主义等人类学观点显然也是可以启发人们对技术创新进行进一步思考的。

总之，在人类学文化整体论、文化相对论、文化比较论等理论观点的指导下，运用田野调查的方法对技术创新进行研究具有特别的意蕴。相比与其他技术相关

① Gehlen A. A philosophical-anthropological perspective on technology. Research in Philosophy and Technology，1983，（6）：205-216.

学科的研究，人类学视野中的技术研究更贴近技术创新的实践活动，更利于构建技术创新的语境，更能对技术创新的特征进行深度描述，在主位与客位的关系、个体与整体的关系、自然法则与特殊论的关系、对象与背景的关系等方面都能带来新的理解与启发。

第二节　人类学视野中的技术创新研究历程

人类学视野中技术创新研究可以划分为微观和宏观两种倾向。微观倾向的研究，是对技术创新进行考古学、人种志的研究，相当于研究技术人工物的人类学。宏观倾向的研究，则是将技术创新作为一种文化现象，关注技术与社会之间的相互关系，是更侧重于研究技术活动的人类学。20 世纪 80 年代末，莱蒙里尔、普法芬伯格和英戈尔德等学者将这两种研究倾向融合，提出了社会表征、社会技术系统等重要理论，这使得人类学视野的技术创新研究得到了长足发展，建立了专门的技术人类学学科。因此以此时为分界点，可以将人类学视野中的技术创新研究分为三个阶段。

一、20 世纪 80 年代之前人类学对技术创新的研究

严谨地看，人类学视野中的技术创新研究的真正起点应该追溯到 19 世纪末。早期的人类学学者们，将技术作为标志物来进行微观的研究。如古典进化论的代表人物、被尊为"人类学之父"的泰勒在其著作《人类学：人及其文化研究》中，用了四个章节的篇幅来专门讨论技术，分别从工具的发展、维持生存和进行防卫的技术、居住的技术、烹饪和贸易技术等方面对技术创新进行人类学的研究。[①]

历史特殊论学派的研究者们，如博厄斯、克罗伯等人，则热衷于对文化遗物进行研究。通过研究博物馆中留存的技术物，他们撰写了大量的报告，这种对技术物进行标本报告式的研究方法，成为早期人类学家考察技术时常用的方法。

新进化论者怀特是人类学对技术创新的微观研究中最为重要的人物。怀特认为，人类由原始到达文明的推动力是技术创新的积累和进步。他将能量的获取作为进化的标志，给出了 $E×T→C$ 的公式。在这一公式中，每人每年消耗的能量数（E）和能量消耗过程中使用的工具的效能（T）决定了社会文化发展的水平（C），

---

① 爱德华·B. 泰勒. 人类学：人及其文化研究. 连树声译. 桂林：广西师范大学出版社，2004.

社会文化发展的水平与工具的效能成正比例关系。怀特虽然指出了技术对文化发展起到的决定作用，但是对于社会对技术的影响则未涉及，所以其研究依然是属于微观研究的范畴。

法国人类学家莫斯在人类学对技术的宏观研究方面有着开创性的贡献。莫斯在 1935 年所写的《身体技术》（"Techniques of the Body"）一文中，对身体技术的概念进行了阐述。他指出身体技术可以依据性别、年龄、效率、传承形式等方式来划分。在对技术进行分类的同时，他强调了技术中蕴含着的总体性（totality）的概念。这种总体性意味着技术并不是独立于人的生物、心理、社会、政治等维度而存在，而是与这些因素相互关联，共同构成了总体的人（homme total）。因此，人类各种看似自然的行为其实是高度社会化的，而涉及工具的更复杂的技术行为更是社会化的产物。

文化生态学者斯图尔德对技术创新的人类学研究则开始关注环境对技术的作用。他认为环境对技术的使用有着许可和阻碍的作用，在相似的环境下，相似地利用资源及技术，会导致平行发展的社会结构。他试图在环境与技术之间构筑出一种因果联系。斯图尔德的这些尝试，对研究社会对技术的建构是有启发作用的。

德国学者鲍辛格（Hermann Bausinger）在技术的社会建构方面做了进一步的尝试。在其著作《技术世界中的民间文化》（*Volkskultur in der Technischen Welt*）中，他以德国的技术和民俗作为田野案例，从时间、空间和社会的角度分析了技术世界与民间文化之间的互相影响，为此后的研究提供了借鉴。[①]

法国学者勒鲁瓦-古朗（André Leroi-Gourhan）则主要是从人种学的角度对技术创新进行论述的。勒鲁瓦-古朗认为，不同种族中，技术带来的差别超过了人种和宗教带来的差别，所以人类最重要的特征应该是技术。他的研究表明，在一些相互隔绝、不存在文化影响的太平洋岛屿部落，他们使用着相同的工具。因此，这些部落的技术发展应该存在着相同的趋势，这种普遍性的趋势被称为技术趋势。勒鲁瓦-古朗将技术统一到生物进化的进程之中，关注生物进化对社会形态的依赖。此外，他还提出了著名的操作链概念。通过对操作链概念的阐释，勒鲁瓦-古朗"认为技术行为也是社会行为。其中，他强调了人体作为意念、力量、象征及行动的一种表达与来源的重要性。制造东西的行为比终极产品更能雄辩地表达和传递更为丰富的信息"[②]。

20 世纪 60 年代起，对实验室进行人类学的研究开始出现，其中最具影响力

①　赫尔曼·鲍辛格. 技术世界中的民间文化. 户晓辉译. 桂林：广西师范大学出版社，2014.
②　陈虹，沈辰. 石器研究中"操作链"的概念、内涵及应用. 人类学学报，2009，28（2）：201-214.

的当属拉图尔（Bruno Latour）。拉图尔将美国加州萨尔克生物研究所作为田野点，以人类学学者的视角对研究所的工作进行了近两年的考察。①通过关于促甲状腺素释放素（TRH）技术创新活动过程的个案研究，拉图尔认为科学的事实是人为制造出来的而不是被发现的，科学知识是受社会因素制约的。拉图尔的工作为人类学学者研究科技知识的产生过程提供了范例。同时，由于拉图尔的研究更集中于科技知识在实验室中是如何产生的方面，其所指的社会建构其实也只是科技知识的社会建构，而不是科技在整个社会环境下被社会建构。所以，此时拉图尔的研究只能说是针对技术知识产生过程的人类学研究，依旧属于对微观层面技术的人类学研究。20 世纪 80 年代之后，拉图尔提倡的行动者网络理论运用到技术的研究，则使技术和人类活动建立了更为紧密的联系，打通了技术与人类社会的界限，研究的重点是技术与社会的关系，可以被视为对宏观层面技术的人类学研究。

二、人类学技术创新研究的转折与技术人类学的建立

到了 20 世纪 80 年代，人类学视野中的技术创新研究的境况是：并未形成统一的基础理论，微观与宏观两种研究旨趣并立，各行其志，多为其他领域研究者跨行对技术进行研究，人类学家中专门从事技术研究的学者只有寥寥十余人。这都呼唤着学者对前人的研究要革故鼎新，提出为学界普遍接受的理论，发展出符合时代需要的专门的技术人类学。

但此时技术人类学的提法并不是由人类学家主导的，法国学者戈菲将技术人类学的思想追溯到了柏拉图，无论是戈菲还是柏拉图，都不能算作是人类学家。德国著名学者盖伦（Arnold Gehlen）的研究被称为技术人类学，他在《技术时代的人类心灵：工业社会的社会心理问题》中专门讨论了人类与技术的关系，在《哲学人类学视角的技术》（"A Philosophical-Anthropological Perspective on Technology"）中又梳理了哲学人类学对技术的思考。但盖伦本身是社会学家和哲学家，他所谓的哲学人类学路径在德国有完整的传承线索，从赫尔德（Johann Gottfried Herder）到黑格尔（Georg Wilhelm Friedrich Hegel），再到费尔巴哈（Ludwig Andreas Feuerbach）、舍勒（Max Scheler），由此可以发现，这条线索上的都是哲学家。事实上，在人类学界，德国的哲学人类学是否属于人类学一直存在争议，盖伦所倡导的技术的哲学人类学研究自然也不能完全被视为技术人类学。1978 年，德国化

---

① 布鲁诺·拉图尔，史蒂夫·伍尔加. 实验室生活：科学事实的建构过程. 张伯霖，刁小英译. 北京：东方出版社，2004.

学家、技术哲学家萨格斯①（Hans Sachsse）就已经提出了技术人类学的概念。②但萨格斯的技术人类学是对卡普（Ernst Kapp）的器官投影说的补充和延续，是基于"技术是对人体器官的完善"的观点而进行的阐述，是科技工作者对技术的哲学化反思。③萨格斯的技术人类学，实际上还是在沿用卡普、盖伦的哲学人类学路径，并未从专业的人类学角度来研究技术。因此可以说，在 20 世纪 80 年代之前，"技术人类学"一词并不是由人类学家来诠释的。芒福德（Lewis Mumford）、马尔库塞（Herbert Marcuse）、斯蒂格勒（Bernard Stiegler）等被冠以技术人类学家头衔的学者，实际上更应被称为技术哲学人类学家；把技术作为研究内容的专业人类学家则应该是莫斯、勒鲁瓦-古朗、奥德里库尔（André-Georges Handricourt）、吉尔（Bertrand Gille）等人。

在人类学研究中出现专门的技术人类学分支，是从 20 世纪 80 年代后期开始的。法国人类学家莱蒙里尔率先对此前人类学视野中的技术研究做出了总结。莱蒙里尔深受莫斯、勒鲁瓦-古朗和吉尔这三位法国人类学家思想的影响，并与另一位人类学家奥德里库尔有着多次交流。莱蒙里尔在其论文《当今的物质文化研究：向技术系统人类学迈进》（"The Study of Material Culture Today：Toward an Anthropology of Technical Systems"）中借鉴结构主义人类学的研究方法，对技术系统与社会因素之间的关系进行了初步研究。④在之后的作品中，又以巴布亚新几内亚的安加（Anga）部落和美国航空的飞机设计为主要案例，分析出在传统技术和现代技术中普遍存在着的社会因素。比如，在捕猎的活动中，是社会因素选择了使用陷阱还是使用弓箭；在飞机设计的活动中，也是社会因素对飞机的技术细节进行选择，莱蒙里尔将这种社会因素称为"社会表征"（social representation）。莱蒙里尔提出的社会表征与莫斯的总体性有着相通之处，社会表征下的技术才是具有总体性的技术。⑤莱蒙里尔的两部著作《当今的物质文化研究：向技术系统人类学迈进》和《技术人类学要素》（Elements for an Anthropology of Technology），成为专门的技术人类学学科建立和兴起的标志。

莱蒙里尔号召开展一种"迈向技术系统人类学"的研究，他的号召得到了美国人类学家普法芬伯格的积极响应。普法芬伯格认为技术是根本性的社会现象，

①　也可译为萨克塞。

②　王飞. 萨克塞技术伦理思想及其启示. 科学技术与辩证法，2008，25（5）：75-79.

③　王楠. 德国技术哲学的历史与现状——访李文潮教授. 哲学动态，2003，（10）：17-24.

④　Lemonnier P. The study of material culture today：toward an anthropology of technical systems. Journal of Anthropological Archaeology，1986，5：147-186.

⑤　Lemonnier P. Elements for an Anthropology of Technology. Ann Arbor：University of Michigan Press，1992.

是人化的自然。①在其《社会的技术人类学》（*Social Anthropology of Technology*）中，他提出了社会技术系统的概念。社会技术系统的概念是对莱蒙里尔的技术系统概念的补充与发展。普法芬伯格将此前的技术人类学的特点概括为热衷于对技术和人工物的微观描述，这种微观描述脱离了技术和人工物的社会语境与文化语境，因而是存在严重缺陷的。普法芬伯格所倡导的则是社会的技术人类学，这种技术人类学既要研究技术人工物这些实在的起作用的因素，同时也看重技术活动中的仪式、巫术等看似虚幻而不起作用的因素，他认为技术活动的社会要素正是通过这些仪式活动体现出来的。

英国人类学家英戈尔德也是专门的技术人类学学科的倡导者，在其著作《技术人类学的八大主题》（*Eight Themes in the Anthropology of Technology*）中，他提出了技术人类学的研究纲领，并针对纲领所研究的技术概念、技术进化、技术知识等八大主题进行了详细讨论，他的理论核心是建立技术与人类社会的联系。在之后的著作中，他提出了更加完善也更加激进的技术环境观，技术与人类社会不再被他视为二元，而是同一件事物。

莱蒙里尔、普法芬伯格和英戈尔德等学者所提倡的技术人类学，既有对技术物的细致记录与描述，但又不拘泥于人类学技术研究中微观倾向的一孔之见；既着眼于对技术与社会关系的整体分析，又力图避免人类学技术研究中宏观倾向常有的大而无当的弊端。他们提出的以社会技术系统为核心观点的技术人类学，综合了微观研究与宏观研究之所长，被后来的研究者们奉为圭臬。

三、技术人类学研究的流行

在莱蒙里尔、普法芬伯格、英戈尔德等人的推动下，技术人类学学科正式建立，并于20世纪90年代初开始在国外流行，这种流行表现在三个层面上。

首先，以技术人类学为主题的会议、论文集、专著的大量出现。比如在1991年美国人类学协会年会中，就出现了与技术人类学相关的讨论小组。在此后的1992年，人类学家赫斯（David Hess）和莱恩（Linda Layne）主编了名为"知识与社会：科学和技术的人类学"的文集，在文集中对技术系统、医疗技术、航空技术等都进行了研究。②莱蒙里尔在1993年也主编了技术人类学界最为重要的文

---

① Pfaffenberger B. Fetishised objects and humanised nature: towards an anthropology of technology. Man，1988，(2)：236-252.

② Hess D，Layne L. Knowledge and Society: the Anthropology of Science and Technology. London：JAI Press，Inc.，1992.

集之一的《技术的选择：新石器时代以来物质文化研究的转型》(*Technological Choices: Transformation in Material Cultures Since the Neolithic*)^①。又如 1998 年 10 月，美洲印第安人基金会（Amerind Foundation）组织学者举办了一场以"技术人类学"为主题的研讨会，并于 2001 年以"人类学视角下的技术"为名将论文结集出版。这次研讨会的文章内容丰富、视野广阔，涉及技能的人类学、从业者的洞察力、符号人类学对技术人类学的呼唤、超自然世界的仪式技术等方面。希弗（Michael Brian Schiffer）、英戈尔德、普法芬伯格等在技术人类学领域活跃的学者参加了这次会议。^②更能证明技术人类学在人类学学科中地位上升的是 2009 年在中国举行的国际人类学与民族学联合会第十六届大会上，第一次出现了科技人类学的专题论坛。^③此后的国际人类学与民族学联合会上，技术人类学开始有了更多的分论坛。在这些会议的影响下，国外的技术人类学成为独立的人类学学科。

其次，围绕技术人类学进行研究的学派、学术共同体开始出现。丹麦的奥尔堡大学（Aalborg University）是这一方面的典型代表。在奥尔堡大学形成了以技术-人类学为研究内容，以詹森（Torben Elgaard Jensen）、波尔森（Tom Børsen）、波丁（Lars Botin）等人为核心的奥尔堡学派。有别于莱蒙里尔、普法芬伯格等学者将人类学视野中的技术研究称为技术人类学（anthropology of technology）的称谓，奥尔堡学派主张把关于人类学对技术的研究命名为技术-人类学（techno-anthropology）。其认为技术-人类学是科学技术学的新方向，是对科学技术学研究的补充完善。^④他们所编著的《什么是技术-人类学？》(*What Is Techno-Anthropology?*)文集宣告了第一个以技术人类学为专门方向的学派的诞生。此后该学派在国际技术哲学学会（SPT）会刊《技术：技术哲学研究》(*Techné: Research in Philosophy and Technology*)的 2015 年第 2 期集体发表了 8 篇文章，向技术哲学界展现了技术人类学的研究风貌。在 2021 年该学派又出版了《技术-人类学视角下的技术评估》(*Technology Assessment in a Techno-Anthropological Perspective*)一书，该书是技术人类学领域新近出版的重要图书。

最后，技术人类学对新兴技术创新领域的关注。譬如对赛博格（Cyborg）技

① Lemmonnier P. Technological Choices: Transformation in Material Cultures Since the Neolithic. Abingdon Oxon: Routledge Press, 1993.

② Schiffer M B. Anthropological Perspectives on Technology. Albuquerque: University of New Mexico Press, 2001.

③ 赵名宇. 科技人类学的盛会——第 16 届国际人类学与民族学世界大会科技人类学专题论坛综述. 自然辩证法研究, 2010, 26 (1): 61-63.

④ Jensen T E. Techno anthropology: a new move in science and technology studies. STS Encounters, 2013, 5 (1): 1-22.

术的人类学研究。赛博格的概念最早是由克莱恩斯（Manfred Clynes）和克莱恩（Nathan Klin）提出的，本义是指在星际旅行中对人类身体进行移植和改造，使人类适应外部空间的严峻环境。赛博格的概念在提出之后立刻引发了学界的讨论与研究，哈拉维（Donna Haraway）的《赛博格宣言》（*A Cyborg Manifesto*）是此领域最有影响力的著作。哈拉维认为赛博格是"一个控制有机体，一个机器与生物体的杂合体，一个社会现实的创造物，同时也是一个虚构的创造物"[①]。借助赛博格的概念，哈拉维阐发了其女性主义观点。关于赛博格的人类学则起源于1993 年美国人类学协会的年会中的一个分组讨论，该分组的研究内容与 STS（Science，Technology and Society）密切相关。时至今日，在赛博格人类学领域的研究首推凯斯（Amber Case）。TED（Technology，Entertainment，Design）机构 2011 年邀请她进行了一场以"我们现在都是赛博格"（We Are All Cyborgs Now）为主题的演讲。她认为如今的赛博格技术早已超出了运用现代技术手段对人类身体进行改造的简单概念。现代技术改变了人们所能传递信息的距离，扩大了人们存储信息的能力，当人们使用手机通话以及随身携带存储了大量资料的 U 盘时，人们就已经是赛博格了。又如与赛博格人类学有相似之处的赛博人类学（cyberanthropology），二者的词源都与控制论（cybernetics）有关。赛博人类学研究的对象主要是虚拟现实、虚拟社区、网络社会等与现代计算机和信息技术息息相关的领域。美国人类学家埃斯科瓦尔（Arturo Escobar）是赛博人类学的最早提倡者，他的《欢迎来到赛博空间：赛博文化人类学笔记》（"Welcome to Cyberia：Notes on the Anthropology of Cyberculture"）被公认为赛博人类学诞生的标志。[②]维也纳大学的布德卡（Philipp Budka）是当前赛博人类学领域的权威。他在文章中辨析了赛博人类学和数字人类学的区别与联系，认为这些方向都应归属于当代人类学的研究范畴。同时，他认为对复杂的现代技术系统进行人类学的研究，是人类学的应有之义。[③]

至此，我们可以大致总结出人类学视野中的技术研究在国外的发展历程：在20 世纪 80 年代末以前，人类学界专门对技术创新进行研究的学者较少，研究处于分散式研究的阶段，并未形成专门的学科，人类学视野中的技术创新研究本身也存在着微观和宏观两条旨趣不同的路径。在 20 世纪 80 年代末，以莱蒙里尔、

① 李建会，苏湛. 哈拉维及其"赛博格"神话. 自然辩证法研究，2005，21（3）：18-22.

② Escobar A，Hess D，Licha I，et al. Welcome to cyberia：notes on the anthropology of cyberculture. Current Anthropology，1994，35（3）：211-231.

③ Budka P. From cyber to digital anthropology to an anthropology of the contemporary? Working Paper for the EASA Media Anthropology Network's 38th e-Seminar，2011.

普法芬伯格、英戈尔德为代表的学者对之前人类学视野中的技术研究进行了批判与总结，整合了微观和宏观路径，提出了以社会技术系统观为核心的技术人类学，正式的技术人类学学科开始建立。在 20 世纪 90 年代以后，以技术人类学为主题的会议、学术共同体相继出现，关于新兴技术的人类学研究也开始流行，技术人类学在国外兴起。其大致历程如图 1.1 所示。

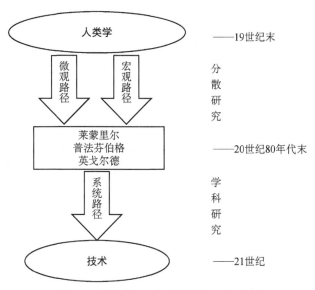

图 1.1　人类学视野中技术创新研究历程

在关注到人类学视野中的技术研究存在着微观和宏观划分的同时，我们还应了解，国外人类学视野中的技术研究出现了四次研究重点的转向，分别是：物质功能论转向、象征意义论转向、社会系统论转向和活动实践论转向。物质功能论强调对技术人工物实体和功能进行研究，代表人物包括泰勒、摩尔根、博厄斯等人类学先驱和马林诺夫斯基、拉德克利夫-布朗等功能论人类学家。20 世纪 60 年代，人类学界象征主义的发展带来了技术研究的象征意义论转向。象征意义论则强调对技术的符号象征作用及背后意义进行研究，代表人物有列维-斯特劳斯等。20 世纪 80 年代末，以莱蒙里尔、普法芬伯格为代表的学者在技术人类学界掀起了社会系统论转向，他们认为技术人类学的任务是构建和描述出完善的社会技术系统。此后，在构建社会技术系统的过程中，人类学家们发现更应该将技术理解为实践活动的过程，于是开始了活动实践论的转向。在 20 世纪 90 年代社会系统论转向的过程中，关于技术的研究在整个人类学学科建制中的地位发生了变化，正式成为独立的技术人类学学科。

第三节 人类学视野中的技术创新研究范式

一、人类学视野中的技术创新研究范式的划分

如前所述,时至今日,人类学视野中的技术创新研究一共经历了物质功能论、象征意义论、社会系统论和活动实践论四次研究范式转向,逐步完善了人类学视野中技术创新研究的理论基础,形成了多种研究传统共存的局面。在社会系统论转向的过程中,人类学视野中的技术创新研究逐渐从人类学的其他研究中独立出来,成为人类学领域内的独立分支,开始迅速独立发展。笔者也根据此,将人类学视野中的技术创新研究划分为经典技术人类学思想时期和技术人类学时期。其中经典技术人类学思想时期指的是在 20 世纪 80 年代以前,技术创新研究并未脱离人类学整体式的研究,是从属于民族研究、文化研究的一部分,是散见于人类学鸿篇巨制中的零散思想,并不足以成为一门学科。技术人类学时期指的是 20 世纪 80 年代末之后,人类学中出现了专门研究技术创新的专题,对技术创新进行研究成为人类学界的新风潮,技术人类学成为独立发展的学科。人类学视野中的技术创新研究范式的划分如图 1.2 所示。

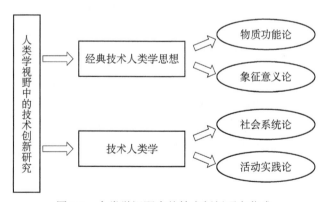

图 1.2 人类学视野中的技术创新研究范式

二、经典技术人类学思想时期的研究范式

1. 物质功能论

人类学对技术创新的研究首先将视线聚焦在了技术创新的显性表现——技

术人工物上。对技术人工物的研究则是从技术功能开始的。英国人类学先驱泰勒在其著作《人类学：人及其文化研究》中，依照技术的功能，将技术区分为用以居住的技术、用以渔猎的技术、用以战争的技术等[①]，此后的人类学家如摩尔根、博厄斯等也沿用了这种功能式的技术人工物分类方式。由于此时人类学界对技术创新的研究都是以关注技术人工物为重点，所以可以统称为关于技术人工物的人类学研究。

当然，这种研究技术人工物的人类学的理论观点也并不相同，最典型的区别是古典进化论者和历史特殊论者对技术人工物的关注点不同。古典进化论者关注的是不同文明中相同和相似的技术人工物，用典型的技术人工物来标识人类文明的发展程度，试图以此证明人类在进化历程上具有同一性。如摩尔根在《古代社会》中用火、弓箭、陶器、玉米等来标识由蒙昧到野蛮的不同文明程度。[②]历史特殊论者关注的是不同文明中技术物具有不同的特征，并根据技术物的不同特征来证明每个文明都有其特殊性。

技术人工物的功能研究在功能学派建立之后进入了鼎盛时期，以马林诺夫斯基和拉德克利夫-布朗为代表的功能论者将技术人工物的功能看作技术人工物存在的全部意义。物质功能论者认为技术人工物就是为了满足人类需求的存在，"物品能成为文化的一部分，只是在人类活动中用得着它的地方，只是在满足人类需要的地方"[③]。还需注意的是，功能学派的主要人物都提倡英式的社会人类学的研究，因此，技术人工物的功能除了最基本的技术功能外，还包括在社会文化中的功能。随着物质功能论的发展，功能的概念外延被扩大，不再局限于技术人工物的技术功用，同时也包括技术人工物之于整个文化的作用。用物质功能论的一些经典观点如"需求驱动技术""功能决定形式"等来解释技术人工物的文化作用时，会出现与事实相悖之处，因为并不是所有技术都是基于需求、效率的。这种相悖动摇了物质功能论的理论基础，人类学视野中的技术创新研究亟须新的理论。

2. 象征意义论

20 世纪 60 年代，象征主义、文化生态主义和结构主义开始在人类学界流行，这些新理论解决了物质功能论所面临的危机。一方面，在上述三种思潮中，象征

---

① 爱德华·B. 泰勒. 人类学：人及其文化研究. 连树声译. 桂林：广西师范大学出版社，2004：157-237.

② 路易斯·亨利·摩尔根. 古代社会（上册）. 杨东莼，马雍，马巨译. 北京：商务出版社，1997：9-12.

③ 马凌诺斯基. 文化论. 费孝通译. 北京：华夏出版社，2002：17.

主义和结构主义都将研究的重点指向了象征意义^①，为人类学视野中的技术创新研究找到了新的土壤；另一方面，物质功能论的理论困境是技术人工物的功能不等同于文化作用，而意义则与文化作用更为接近，研究技术意义比研究技术功能更能方便解读技术对于人类文化的作用。因此，人类学视野中的技术创新研究开始了由物质功能论向象征意义论的转向。

这次转向有两条进路，分别是象征主义进路和结构主义进路。象征主义者引入了符号学的概念，将技术人工物当作一种"类语言"文化进行分析，通过研究技术人工物的外形、风格、仪式等与效用无关的环节来解读技术人工物背后的意义。

结构主义者则表现得更为激进，他们认为技术人工物的诸要素都是表象，真正有意义的是技术人工物所体现出的人类思维结构。如列维-斯特劳斯在《面具之道》中所描述的斯瓦赫威、皂诺克瓦和赫威赫威三种面具，面具的结构外形等要素都不重要，真正有意义的是面具所代表的意义，斯瓦赫威和皂诺克瓦代表着慷慨，赫威赫威则代表着吝啬。^②在结构主义者眼中，技术人工物的研究是意义研究的附庸，真正需要研究的不是技术人工物，而是人们在制作、使用技术人工物时的心理活动。

在针对意义进行深入研究后，象征意义论者发现技术人工物的意义是语境依赖的，就如列维-斯特劳斯在书中继续阐述的一样。面具就如同神话，神话无法脱离文化语境单独解读，面具也无法脱离文化语境来单独解读，而是需要放置到具体的文化背景中才能理解面具的意义。^③因此，象征意义论者在此后的工作是建立解读技术意义的语境，这也就导致了社会系统论的转向。

需要指出的是，人类学视野中的技术创新研究在象征意义论之后走入了低谷。因为在象征意义论者看来，技术人工物并不是主要的研究对象，技术人工物象征背后的人的思维活动才是研究的对象。技术人类学也由指向实物的研究变为指向思维的研究，而人的思维系统复杂多变，通过技术的符号、纹饰来与具体的思维活动建立联系，难免会有虚妄猜测之嫌。这一时期的人类学在关注技术物背后意义的情况下，对技术物本身的研究却停滞不前，因而导致了研究缺乏实证的根基，人类学视野中的技术创新研究也逐渐没落。

① 雪莉·奥特纳. 20世纪60年代以来的人类学理论//庄孔韶. 人类学经典导读. 北京：中国人民大学出版社，2008：621-652.
② 克洛德·列维-斯特劳斯. 面具之道. 张祖建译. 北京：中国人民大学出版社，2008：67-95.
③ 克洛德·列维-斯特劳斯. 面具之道. 张祖建译. 北京：中国人民大学出版社，2008：11.

三、技术人类学时期的研究范式

1. 社会系统论

象征意义论者认为需要通过语境来解释技术人工物的意义，那么如何构建技术的语境呢？社会技术系统成为构建语境的工具。通过对社会技术系统中各个要素的研究，可以使技术同其政治、经济、文化等社会因素相连，从而凸显出技术的语境背景。

社会技术系统并不是在 20 世纪 80 年代才出现的新词。人文主义技术哲学的开山鼻祖芒福德早在 1934 年就已经在著作《技术与文明》中使用了"机器体系""技术体系"①等概念，用以解释在始技术、古技术、新技术的不同时期技术出现的整体性转变。法国技术史家吉尔于 1978 年在《技术史》中提出的技术系统则包括了技术结构、技术整体、技术链三个层次，技术系统展现了孤立的技术事件之间存在的一致性。吉尔试图通过技术系统的交替，来展现人类社会的进步。②但无论是芒福德还是吉尔所阐述的技术系统，人类社会对技术创新活动的影响都不是其关注重点。1983 年，美国技术史家休斯（Thomas Hughes）提出了带有社会建构论色彩的技术系统理论，用社会技术系统来重新解读近代西方社会的电气化革命，引领了技术史、技术哲学界研究社会技术系统的风潮。③在同一时期，在人类学界，莱蒙里尔、普法芬伯格等学者也不约而同地掀起了社会技术系统转向的热潮。在这次转向的几位代表人物中，莱蒙里尔的研究运用了列维-斯特劳斯的结构主义纲领，普法芬伯格具有象征人类学的研究背景，所以社会系统论可以说是建立在为象征意义论构建语境的理论环境下的，自然也与象征意义论有着共同的主旨——对物质功能论进行批评。同时，这两种理论之间也有明显的区别，相较于象征意义论者对技术人工物背后意义的主观猜测和解读，社会系统论者更为务实，二者之间的分歧恰如人类学界象征主义和文化生态主义之间的区别。④社会系统论的研究集中在技术与社会之间的关系上，关注社会文化因素对技术各环节的影响，理论核心是建立一个能反映社会与技术互动的社会技术系统。

① 刘易斯·芒福德. 技术与文明. 陈允明，王克仁，李华山译. 北京：中国建筑工业出版社，2009：101.

② 姚大志. 技术系统的进化——评吉尔《技术史》的基本概念及方法论. 中国科技史杂志，2008，（3）：297-306.

③ Hughes T. Networks of Power: Electrification in Western Society，1880-1930. Baltimore: Johns Hopkins University Press，1983.

④ 雪莉·奥特纳. 20 世纪 60 年代以来的人类学理论//庄孔韶. 人类学经典导读. 北京：中国人民大学出版社，2008：621-652.

正是在社会系统论转向的过程中，技术人类学成为独立的学科。希弗、英戈尔德等具有影响力的当代人类学家纷纷响应莱蒙里尔和普法芬伯格的号召，以"技术人类学"为题发表论著。人类学界的会议也开始将更多的议题用来讨论科学技术。这都昭示着人类学视野中的技术创新研究由幕后走向了前台，技术人类学学科正式建立。

2. 活动实践论

活动实践论的研究转向是技术人类学的最新研究趋势，也可以将活动实践论理解为是对社会系统论的一种补充。社会系统论所构建的社会技术系统并不完整，一方面，在社会因素对技术的影响方面矫枉过正，忽略了技术对社会文化的反作用；另一方面，在构建社会技术系统时力求在空间维度上能囊括所有的影响因素，而忽视了时间维度上各种因素的改变。活动实践论的研究重点正是社会系统论缺失的内容——技术与社会在相互作用过程中的变化，这种变化在实践论人类学中被称为互渗。[①]实践论本质上就是过程论，一切功能、意义、关系的变化都是在实践过程中被展现出来的。实践过程是为静止的社会技术系统加上了时间维度，使静止系统变成了活动系统。社会因素只有在活动中讨论才有意义，静态描绘无法真正展现社会因素的作用。互渗也有双向的意义，在互动中不仅文化决定了技术，技术也改变了文化。

通过这四次研究范式的转向，人类学视野中的技术创新研究逐渐明确了研究内容和学科边界。在研究对象方面，技术及与技术相关联的社会因素成为学者们主要的研究对象。在研究方法方面，运用整体论的思维构建社会技术系统，并将技术置于活动过程中进行研究成为当前研究的主流。人类学视野中的技术创新研究的转向过程也是人类学与技术哲学、技术社会学等相关学科相互交流、相互启发的过程。在此过程中，技术人类学展现了以他者视角为代表的独特思维视角，为技术学研究提供了参与观察法和民族志研究法等实践路径，从而确立了在技术相关学科中的地位。

---

① 庄孔韶. 人类学通论. 太原：山西教育出版社，2003：83.

第二章 莱蒙里尔：技术系统与技术选择

自柏拉图时代起，技术就与人类自身联系在一起，成为学者们的反思对象。时至今日，技术已成为人类学研究的主题之一。人类学视野中的技术创新研究一共经历了物质功能论、象征意义论、社会系统论和活动实践论四次研究范式转向。其中，肇始于 20 世纪 80 年代末的社会系统论转向，正式地宣告了技术人类学学科的建立。法国技术人类学的集大成者莱蒙里尔，正是这次社会系统论转向的领军人物。莱蒙里尔继承了法国学者们关于技术人类学的思考，并通过安加部落、现代航空等田野对象，展示了技术的社会性和系统性，成为人类学界对标准技术观进行反思的先驱。莱蒙里尔技术人类学理论最核心的内容是对技术选择过程中社会表征、兼容性和随意性的研究。通过对技术活动中社会因素的观察与思考，莱蒙里尔成为技术人类学的奠基人之一。

第一节 人 物 简 介

莱蒙里尔生于 1948 年 3 月 11 日。1967—1975 年，莱蒙里尔在巴黎第五大学学习民族学和经济学。在此期间对莱蒙里尔进行过指导的包括巴罗（J. Barrau）、齐瓦（I. Chiva）、克雷斯维尔（Ryan Cresswell）、德弗罗（George Devereux）、郭德烈（Maurice Godelier）等民族学、经济学学者。自 1972 年起，莱蒙里尔将盖朗德（法国西部的著名产盐区）作为田野点，进行以盐业生产为主题的经济人类学调查，并以此为主题完成了博士学位论文。

博士毕业后，莱蒙里尔进入了法国国家科学研究中心（CNRS）。在著名经济人类学家郭德烈的支持下，莱蒙里尔的田野研究转为巴布亚新几内亚的人类学研究。从 1978 年开始，莱蒙里尔开始了对巴布亚新几内亚的一系列田野调查。这些调查主要分为三部分：其一是对十二个安加部落的比较人类学研究，其二是对安卡瓦（Ankeva）的环境与人口的长期调研，其三是对当地技术系统特别是植物盐技术系统的研究。

正是基于对巴布亚新几内亚技术系统的田野调查，莱蒙里尔开始认识到技术是人类学中重要而又被长期忽视的环节，从而思考如何从人类学中建立一门技术人类学的子学科。在他此后的学术生涯中，无论是在巴黎第一大学（1982—1992年），还是在法国社会科学高等研究院（École des Hautes Études en Sciences Sociales，EHESS，1983—1986年），或是在密歇根大学（University of Michigan）人类学系（1986年），莱蒙里尔始终都在为建立技术人类学学科而努力。也正是在莱蒙里尔的努力下，技术人类学开始逐步建立，关于技术的研究开始重回人类学家的视野。

在技术人类学的领域，莱蒙里尔的最重要著作无疑是《技术人类学的要素》（*Elements for an Anthropology of Technology*），在书中，莱蒙里尔完整地阐述了其技术系统思想，并提出了社会表征、随意性等重要观点，该书被视为技术人类学的奠基之作。此后莱蒙里尔主编的《技术的选择：新石器时代以来物质文化研究的转型》一书，则汇集了拉图尔、普法芬伯格、英戈尔德等在技术人类学领域有深刻洞见的学者的文章，共同展现了技术人类学的研究风貌。在《平凡的事物：物质性与非语言的沟通》（*Mundane Objects: Materiality and Non-verbal Communication*）中，莱蒙里尔对技术物的意义有了更多的思考，指出普通的技术物也富含意义。除著作外，《当今的物质文化研究》（"The study of material culture today"）、《智力技术》（"L'intelligence des techniques"）等文章也对技术人类学的建立有重要意义。

第二节　法国学派的集大成者

在技术人类学的诸多流派中，法国学派的研究独树一帜。法国社会学家塔尔德（Gabriel Tarde）和涂尔干分别传承了孔德（Auguste Comte）的"工业社会"思想，将技术创新纳入社会学的研究领域。莫斯继承并开拓了涂尔干的研究，在"技术学"的名义下建立了技术社会学基本研究框架。[①]在人类学学科内，列维-斯特劳斯、勒鲁瓦-古朗、奥德里库尔、吉尔等著名学者都在莫斯建立的框架下发表过论著，开创了技术人类学研究的法国传统，而莱蒙里尔正是法国技术人类学研究的集大成者。

法国的技术人类学研究者一般将莫斯追认为法国技术人类学家的开创者。虽

---

① 夏保华. 简论早期技术社会学的法国学派. 自然辩证法研究，2015，31（8）：25-29.

然在莫斯之前，已有塔尔德、涂尔干等著名学者进行了技术相关的研究，但他们的研究是偏向社会学式的，与人类学有着区别。莫斯之后的学者如列维-斯特劳斯、勒鲁瓦-古朗、奥德里库尔等人，或是莫斯的学生，或是莫斯思想的追随者，他们的研究中都能找到莫斯思想的影子，所以莫斯当之无愧地成为法国技术人类学的鼻祖。莫斯在技术人类学领域的著述颇多，研究的主要内容涉及技术界定、身体技术、技术分类、技术与社会关系等。这些论著对莱蒙里尔最大的启发在于技术的社会文化性。莫斯将技术定义为"为了产生机械的、物理的或是化学的效用的多种传统行为的组合"[1]，莱蒙里尔将这一定义精练为"一切有效的传统行为"[2]，强调了技术在效用目的之外的重要特质——作为传统行为的社会文化特质。莫斯用他经典的"总体性"概念来统筹技术人类学的研究，指出了人在技术与社会的交互中体现出的"总体性"，并且将依据总体性的习惯来使用身体的行为归类为身体技术。[3]莱蒙里尔则继续研究了总体性在技术人工物层面的表现——技术风格。如在《平凡的事物：物质性与非语言的沟通》中，莱蒙里尔以花园篱笆、捕鱼陷阱、鼓和现代赛车四种技术人工物为例，阐述了日常物品和艺术品一样具有表现文化总体性的意义，而这种意义则是通过日常物品的技术风格来表现的。[4]不难看出，莫斯的总体性理论对莱蒙里尔影响颇深，莱蒙里尔在技术系统、技术风格等方面的研究都受莫斯的启发。

　　遗憾的是，作为20世纪70年代才开始活跃在人类学领域的后辈，莱蒙里尔无缘接受莫斯的直接教导。幸运的是，莱蒙里尔又是仅有的几位接受过勒鲁瓦-古朗技术人类学训练的学者之一。勒鲁瓦-古朗作为莫斯的亲传弟子，在技术人类学领域的思想与莫斯一脉相承。勒鲁瓦-古朗结合他在环太平洋地区进行田野调查的经历，提出了技术趋势理论和操作链理论。其中技术趋势理论是指在太平洋中一些互不相通、没有交流的岛屿，使用的却是相同或是相似的技术，这种技术上的普遍性被他称为技术趋势。操作链理论则是指技术制作的操作过程比技术最终呈现的产品更能表达技术的意义，本质上是一种技术活动论。莱蒙里尔扬弃了勒鲁瓦-古朗的思想，对于技术趋势理论，由于不能反映技术存在的特殊性，

① Mauss M. Techniques，Technology and Civilisation. Schlanger N（ed.）. New York：Durkheim Press，2006：98.

② Lemonnier P. The study of material culture today：toward an anthropology of technical systems. Journal of Anthropological Archaeology，1986，5（2）：154.

③ Mauss M. Techniques，Technology and Civilisation. Schlanger N（ed.）. New York：Durkheim Press，2006：77.

④ Lemonnier P. Mundane Objects：Materiality and Non-verbal Communication. New York：Routledge Press，2013：1.

不能体现文化差异对技术的影响，被莱蒙里尔所舍弃①；而操作链理论所体现的技术整体性和活动性的观念则被莱蒙里尔所发展，成为技术系统论的一部分。

奥德里库尔是一位兴趣广泛的研究者，他既是法国民族植物学的先驱，同时也是语言学专家，技术的研究只是奥德里库尔的第三种兴趣。作为莫斯在技术人类学领域的又一位重要学生，奥德里库尔的技术人类学观点也遵循了莫斯的研究思路。奥德里库尔在技术方面的基本观点是技术创新受社会的影响，而不是社会受到技术创新的影响。②莱蒙里尔与奥德里库尔有过多次交流，特别是关于美拉尼西亚地区的技术多样性选择的证据方面，奥德里库尔为莱蒙里尔提供了大量的经验材料。③这些交流在莱蒙里尔的文章《作为普通财富的猪：在新几内亚的技术逻辑、交换和领导》（"Pigs as ordinary wealth: technical logic, exchange and leadership in New Guinea"）中有所展现。④

除此之外，前文已经提及的列维-斯特劳斯和吉尔都是莱蒙里尔的思想源泉。列维-斯特劳斯的结构人类学成为莱蒙里尔的研究纲领，莱蒙里尔构建的技术系统论的初衷就是为了弥补列维-斯特劳斯研究中的缺憾——实践研究不足。莱蒙里尔的技术系统又是在吉尔的技术系统基础上的修改完善。实际上早在1976年莱蒙里尔就已经借鉴吉尔的理论，提出了技术系统的观点。在吉尔去世的前几个月，莱蒙里尔还有幸同吉尔有一次短暂的会面，直到几年之后，莱蒙里尔仍感慨吉尔广博的学识让他受益匪浅。⑤

总的来说，莱蒙里尔与法国的重要技术人类学家都有交集，是法国技术人类学的当代传人。透过莱蒙里尔，可以窥见法国学者们在技术人类学领域的敏锐洞见和深邃思考。遗憾的是，英语世界对法国技术人类学家的贡献认识不足，甚至存在偏见。他们认为法国空有一流的民族志，却没有与之相匹配的理论水平，或者说是对涂尔干、莫斯、列维-斯特劳斯的人类学家身份进行质疑。⑥种种壁垒，

① Lemonnier P. Elements for an Anthropology of Technology. Ann Arbor: University of Michigan Press, 1992: 75.

② 弗雷德里克·巴特，安德烈·金格里希，罗伯特·帕金，等. 人类学的四大传统：英国、德国、法国和美国的人类学. 高丙中，王晓燕，欧阳敏，等译. 北京：商务印书馆，2008：236.

③ Lemonnier P. Elements for an Anthropology of Technology. Ann Arbor: University of Michigan Press, 1992: xi.

④ Lemonnier P. Pigs as ordinary wealth: technical logic, exchange and leadership in New Guinea// Lemonnier P. Technological Choices: Transformation in Material Cultures Since the Neolithic. New York: Routledge Press, 1993: 126-156.

⑤ Lemonnier P. Elements for an Anthropology of Technology. Ann Arbor: University of Michigan Press, 1992: xii.

⑥ 弗雷德里克·巴特，安德烈·金格里希，罗伯特·帕金，等. 人类学的四大传统：英国、德国、法国和美国的人类学. 高丙中，王晓燕，欧阳敏，等译. 北京：商务印书馆，2008：185-186.

使得法国技术人类学理论的传播困难重重，也显得莱蒙里尔在英语世界中取得的成就愈发可贵。所以说，向学界展示了法国技术人类学研究传统的莱蒙里尔，是名副其实的法国学派的集大成者。

第三节　确立社会系统论范式

在莱蒙里尔之前，人类学视野中的技术创新研究经历了物质功能论和象征意义论两次转向，该领域的研究主题也由技术人工物及其功能转向为技术的象征符号。在象征意义论之后，人类学对技术的研究不再关注技术人工物本身，转而只是将技术作为意义的载体，研究人类在创制和使用技术时的思维活动。这种风气导致了人类学视野中的技术研究由严格的基于实物和实践的研究变成了可以在书桌前凭思考猜测就进行论证的研究，人类学家由田野里的人类学家变成了摇椅上的人类学家。莱蒙里尔注意到这种风气，在他看来，技术的象征意义研究也可以务实地针对技术物进行研究，研究方法就是构建出包含符号象征意义等要素在内的技术系统。

莱蒙里尔作为技术人类学界社会系统论转向的引导者，针对如何建立技术系统和如何展现技术系统中的社会因素，提出了大量见解。他认为任何技术系统都由五个要素构成，分别是：①物质——包括物质实体、人的身体、身体基础上的技术行为。②能量——指使物体运动及事物改变的力量。③对象——通常被称为人工物、工具或工作手段，需要说明的是，不仅仅是可以握在手里的工具才是工作手段，一家工厂和一个凿子从工作手段的层面来看是等同的。④动作——指将对象纳入技术中的行为，动作被有序地组织起来，或是被细分为"子操作"，或是被整合为"操作"，最后都被纳入技术过程中。⑤特定知识——由诀窍和手工技巧组成，可以是显性的也可以是潜在的，可以是有意识的也可以是无意识的。特定知识是感观可能性与选择性作用于个人或社会层面的最终结果，在技术活动中起到了塑形的作用。由于特定知识在技术系统中的重要作用，莱蒙里尔将通常意义上所理解的特定知识命名为"社会表征"，进行专门讨论。[①]可以看出，莱蒙里尔归纳出的五个要素，受到了法国人类学传统的影响，比如，他将人的身体和身体基础上的技术行为视为技术的物质要素，这显然是对莫斯身体技术概念的变

---

① Lemonnier P. Elements for an Anthropology of Technology. Ann Arbor: University of Michigan Press, 1992: 5-6.

化。又如他将决定技术的差异的特定知识定义为社会表征，这也可以看出自涂尔干以来年鉴学派的社会学研究对法国人类学的影响。

莱蒙里尔认为，技术系统的五个要素又以三种方式交互作用从而构成了系统：第一种方式是语境阐释式交互，单独的工具无法表现完整的技术意义，需要将工具同相关的技术知识、技术行为等一起来解读，这样工具和与其配套的知识、行为等形成了技术系统；第二种方式是使用操作式交互，即同一个使用顺序或操作序列上的各个技术环节，由于其共同的使用原则而具有了系统性的特征；第三种方式是文化表现式交互，从属于同样的文化内的不同的技术，由于展现出同样的文化特质，从而也具有了系统性的特征。①

建立技术系统的目的并不是为了用系统来解释技术，更为重要的目的是研究系统之中各个要素的关系。按照人类学的观点，客观地描述比主观地分析更加重要，莱蒙里尔也是想通过对系统中要素关系的清晰描述，揭示社会因素在技术活动中所起到的作用。正如他自己所说："我们必须期望能找到那些要素之间的关系，这比要素本身更为重要。"②

在对安加部落技术系统的观察中，莱蒙里尔发现了一个有趣的现象。在安加部落中有一个名为巴鲁亚（Baruya）的村落，凭借巴鲁亚村的自然资源和技术水平足以制作出弓和树皮披肩，但是巴鲁亚村民不是去制作弓和树皮披肩，而是专门生产植物盐，用植物盐来交换弓和树皮披肩。莱蒙里尔认为，在不同的技术系统中，同样的技术物并不具有相同的意义，对于巴鲁亚村落而言，植物盐具有了货币的意义，而对于其他村落，植物盐只是调味品。由此也可以看出特定的技术知识对技术意义造成了差异。③

在莱蒙里尔之前，人类学界所研究的技术系统鲜有提及技术的社会因素。对技术与社会的关系的认识只停留在技术是社会文明程度的标识物。莱蒙里尔所构建的技术系统，最大的特点便是其社会建构论的风格。比如，在他的五要素技术体系中，最具独创性的要素是"社会表征"，"社会表征"其实就是个人感性和社会文化对技术的影响。又如在技术系统的三种交互方式中，莱蒙里尔着墨最多的是文化表现式交互，因为这种交互最能体现社会文化因素对技术的作用。也正是因为他对社会文化因素的持续关注，使其成为社会系统论的引领者。

---

① Lemonnier P. The study of material culture today: toward an anthropology of technical systems. Journal of Anthropological Archaeology，1986，5（2）：154.

② Lemonnier P. The study of material culture today: toward an anthropology of technical systems. Journal of Anthropological Archaeology，1986，5（2）：174.

③ Lemonnier P. The study of material culture today: toward an anthropology of technical systems. Journal of Anthropological Archaeology，1986，5（2）：176.

在莱蒙里尔看来，技术人类学的研究方式，不应该是引入民族学或人类学的手段对技术物进行研究，而应该是对技术系统进行研究。传统人类学仅仅针对技术物的物质文化研究方式已经无法适应复杂的技术现象，研究对象应该是多因素复合的技术系统，所以要尽可能地囊括更多的因素来构建系统，而不应只对具有显著符号特征的少量对象进行观察、描述、分析。[①]在此基础上，要抛弃掉建立普适的技术系统的思想，要针对不同的地区的不同情况来建立技术系统。

此外，莱蒙里尔不仅开启了技术人类学的社会系统论转向，从他的理论中还可以找寻到活动实践论的端倪。在莱蒙里尔看来，安加部落的人使用倒钩箭、死神陷阱等行为在不同的技术活动中也是有不同的意义的，在狩猎时使用倒钩箭是为了标识猎物的归属权，而在战争中使用倒钩箭则是为了向敌人宣示本方部落的武力。因此，理解技术的意义还需要根据不同的技术活动来构建语境，这符合活动实践论的理论观点。

总而言之，在技术人类学领域内，莱蒙里尔是技术系统最早的倡导者之一。莱蒙里尔在其提出的五要素技术系统中率先加入了社会表征的要素，更是开技术人类学界的先河。他的五要素技术系统同普法芬伯格提出的社会技术系统相互印证，共同推动了人类学视野中技术研究的社会系统论的转向。

第四节　自出机杼的技术选择理论

如果仅仅是对前人思想进行总结阐发，莱蒙里尔不会成为技术人类学的代表人物。他之所以能被普法芬伯格、英戈尔德等同行学者推崇，成为真正意义上的第一位技术人类学家，是因为他通过几十年来在技术人类学领域持续而深入的研究，提出了独具特色的技术选择理论。这套理论由社会表征、兼容性、随意性三部分组成。

一、技术选择的社会表征

社会表征指的是在进行技术选择时，会有社会文化因素的介入，这些社会文化因素的干预最终体现在技术上，就成为社会表征。技术人类学界对社会表征的

---

① Lemonnier P. The study of material culture today: toward an anthropology of technical systems. Journal of Anthropological Archaeology，1986，5（2）：180.

研究并不是莱蒙里尔的首创，人类学学者最早开始对技术物进行研究时，就已经关注到技术物的纹饰、外形所具有的社会含义。莱蒙里尔之前的人类学家在研究社会表征问题时一般遵循两种路径：其一是对技术体系内的人工物进行风格研究，这在建筑技术中体现得最为明显，如人们常常提及的哥特式风格、巴洛克式风格等，实质上都是在对同一体系下的技术风格进行特征归纳；其二是象征人类学对技术的外形的研究，从技术的装饰、形制等外形因素来解读其蕴含的意义，特别是在人类思维活动和社会结构中的意义。莱蒙里尔认为这两种路径的研究存在着同样的问题——将技术的社会意蕴局限在了技术物的外形风格或装饰细节上，使得技术的社会因素不再关乎技术的功能。

莱蒙里尔所理解的社会表征，不仅是作用于选择技术风格时，更是作用于选择技术功能时。在他看来，社会表征在以下四种情况下介入技术选择：①在选择用还是不用某个可用的材料时；②在选择用还是不用某个已经提前构造好的手段时（如一把弓箭、一辆车、一把螺丝刀）；③在选择技术的过程（包括一系列动作及其影响）和技术过程的结果时；④在选择行动本身是如何被执行之时（如"女人应该去做饭""男人应该去修篱笆"这样的概念）。①莱蒙里尔所列举的这四种情况都超出了技术风格的范畴，直接关系到了技术结构与功能，因此他认为社会表征显然是介入了技术功能的选择中。

为了证明社会表征对技术功能选择的作用，莱蒙里尔将安加部落的原始部落技术系统和现代航空技术发展史进行了对比考察。生活在巴布亚新几内亚地区的安加部落的人，在进行技术功能选择时，会明显地受到社会表征的影响。安加部落的技术系统中，存在着深坑陷阱、屏障陷阱和悬挂陷阱三种不同的陷阱技术，其中悬挂陷阱是最为有效的捕猎陷阱。安加部落的各个村落普遍使用悬挂陷阱技术，但是兰吉玛村落例外。兰吉玛村人能清楚地说出悬挂陷阱的构造，但是他们基于文化的原因，拒绝使用这种功能性更强的陷阱，社会文化显然影响到了技术功能。陷阱的例子并不是个案，兰吉玛村人使用的杀伤功能更强的倒钩箭，在别的村落也被拒绝使用。安加部落的技术系统是原始部落技术系统的典型代表，在原始部落的技术系统中，学者们可以较为容易地发现社会表征的作用。在更为专业化、功能指向性更明显的现代技术中，是否还存在着社会表征呢？莱蒙里尔通过十五种不同的飞机设计图纸，展现了社会表征在现代航空领域中的影响。②这

---

① Lemonnier P. Elements for an Anthropology of Technology. Ann Arbor：University of Michigan Press，1992：6.

② Lemonnier P. Elements for an Anthropology of Technology. Ann Arbor：University of Michigan Press，1992：68-76.

十五种飞机的形态各异，功能不同，在设计飞机样式和选择飞机图纸的过程中，充满了社会表征对于飞机发明者的影响。总之，莱蒙里尔认为，无论是在原始的技术系统中，还是在现代技术中，都存在着社会表征，社会表征不仅作用于技术的外形、纹饰，也作用于技术功能的选择。

二、技术选择的兼容性

兼容性是莱蒙里尔技术选择理论中的重要关键词，决定了一个新的人工制品或是技术过程能否为既有的技术系统所接纳。在莱蒙里尔笔下，新的技术制品和过程应当具有两种兼容性：其一是与自然环境的兼容性，主要指新技术与自然界的材料和能源资源的匹配程度；其二是与当时的技术系统状态的兼容性，这正是莱蒙里尔研究的重点。

在莱蒙里尔看来，任何一个既定的技术系统的状态都至少包括两个层面：①现有的人工制品、操作序列和各种技术之间的物理关系；②存在于技术过程中的社会表征或通常所说的知识。兼容性就是指新的技术在这两个层面的适应程度，适应则新技术能够留存，不适应则会被系统所排斥。传统的巴布亚新几内亚部落不会立即掌握和使用犁与计算机芯片，因为犁和计算机芯片并不适用于当地部落的技术制作能力和技术知识水平。技术系统并不是一成不变的，新的技术元素能为技术系统带来更多的活力。但是技术系统并不是主动去吸纳新技术元素，而是由新技术元素在技术系统中寻找合适的位置，这就要求新技术必须满足某些功能上的需求（否则人们无法注意到它）。与此同时，新技术的生产和使用所基于的心理过程必须同技术系统的社会表征相一致，否则就会因为不可理解而被弃用。[①]

兼容性展现了新技术被既定的技术系统同化的过程，同时也是技术系统内部创新的过程。勒鲁瓦-古朗将技术系统内部创新的先决条件总结为"有利的技术环境"，莱蒙里尔对此概念做了进一步阐发。"有利的技术环境"被解读为现有技术系统必须与新技术具有相同的技术水平，同时现有技术系统不能处于饱和的状态，必须有需要改进之处。

总之，莱蒙里尔认为新技术应当同自然环境和技术系统状态兼容，而理想的技术系统状态则是有技术创新的需求，同时在技术水平和社会文化上都能容纳新技术。

新技术必须与技术系统相兼容，但是在对多个具有兼容性的新技术进行选择

---

① Lemonnier P. Technological Choices：Transformation in Material Cultures Since the Neolithic. New York：Routledge Press，1993.

时，随意性则成为左右选择的主导因素。换言之，兼容性可以被理解为进行技术选择的必要条件，而充分条件则被莱蒙里尔归结为技术选择的随意性。

三、技术选择的随意性

随意性是莱蒙里尔对技术选择中的随机、偶然、无逻辑状态的统称。随着当代技术社会学的发展，学者们注意到，人们在进行技术选择时，并不是完全遵循技术的逻辑，恰恰相反，技术选择的过程中充满了各种非技术的社会逻辑。社会逻辑如此复杂多变，使得技术的随意性难以研究。在莱蒙里尔看来，研究技术选择随意性的突破口在于意义系统，或者说，随意性所遵循的逻辑，就是使技术具有意义。当然，相较于社会因素，技术的意义系统恐怕更难以研究。莱蒙里尔也自称对意义系统了解不多，无法解释为何某些特定的技术要素而不是其他要素会成为意义系统的一部分。但是，通过田野调查和整理思考，莱蒙里尔至少得出了三条关于技术随意性的结论。[①]

第一，所有的田野调查都证明了非技术逻辑的多样性和复杂性。无论是在以安加部落为代表的原始技术系统中还是在以赛车活动为代表的现代技术系统中，非技术逻辑的构成都是复杂多样的。在莱蒙里尔所调查的田野对象中，不存在以技术的有效性、功能性来作为技术选择唯一标准的技术系统。第二，经济因素、社会地位、种族认同和政治因素是社会表征的重要构成。社会表征的构成因素不止于此，但这是莱蒙里尔在调查研究中体会最深的四方面因素。第三，技术差异本身就有意义。莱蒙里尔注意到，在技术选择活动中，存在着刻意去创造和维持技术差异从而彰显出特定群体的技术特色的现象。特别是在原始部落中，保持本民族的技术特色以示和其他民族的区别，这常常比技术的功效更为重要。所以说，保持技术多样性，本身就是具有意义的事情。

基于上述三节的内容，莱蒙里尔的技术选择理论可以被归纳为，新技术必须在技术水平和社会表征两方面都与技术体系兼容，对多个满足兼容性的新技术进行选择时，则由于社会表征的复杂多样，技术选择具有随意性。

除技术选择理论之外，莱蒙里尔在技术本体论、技术创新哲学等领域也有着独到的见解。比如，莱蒙里尔认为技术应该包含在事件采取行动的过程中的各个环节，不仅是社会对物质环境所采取的手段与事物，也是技术本身被社会化的

---

① Lemonnier P. Technological Choices：Transformation in Material Cultures Since the Neolithic. New York：Routledge Press，1993.

产物。[①]这种理解体现了技术与社会的双向影响。又如，莱蒙里尔在讨论发明时特别指出，尽管技术创新活动常常只是基于对本地技术系统已有的物质材料进行重组，但这是打破传统文化定式的放弃常规的行为。[②]这与创造性破坏理论有异曲同工之妙。可以说，莱蒙里尔对技术活动进行了成熟充分的思考，这些思考足以构建以技术选择理论为核心的技术人类学理论体系。

莱蒙里尔的技术人类学可以追溯到早期技术社会学的法国学派。[③]与莱蒙里尔同时期，平奇（Trevor Pinch）、比克（Wiebe Bijker）等人则引领了新技术社会学的风潮。这两种脱胎于技术社会学的思想可以相互启发印证，特别是在技术的社会建构、技术系统等方面有着共通之处。

囿于时代，社会表征的研究缺少理论工具和案例支撑，使得莱蒙里尔在探寻技术意义时难以取得更大的突破。特别是在技术选择的随意性方面，莱蒙里尔对勉强得出的三条结论也不满意。随着 20 世纪 90 年代行动者网络理论的发展，技术人类学界也出现了本体论和方法论的转向，技术与人的二分被打破，非人的行动者被纳入社会技术之网，社会技术系统被视为活动实践的过程，技术意义系统的研究不再受制于"莱蒙里尔困境"。

① Lemonnier P. Elements for an Anthropology of Technology. Ann Arbor：University of Michigan Press，1992：1-2.

② Lemonnier P. Technological Choices：Transformation in Material Cultures Since the Neolithic. New York：Routledge Press，1993.

③ 夏保华. 简论早期技术社会学的法国学派. 自然辩证法研究，2015，31（8）：25-29.

第三章 普法芬伯格与英戈尔德的技术人类学思想

除了莱蒙里尔，美国学者普法芬伯格、英国学者英戈尔德也是开创技术人类学的主要人物。普法芬伯格通过对标准技术观（the standard view of technology）的批判和对社会技术系统（the sociotechnical system）的构建，在物质功能论和象征意义论两大流派中找到了一条中间道路，为技术人类学学科的建立做出了重要贡献。英戈尔德讲求从技术物本身出发，通过技术物与周围环境的交互来构建以技术物为中心的系统。这种以技术物为中心的研究是物质功能论研究在当代新的表现形式，英戈尔德就是新物质功能主义的典型代表。

第一节 普法芬伯格：社会技术系统

一、对标准技术观的批判

在普法芬伯格之前，已经有一些学者从人类学的视角切入，对技术进行思考。普法芬伯格对前人的思想进行了总结与思考，并从中提炼出一套被普遍接受的有关技术的观点看法，称之为"标准技术观"。普法芬伯格指出，所谓"标准技术观"包括三个方面的核心观点：需求是技术之母、功能决定形式和技术史是工具到机器的单线性过程。普法芬伯格的技术人类学理论基石，是建立在对"标准技术观"的批判反思之上的。

1. 对需求是技术之母的批判

普法芬伯格对"标准技术观"的批判，首先是从技术的起源问题开始的。针对技术的起源问题，学者们众说纷纭，给出了需求说、巫术说、游戏说、机遇说等不同答案。其中最为人们普遍接受的，是"技术起源于需求"这一经典命题。技术起源于需求不仅指需求是技术产生的原因，还可以衍生出"需求推动技术发展""技术的选择由需求导向"等子命题。陈昌曙先生在《技术哲学引论》中也指出："更正统和得到公认的，是技术起源于需求论，可以举出更多的史实，说明人们的生活需求、劳动需求和其他的种种需求决定着技术的发展。"①

在专业的技术哲学研究者中，技术起源于需求都得到了广泛认同，更毋论在人类学、考古学界。为了给学科寻求坚实的现代性基础，人类学和考古学纷纷迎合了技术起源于需求的观点。人类学研究者们认为文化只是历史进程的外部产物，而技术和物质文化才是人类进化的关键，技术和物质文化在人的需求和环境的制约之间创造了可能性，技术的进程就是需求推动下的进化。新考古学的代表人物宾福德（Lewis Roberts Binford）更是进一步指出："每一个人工物都有两个维度，首要的是与人工物功能相关的工具维度，其次才是与社会意义符号相关的维度。"②宾福德的观点得到了达尔文主义考古学家邓内尔（Robert Dunnell）的响应，他认为："人工物的功能维度直接满足了人群的达尔文适应度；而形式维度，相比之下只是在表面进行装饰，可能在象征群体团结中发挥一些作用，但显然是次要的。"③人类每一种需求都对应地有一种理想的人工物，人工物的发现就如同美洲的发现一样——人工物本就在那里，人们需要它，就将它从意念中搬到了现实中，这就是理想人工物理论。

但是技术起源于需求吗？普法芬伯格对此提出了不同的意见，他认为看似根基坚固的技术源于需求说其实十分脆弱，并以理想人工物为突破口，来反思技术源于需求说。他认为并不存在所谓理想人工物与技术需求的一一对应，这种思维是文化定式的结果。普法芬伯格援引了巴萨拉（George Basalla）对轮子的考察，轮子最早被使用是在近东地区，但是轮子首先是被用于军事而不是用于运输，之后更是被骆驼逐渐取代。④轮子无疑是满足"运输"的技术需求的理想人工物，但是其发明并不是因为其理想中的功能，作为理想人工物反而被看似落后的畜力取代，这显然是需求驱动技术发展的反例。类似的例子还有很多，在技术史上可以轻易找寻出没有选择理想人工物来满足对应需求的案例。由此，普法芬伯格提出，理想人工物和需求之间并不存在确定的关系。理想人工物和需求之间看似牢不可破的联系被打破之后，技术源于需求说也就不攻自破了。按照需求理论而建立的理想人工物模型都不符合现实情况，那需求理论显然是存在问题的。

① 陈昌曙. 技术哲学引论. 北京：科学出版社，2012：94.

② Binford L R. Archaeological systematics and the study of culture process. American Antiquaity，1965，（31）：203-210.

③ Dunnell R. Style and function：a fundamental dichotomy. American Antiquity，1978，43（2）：192-202.

④ Basalla G. The Evolution of Technology. Cambridge：Cambridge University Press，1988：7-11.

2. 对功能决定形式的批判

功能是与需求关系密切的词语，功能是可以实现的需求，需求是预期之中的功能，在一定条件下，需求与功能的语义可以通用。功能同样是人类学历史中最为重要的词汇之一，自 1922 年马林诺夫斯基和拉德克利夫-布朗创立了功能学派之后，人类学界对技术的研究就开始被打上功能论的烙印。功能论者认为对技术人工物的研究应集中在其功能上，技术人工物在社会体系中的意义是通过其功能被体现的。其实深究技术源于需求说，在很大程度上也是人类学功能论在技术起源问题上的映射。因此，普法芬伯格在批判了技术源于需求说之后，自然而然地将矛头指向了功能论，特别是功能论最为重要的观点——"功能决定形式"。

在人工物的功能和形式关系问题上，人类学的"标准技术观"认为：功能决定形式，形式遵循功能。技术的功能是技术最有效、最重要的环节，技术的形式是为了满足功能而定的或是在实现了功能需求之后的次要环节。需要指出的是，人类学家所讨论的"形式"与技术哲学家所讨论的"结构"有根本不同。形式是指技术人工物的外在呈现，包括技术人工物的颜色、形状、纹饰等。结构则是指技术人工物的几何、物理、化学等方面的性质。[1]对于功能决定形式的观点，普法芬伯格从两个方面展开了批判。一方面，从人类学应秉持的研究态度来看，普法芬伯格认为，采取客观中立的态度进行叙事，对技术人工物的各个方面进行考察，是人类学的基本态度。功能决定形式的论调将技术形式置于技术功能的从属地位，直接导致了对技术形式属性的忽略，这种带有先验观点而造成无法尊重真实叙事的行为不符合人类学研究的客观中立原则。另一方面，从人类学研究遇到的现实问题来看，"功能决定形式"的观点在解释技术人工物时遇到了无法解释的问题。普法芬伯格在此借用了安加部落设置狩猎陷阱的例子，安加部落的人轻易列出了十种不同形式的狩猎陷阱，但是不会去使用这些陷阱，当被问及为何如此做时，安加部落的人会回答："因为我们的祖先这么做。"[2]在人类学家进行调查时，经常会得到类似的答案。被采访者不会从人工物的功能、作用等方面来解答制作的原因，也不会因效能、结果来选择技术的形式，这是功能决定形式无法回答的问题。

技术功能论的潜台词其实是"功能等同意义"，技术人工物的功能就是其存

① Kroes P. Technological explanations: the relation between structure and function of technological objects. Society for Philosophy and Technology, 1998, 3 (3): 18-34.

② Lemonnier P. The study of material culture today: toward an anthropology of technical systems. Journal of Anthropological Archaeology, 1986, 5 (2): 147-186.

在意义。在普法芬伯格看来，技术的功能论在属性上忽略了技术形式这一技术要素，在现实中又无法解释"为何如此做"的问题，这直接导致了功能论在描述技术时的片面与无力，无法解释技术人工物的真正意义。

3. 对技术史是工具到机器的单线性过程的批判

标准技术观在对技术史的理解上也有其根本观点，那就是认为技术史是工具到机器的单线性过程，这种观点从人类学诞生之初便已确立。被尊为"人类学之父"的英国人类学先驱泰勒在其代表作《人类学：人及其文化研究》中用了四章的篇幅来讨论技术，展现给读者工具、战争、交通、住所、服饰、烹饪等各方面的技术人工物。贯穿其行文始终的逻辑是——技术人工物由简单到复杂不断改进，不断进化。①无独有偶，美国人类学家摩尔根在其名著《古代社会》中更是将人类社会的历程分为低级蒙昧、中级蒙昧、高级蒙昧、低级野蛮、中级野蛮、高级野蛮、文明社会等三个层次七个阶段，并用火、弓箭、陶器、铁器等技术人工物作为社会各阶段的标志。②可以看出，人类学学者对于技术史的理解保持着"技术由低级向高级发展""高级技术取代低级技术""技术变革了传统社会"等基本观点。

针对这种将技术史简单理解为技术人工物历史的观点，萨林斯（Marshall Sahlins）曾指出："在人类大部分的历史中，劳动比工具更有意义，生产者的智力付出比他们所使用的简单设备更有意义。"③如果技术史被限定为技术人工物的历史，那显然将原本动态的、全面的、联系的技术世界变为了静态的、片面的、孤立的技术图景，无法展现真实的技术风貌。普法芬伯格支持萨林斯的观点，认为将研究视角聚焦在经济体的技术水平和技术手段上，并不能展现出社会和技术系统之间的复杂关系，局限于物质文化的研究只能描绘出一幅模糊展现人类适应性的图景，这幅图景过于简单通俗了。④而且，单线性的技术史实质上是为人类学中的古典进化论服务的，古典进化论试图证明人类的所有文明都是按一种模式来发展的，而掌握了高级技术的西方文明在进化水平上远超其他文明。普法芬伯格指出，在人类学界这种对人类文明发展单线式的理解早已被证明是谬误的，单

---

① 爱德华·B. 泰勒. 人类学：人及其文化研究. 连树声译. 桂林：广西师范大学出版社，2004：157-237.

② 路易斯·亨利·摩尔根. 古代社会（上册）. 杨东莼，马雍，马巨译. 北京：商务印书馆，1981：9-10.

③ Sahlins M. Stone Age Economics. Chicago：Aldine Press，1972：87.

④ Pfaffenberger B. Social anthropology of technology. Annual Review of Anthropology，1992，（21）：497.

线式的技术史理论也应该被淘汰。

除此之外，普法芬伯格又从知识语言和传统社会两个角度对"工具到机器单线论"进行批驳。首先，在知识语言方面，人类所能理解的技术知识是不足的，而且这些技术知识并未都能为语言所表达，所以人类可以书写出来的技术知识不过是真正的技术知识的冰山一角。所以用语言来书写出的技术史是肤浅的，技术史应该被理解为不断生成的动态过程，在活动中解读技术史而不应是描述单线性的技术史。其次，在传统社会方面，标准技术观的观点是高层次的技术社会取代了低层次的技术社会，类似海德格尔（Martin Heidegger）"乡愁"中所怀念的传统技术社会已被取代，一去不返。但在人类学的实际调查中发现，人类的社会技术系统，无论是"原始的"还是"前工业化"的，其实都具有非常复杂的内在异质性。简单的工具与复杂的机器是可以共存于同一个技术社会中的，并不是由谁取代了谁。在普法芬伯格看来，并没有所谓"传统社会"的存在，每个社会都是不断生成的过程，技术是作为人类认识自身和协调劳动以维持生命的手段。与其说是技术的变革破坏了所谓的"传统社会"，不如说是殖民主义破坏了本土的政治、律法和仪式系统，严重降低了本土系统构建者在本地系统中有效运作的能力。[①]总之，普法芬伯格认为技术史应该放到活动中和系统中去理解，用工具到机器的替换来理解技术史显然是肤浅而片面的。

同样是在 20 世纪 80 年代，技术社会学成为 STS 研究的热点，一批技术社会学者为了打破传统技术观而努力。普法芬伯格对标准技术观的批判是与技术社会学研究相通的，他在文章中也称受到了温纳（Langdon Winner）、平奇、比克等人的影响。[②]同时，在构建社会技术系统时，普法芬伯格也借鉴了休斯的电力技术系统的研究成果。如此看来，技术哲学的研究启发了技术人类学的工作，而技术人类学同样丰富了技术哲学的研究。

二、对社会技术系统的构建

只有批判而没有建构的思想是不完整的，普法芬伯格在对标准技术观进行批判之后，也构建出了一套新的思想体系，即社会技术系统思想。社会技术系统思想以文化是技术选择的标准、象征彰显意义和技术史是社会技术系统的演化过程

---

① Pfaffenberger B. The harsh facts of hydraulics: technology and society in Sri Lanka's colonization schemes. Technology and Culture，1990，（3）：361-397.

② Pfaffenberger B. Fetishied object and humanised nature: towards an anthropology of technology. Man，1988，（2）：236-252.

这三大观点为核心。

1. 文化是技术选择的标准

普法芬伯格质疑的是理想人工物和特定需求之间的对应关系，但是他并不否认人工物可以满足需求。换言之，他否认技术起源于需求，但是并不否认人工物具有的功能属性。诚然，人们有必须要解决的需求，也通过技术手段解决了技术需求，但是解决这些需求的手段是成千上万的。"显而易见的是，在满足既定的目标时，有海量的技术和人工物可以选择。"[1]所以相比于需求，更值得研究的是技术选择。是什么因素左右了技术选择？为什么存在技术差异？解答了这些问题，其实也就能解答到底什么才是技术的真正起源。或者说，技术选择和技术起源可以归结为同一个问题。普法芬伯格认为，在技术选择过程中起决定作用的，是文化而不是自然。

普法芬伯格认为技术选择是基于文化，但是文化并不是实体，如何证明技术选择是基于文化的呢？普法芬伯格找到了技术人工物各种属性中与文化相关度最高的属性——风格，展开了"技术选择基于风格，风格体现文化"的论证。

对风格的研究并不是始于普法芬伯格，同为当代技术人类学先驱的法国学者莱蒙里尔在研究巴布亚新几内亚的安加部落时，就已经有过相关研究。莱蒙里尔通过对不同的安加部落在弓箭形制上的不同选择的研究发现：安加部落的人知道其他部落的弓箭形制有着更强的杀伤效果，更能满足狩猎和作战的需求，而且本部落也具备制作相同弓箭的技术条件。但是安加部落的人不会去仿制其他部落的弓箭，因为本部落的弓箭有着本部落的技术风格，维护风格比满足杀伤需求更为重要。[2]普法芬伯格借用了莱蒙里尔对安加部落的研究，并补充了人类学家戈尔森（Golson）、萨林斯等在风格与技术选择问题上的观点，进一步指出面对同一种需求，有多种的技术可以选择，而左右选择的并不是需求的最大化满足，风格才是技术选择的关键。

风格代表的是什么呢？普法芬伯格认为，技术人工物的风格是对其文化的展现。人类学界在很早便已开始对"文化"的含义进行探讨，泰勒曾在《原始文化：神话、哲学、宗教、语言、艺术和习俗发展之研究》中对文化给出了非常经典的定义："文化，或文明，就其广泛的民族学意义来说，是包括全部的知识、信仰、艺术、道德、法律、风俗以及作为社会成员的人所掌握和接受的任何其他的才能

---

① Pfaffenberger B. Social anthropology of technology. Annual Review of Anthropology，1992，(21)：496.

② Lemonnier P. The study of material culture today：toward an anthropology of technical systems. Journal of Anthropological Archaeology，1986，5 (2)：147-186.

和习惯的复合体。"①满足既定需求的不同的技术人工物,其代表的是不同的知识、信仰、道德等文化寓意,进行技术选择的过程其实是进行文化选择的过程。文化则是通过技术人工物的风格被展现出来的,所以真正在技术选择中起决定作用的是文化,这便是普法芬伯格针对需求起源说提出的文化起源说。

为了证明风格与文化的关系,普法芬伯格举了日本所流行的小巧(cuteness)技术风格与文化的例子。日本的技术人工物有着同样的风格特点——小巧,下至小巧的书签、贺卡,上至迷你的汽车、房屋,各种小巧的人工物在人们的生活中随处可见,甚至在畅销书中也被推崇,人们也以小巧作为女性审美的标准。小巧既是技术风格,又是技术文化。技术人工物的小巧风格,是小巧文化在技术选择方面的映射。②

2. 象征彰显意义

在技术的意义方面,普法芬伯格对功能论者提出了批判,指出技术的功能并不是技术在社会文化中的意义。那么技术的意义是什么?普法芬伯格认为象征更能体现技术的意义。

人类学有着研究人工物所象征的意义的传统。哲学人类学的开创者舍勒在论述人工物的功能与象征之间的关系时指出,工具制作以及所有属于"文明",属于与生命活力相联系的、作为其行为补充的精神活动的现象获得的最终意义和价值,只是"通向文化之路",通向与文化相适应的自由的精神活动之路。工具只是展现文化的方式,其意义在于所代表的文化精神,工具的物质功能反而是次要的。"工具便处处显示出它只是一种并非主要为目的服务的、一种对目的来说逐渐失去原形的意义体。"③可以看出,在舍勒眼中,人工物的功能不同于人工物的意义,人工物的意义在于人工物所代表的文化,不在于其物质作用。在更专业的人类学家如结构主义大师列维-斯特劳斯看来,一切社会文化都是象征和符号,而象征和符号只有关联在系统中,才能扮演它们的角色。④技术人工物更是典型的象征和符号,其意义无法通过自身表现,而是要在系统中得到展现。

技术人工物的功能作用是相对固定的,而其象征则是丰富的。举例来说,一

① 爱德华·泰勒. 原始文化:神话、哲学、宗教、语言、艺术和习俗发展之研究. 连树声译. 桂林:广西师范大学出版社,2005:1.

② Pfaffenberger B. Symbols do not create meanings-actives do: or, why symbolic anthropology needs the anthropology of technology//Schiffer M B. Anthropolgical Perspectives on Technology. Albuquerque: University of New Mexico Press, 2001: 77-86.

③ 马克思·舍勒. 哲学人类学. 魏育青,罗悌伦,等译. 北京:北京师范大学出版社,2014:61.

④ 克洛德·列维-斯特劳斯. 结构人类学(2). 张祖建译. 北京:中国人民大学出版社,2006:475-478.

把椅子，其功能作用是提供一个支撑面让人坐，但是其象征则可以千变万化。火车上的座椅象征着出行，沙滩上的座椅象征着空闲，宫殿里的座椅象征着权力……普法芬伯格引用了人类学学者埃姆斯（Kenneth Ames）关于维多利亚走廊家具的案例，家具的功能是供人休憩，但是在维多利亚走廊里，其意义变成了区分艺术家和商人——主人和受邀的艺术家可以直接穿过走廊，而商人和仆人则只能坐在家具上等待。[①]这些家具象征着身份，作用则是次要的，即乘坐，象征意义是重于实用功能的。另外从此案例也可以看出，技术人工物的意义是语境依赖的，脱离了语境谈意义显得空洞无力。

普法芬伯格继承了哲学人类学和象征人类学的思想精髓，提出能表达技术人工物根本意义的，是技术的象征而不是技术的功能。同时，由于象征是语境依赖的，普法芬伯格也自然着力为技术象征构建语境——社会技术系统。

3. 技术史是社会技术系统的演化过程

著名人类学家马林诺夫斯基在其遗著《自由与文明》中曾有"自由应该由人类学家来诠释"的论断。[②]哲学、政治学、经济学等学科都是由概念构建的，而人类学则是由经验构建的。对应马林诺夫斯基的名言，普法芬伯格也提出了"社会技术系统应由人类学家来阐述"的论断。[③]他从学科视野出发提出这一观点，认为社会技术系统涵盖了技术、文化和社会等诸多方面，只有人类学能提供如此宽广的研究视野。普法芬伯格正是在人类学的宽广视野的基础上，构建了一个充满人类学文化整体观思想的社会技术系统。普法芬伯格的社会技术系统包括了"复杂的社会结构、难以言表的技术活动系统、高级的语言知识交流、劳动中的调节仪式、先进的人工物制造、诸多社会的和非社会的角色之间的联结、各种人工物的社会使用"[④]。

普法芬伯格的社会技术系统符合文化整体观的基本原则。文化整体观认为具体对象只是从属于包含了价值观、信仰、风俗、文化标识物等诸要素在内的庞大的文化整体的一部分，在研究对象时不仅要研究对象本身，而且要尽可能研究与对象相关联的诸多要素。在文化整体观的影响下，普法芬伯格指出："技术人类

① Ames K. Meaning in artefacts: hall furnishings in Victorian America. Journal of Interdisciplinary History，1978，（9）：19-46.

② 布劳尼斯娄·马林诺夫斯基. 自由与文明. 张帆译. 北京：世界图书出版公司，2009：18.

③ Pfaffenberger B. Social anthropology of technology. Annual Review of Anthropology，1992，（21）：500.

④ Pfaffenberger B. Social anthropology of technology. Annual Review of Anthropology，1992，（21）：513.

学观点的立论之基石，是采取客观中立的态度来看待技术的各个环节，不能先验地带有既成观点。不能只将技术当作一种效用行为，如在越南的高地民族，农业不仅是物质文化和体力劳动，仪式也是农业的重要部分。社会技术系统应该包含我们所认为的无用的部分，起码包含仪式等环节。对于技术系统中某个环节'有用'或是'无用'，我们应该保持客观中立。"①正因如此，普法芬伯格的社会技术系统涵盖了一些在技术哲学研究中常被忽视的无用环节，如技术风格、技术装饰、技术使用、技术活动的仪式、劳动者的心理状态等。

在这种社会技术系统思想的指导下，普法芬伯格对技术史的理解也充满着整体观和社会建构论色彩。他对技术史的理解可以分为四个层面。首先，从技术与社会文化的关系来看，技术史并不是工具史或技术人工物的发展史，而是技术与社会相互作用的历史，是技术与文化交互的历史，技术史必须包括社会文化的因素。其次，从技术过程来看，技术活动是动态的过程，工具、机器只是技术活动呈现出的产品，并不是技术活动的全部。技术史应该包括技术活动的整个过程，从技术的设计、选择、生产、反馈等环节全面地展现技术史的风貌。再次，从技术史中人的形象来看，技术史所研究的人往往是技术的发明者、推广者，而技术的使用者则被忽视，继而带来的就是使用者的行为——仪式、抵制、再次发明等——也被忽视，技术史应该包括劳动者在使用技术时的行为和心理状态。最后，从技术人工物体系的内容来看，仅就单纯的技术人工物体系发展史而言，技术史也不是单线性的发展，而是多种水平的技术人工物并存，构成了技术人工物的复合体，是技术人工物复合体不断发展壮大的过程。总之，在普法芬伯格看来，真正的技术史绝不是工具到机器的技术人工物替代更迭的过程，而是社会文化技术等各方面因素多线性的交互过程，不仅包括了技术人工物的发展，也包括了与之相关的文化冲突与融合，还包括了技术活动中被人忽视的各个环节，更包括了在这些环节中与技术相关联的人。所以，普法芬伯格更倾向于将技术史理解为社会技术系统的演化过程。

三、物质与象征之间

在普法芬伯格之前，人类学视野中的技术研究有三大传统，分别是以法国社会学派为代表的技艺研究传统、建立在进化论学派和结构功能主义基础上的物质功能论研究传统和建立在象征主义思潮基础上的象征意义论研究传统。技术人类

---

① Pfaffenberger B. Social anthropology of technology. Annual Review of Anthropology，1992，（21）：501.

学的另一位开创者莱蒙里尔是技艺研究传统的集大成者，继承和发展了莫斯、勒鲁瓦-古朗、奥德里库尔、吉尔等人的研究并提出了以"技术的社会表征"为核心的技术人类学体系。普法芬伯格则是对物质功能论研究传统和象征意义论研究传统进行扬长弃短，找到了二者的中间道路，构建出社会技术系统。

在人类学视野中技术创新研究的主要理论流派中，物质功能论是最早流行的流派。人类学中的古典进化论者、传播论者和历史特殊论者建立了物质功能论研究传统的基本思想——将技术人工物作为人类学研究的主题之一，技术人工物是文明进化、文化传播或文化特点的标识物。功能论者和结构功能论者则在技术人工物的研究中注入了整体性的理念，研究技术这一局部因素对社会文化整体的作用与功能。在彼时，技术人工物的人类学研究兴盛但也隐藏着危机：人工物的进化论过于极端；人工物的传播论大多建立于猜测；对物质功能与社会意义之间关系的解释苍白无力……这都是日后物质功能研究衰落的隐患。

象征意义论在 20 世纪 60 年代之后取代了物质功能论，成为人类学研究技术的主流。人类学界已经厌烦了对表象经验的研究，从列维-斯特劳斯开始，转向了研究深层的思维结构。这种研究倾向具体体现在技术相关研究之中，就是开始研究技术背后的意义，以及技术活动中使用的符号、仪式、语言等与意义相关的要素，而技术人工物本身反而变成了不重要的部分，被人类学摒弃。此时人类学对技术的研究不是为了解读技术，而是为了解读社会关系和人的思维结构。技术竟然不再是人类学视野中技术研究的主题，这种荒诞的现象正是导致 20 世纪 60 年代到 80 年代末并未出现专门的技术人类学学科的原因之一。

普法芬伯格批判吸收了物质功能论的观点，重视对物质文化的研究，把技术人工物与社会视为一个有机整体，重视研究技术人工物在社会中的功能。同时也借鉴和批判了象征意义论的研究，象征意义论在关注技术人工物意义的同时，难免落入"意义陷阱"，忽视对技术物的研究，普法芬伯格的研究则是以人工物的研究为突破口，重视人工物背后意义的同时也重视人工物在社会技术系统中的地位。

普法芬伯格在早期研究中借鉴了象征意义论研究传统，而在之后的文章中，普法芬伯格针对一些关键问题，表达了与象征符号人类学的不同观点。比如，关于马林诺夫斯基经典的 Bwayma 的案例[①]，象征符号人类学研究的是 Bwayma 在文化中的象征意义，而普法芬伯格则研究在建造 Bwayma 的技术活动过程中，人们的社会关系如何转换并被确认。在象征符号人类学看来，Bwayma 作为一种象

---

① Bwayma 是马林诺夫斯基在《珊瑚园及其魔力》中提及的一种建筑，特罗布里恩群岛的居民在酋长的带领下建造 Bwayma，用来展示和储存甘薯。

征，表达了其区分社会地位的意义。在普法芬伯格看来，表达意义的是象征符号，但产生意义的则是建造 Bwayma 的技术活动过程。[①]在活动过程中理解技术的意义，而不是如象征符号人类学一样静态地、片面地研究象征，这便是普法芬伯格在象征意义传统上的最大突破。

普法芬伯格的社会技术系统理论，既代表了个人对技术的总观点，也代表了人类学界对技术的根本思考。纵观人类学学者对于技术的思考，普遍是基于整体观、比较观和文化相对观这三大理论支柱的。在社会技术系统理论中，可以时刻感受到这三种理论的影响。普法芬伯格提出的社会技术系统理论，既是对前人技术思想的继承总结，也是对诸多理论的批判升华。其思想深度突破了人类学物质功能论和象征意义论这两大流派的桎梏，不同于物质文化研究者拘泥于人工物的实体，也不同于象征主义者忽视实体只重意义，而是摒弃两家的门户之见，研究人工物以及人工物背后的象征意义，并将人工物放到更复杂的社会系统中来进行考察。正因其纵览全局的宏大视野和摆脱了户牖之见的包容精神，使他当之无愧地成为经典技术人类学思想的集大成者。同时，普法芬伯格提出的社会技术系统，提倡研究技术中的无用环节、建议对单线的技术史进行反思……此后他更是率先投入技术人类学的最新领域——赛博空间的人类学研究中，这些都使他无可争议地成为技术人类学的领航人。

第二节　英戈尔德：技术环境观

英戈尔德是一位有独立思想的人类学学者，他反对人类学长期将技术置于社会文化之外，将技术视为不同于人类社会事物的成见。他主张应打破长久以来的将社会、自然和技术分离对立的思维定式，不再刻意区分人类和非人类因素，应将人类与非人类共同置于无缝之网中，为此他提出了技术环境观，表达了整体化、语境化、人技复合化的技术理解。

一、关于技术问题的基本认识

英戈尔德提出八个相互联系的技术人类学研究问题，即人类和非人类动物的

---

① Pfaffenberger B. Symbols do not create meanings-actives do: or, why symbolic anthropology needs the anthropology of technology//Schiffer M B. Anthropolgical Perspectives on Technology. Albuquerque: University of New Mexico Press, 2001: 77-86.

技术实践；技术和技能实践；技术与语言的关系；关于社会和自然的分离；技术进化的机制；技术的历史演变；衡量技术的复杂性；技术概念。

1. 人类和非人类动物的技术实践

技术人类学家要回答的第一个问题总是相同的，这个关乎技术与人关系的经典问题是：技术是人类特有的能力吗？或者表述为：非人类的动物有技术吗？对此问题的解答集中在了关于制造和使用工具的角度上。研究非人类动物的生物学家倾向于向人们展示各种各样的动物制造和使用工具的证据，以此来证明技术并不是人类特有的能力。人类学家则在维护人类独特性的理念的驱使下，不断质疑生物学家们提出的证据。这样的争议最后陷入的诡辩是：由非人类动物制造的工具不算制造，因此所有的工具制造者都是人类。英戈尔德认为，陷入诡辩的原因是在基本概念上没有达成共识，对"制造""使用""工具"等词应该有明确的定义。

英戈尔德曾试图用建造与设计的区别来解答"制造""使用""工具"的定义问题。在非人类动物建造的各种类型的事物中，许多都可以被视为工具，比如蜘蛛网、鸟窝这些事物是否被视为工具很大程度上取决于对定义的偏好。但是这些非人类动物所建造的事物有一个共同点，这些建造活动是动物们为了满足生存的本能活动。我们无法将蜘蛛织网的活动和渔夫织网的活动等同，因为二者在设计的环节存在差别。蜘蛛织网的行为是由本能所控制的，蜘蛛只是执行者，没有有意识进行织网的意图。[①]与之相反，渔网体现了一件物品被有意识地设计并制作出来，所以英戈尔德认为有无意识的设计会是区分人类和非人类动物是否会制造工具的关键。

灵长类人类学研究的进展又使英戈尔德对用设计来区别人类和非人类的观点产生了动摇。越来越多的证据表明，在黑猩猩等灵长类群体中存在着和人类相似的设计制造工具的行为，因此，英戈尔德建议暂时搁置人类和非人类的问题，而研究技能。

2. 技术和技能实践

由于直接关联到人类的身体与经验，技能一直是技术人类学的经典议题。在技能的研究方面，英戈尔德认为要树立三个观点。

首先，正如莫斯对身体技术的阐述一样，技能并不是孤立的，而是存在于文化习惯之中，是个人依照文化习惯使用身体的方式，是与文化关联的主要工具。技能是在一个结构丰富的环境中，由技能实行者构成的整个关系系统。因此，对

---

① Ingold T. The animal in the study of humanity//Ingold T. What Is an Animal? London: Unwin Hyman, 1988: 84-99.

技能的研究需要用一种生态学的方法，将中介者置于关系网络中进行研究。

其次，熟练的实践不仅仅是机械地运用外部力量，还涉及应变力、判断力、灵活性等能力。这意味着无论技能的实行者在技能活动前是否有完整的计划，在技能活动中都应该随时根据实际情况进行调整。技能活动具有自己的内在意图性，这种内在意图可能导致了技能活动在完成时完全不同于实行者初始的设计。

最后，技能一部分是属于身体经验和默会知识的，很难用规范化、程序化的方式来表达书写。因此传授技能并不是用学习规范程序知识的方式，而是通过在实践活动中进行模仿和体验。

总之，英戈尔德认为，技能的研究是技术人类学的重要内容，甚至是最为重要的内容，因为技能直接关系到人类的身体，是技术的最早表现形式。

3. 技术与语言的关系

同技术一样，语言也被视为人类区别于动物的标志之一。部分人类学学者将语言能力和技术能力联系起来进行研究，试图通过语言起源的研究来证明人类拥有独一无二的制造工具的能力。英戈尔德认为这些对语言和技术关系的研究大多基于猜测，缺乏坚实的实证经验基础。英戈尔德对这一主题的研究主要集中在以下两点。

第一，建议研究语言和技术的关系时建立更坚实的实证基础，要在人类学田野活动中搜集更可靠的证据。第二，对语言和技术的关系提出了一种假设，假设语言和技术都是在自然选择的压力下共同进化的。这一假设并不是英戈尔德的首创，而是对兰卡斯特（J. Lancaster）、帕克尔（Sue Taylor Parker）等人观点的总结。英戈尔德对此假设做出了专门解释，在自然选择的背景下，人类在狩猎采集活动中会获取到关于动物迁徙、植物分布等的信息。在生存的压力下，能够快速地记录和传播这些信息的族群会在生存竞争中占据优势。通过语言的发明，人们可以告诉对方去哪里获取资源，如何协调狩猎采集活动等。因此语言同技术一样，是在自然选择的压力下得以进化的。

4. 关于社会和自然的分离

英戈尔德指出，在技术人类学的研究中存在着一种风气，将人的因素和非人因素进行严格区分，将整个环境中与人相关的称为社会的，而将非人的因素称为自然的，这被英戈尔德称为社会和自然的分离。①英戈尔德认为，各种交互的因素共同构成了整体的关系之网，区分社会和自然会导致主体的分裂，而且存在着

---

① Ingold T. Eight themes in the anthropology of technology. Social Analysis，1997，41（1）：117.

一种隐喻，即人的地位一定是高于非人的，社会的地位也是高于自然的，暗藏的是人类中心主义的观点。

按照英戈尔德的观点，社会和自然是统一体，研究技术人类学，不应区分社会因素和自然因素，而是研究技术物所展现出的社会和自然统一体的状态。技术人类学的研究目的是将技术进化的过程与人类进化的过程相互关联，实现技术与人的统一。英戈尔德指出三条道路来进行技术与人的复合研究，分别是研究技术进化的机制、研究技术的历史演变和研究如何衡量技术的复杂性。[1]

5. 技术进化的机制

关于技术进化的机制，英戈尔德曾提出过一个疑问："在人类进化过程中是否有一个起点，超越这个起点，技术本身就具有动态性，并且可以继续发展，而不需要进一步改变人类的能力？"[2]针对这个疑问，英戈尔德开始了技术进化的研究。

如果技术进化和人类进化是一致的，那技术进化的机制也应与人类进化的机制相似。英戈尔德将技术进化的机制同人类进化的机制进行了比较，发现技术进化中也存在着选择的过程，这与技术达尔文主义的研究相通。另外，他也注意到，在现实生活中存在着旧事物有着新用途的现象，这又与生物进化机制中的"用进废退"存在区别。因此，英戈尔德认为，技术进化同生物进化存在着相似性，也有着根本差异。两种进化的主要方式都是通过选择来实现的，但生物进化的选择是自然进行的，而技术进化的选择则是有意的。

6. 技术的历史演变

关于技术的历史演变，存在着一种典型的观点，即人类技术的发展通常被认为是从最早的石器工具到现代机械电子设备的连续统一体，是由低级到高级的线性发展历程，更有甚者，用技术水平来标识人类社会的文明水平，如石器文明、铁器文明等。

在英戈尔德看来，技术史是由低级向高级发展的观点是一种典型的进步论。在思维上首先就建立了人类社会史是由低级向高级发展的观点，又将这种观点强行套用在技术上。事实上，新的技术是否比旧的技术要高级，本身就是一个有争议的问题。在人类学学者的考察中发现，塔斯马尼亚岛上的土著狩猎者曾经使用的工具甚至还不如黑猩猩所用的工具效率高。[3]

---

① Ingold T. Eight themes in the anthropology of technology. Social Analysis，1997，41（1）：119.

② Ingold T. The Perception of the Environment. London：Routledge Press，2000：291.

③ Jones R. The Tasmanian paradox//Wright R V S. Stone Tools as Cultural Markers. Canberra：Australian Institute of Aboriginal Studies，1977：189-204.

英戈尔德认为，应该区分出进化和历史的概念，技术的演变过程分为技术进化和技术历史，从旧石器时代的下层到上层的工具的变化属于进化，从工具到现代工业技术的转变属于历史。当我们讨论技术进化时，工具的变化取决于其结构功能满足需求的程度，工具与人类的先天能力是共同发展的。当我们讨论技术历史时，技术已经获得了自主能力，并且可以在人类的先天能力没有改变时继续发展。那么进一步的问题是：技术的演变什么时候开始成为技术历史？人们如何在技术进化和技术历史之间划清界限？这些都是需要技术人类学研究的问题。

7. 衡量技术的复杂性

英戈尔德认为，技术的简单性与复杂性也是值得研究的主题，此研究能体现出技术和人类知识的关系，进而启发人们对技术概念的重新理解。

技术进步的标准是什么？大多数人类学学者在讨论这一问题时会引入"简单"和"复杂"的概念，用以取代"原始""落后"等词中的贬义内涵。人类学家倾向于将他们对简单社会的意义限定在技术的简单性上，而不是社会或文化的简单性上。但如何判断技术的简单性或复杂性本身就存在很大争议。

英戈尔德建议从人类知识的角度来解释这一问题，建立更为整体的技术概念。他认为，越是简单的工具，就越需要更多的知识和技能，这样才能有效地使用它。[①]仅仅观察因纽特人狩猎者和牧人使用的工具是不够的，还要了解他们所掌握的技术知识。如果不知道工具是如何使用的，那工具也就没有了意义。这也从另一个层面解释了技术相对论者所提出的反驳，狩猎者使用鱼叉进行捕鱼的活动，其使用工具和需要知识的复杂程度，是无法同牧人在放牧、设置陷阱、运输动物等多项活动中使用工具和需要知识的复杂程度相比较的。在英戈尔德看来，技术的概念既包含了技术工具，也包含了技术活动中人所掌握的知识。对技术复杂性的估计是没有意义的，除非考虑的不仅仅是物质工具，还包括操作它们所需的知识和技能。[②]

8. 技术概念

英戈尔德关注的最后即最重要的主题是技术概念的问题，包括技术概念的起源、技术概念同机器的宇宙图景之间的关系等。他认为技术概念关系到对人类和人性的理解，是技术人类学中至关重要的问题。

在现代语境下，自然、社会和技术是被割裂的。当问及什么是自然、什么是

---

① Ingold T. Eight themes in the anthropology of technology. Social Analysis，1997，41（1）：129.

② Ingold T. The dynamics of technical change//Ingold T. The Perception of the Environment. London：Routledge Press，2000：362-373.

技术时，常常被认为是与人类天赋无关的非人类的对象。社会被理解为人类和人类关系的联结体，自然被理解为人类的外部世界，技术是理解和改造外部世界，为人类造福。总之，上述理解都是以人的至高无上的地位为基础的，而不是从自然或是技术本身来进行的。

英戈尔德指出，technology 实际上是由希腊语中的 techné 和 logos 组成的。其中，techné 指的是与工艺相关的技艺或技巧，logos 是指框架、从理性的应用中得出的原则。所以技术的本意是理性的艺术和涉及的技巧，是指向物的。在当代的使用中，技术的意义正好是相反的，变成了构造人工物的理性原则，是指向原则的。换言之，技术的词义从按照原则制造出的物品变成了制造物品的原则。

技术词意的转变带来的影响是巨大的，在按照原则制造出的物品的词意下，关注的对象是物以及和物关联的人。在制造物品的原则的词意下，对技术的理解是建立一个在人之外的生产系统，完全不必考虑人类的能力和情感。词意的转变随即也在实际的技术活动中展现出来，在现代社会，技术活动仅仅需要考虑技术上的对象，在技术的原则下是可行的就可以被设计和制造，而不用顾忌人类的因素，这也是所谓的技术理性，英戈尔德对此深怀忧虑。

可以看出，英戈尔德关于技术人类学的八大问题之间构成了完整的结构，其目的是将人类进化过程同技术进化过程统一起来，从而证明技术和人共同进化的人类学的观点，在技术人类学中宣扬整体主义的观念。此后，英戈尔德进一步完善了这些整体主义观念，并通过环境观集中表述出来。

二、超越自然与人文的环境观

将人类世界与自然世界分离开来是西方思想和科学难以撼动的认识论根基，这种二元论在人类学中就体现为人的二元分裂概念，即一半是生物体，一半是文化体；一半是自然存在，一半是社会存在。[①]英戈尔德不能接受这种人的生物维度和社会维度二元分立的观念，尝试解决人文和自然分裂的问题。

一次顿悟使英戈尔德意识到："生物体和人类可以是一体的、同样的，与其试图通过两个独立但相互补充的组成部分（分别是生物学和社会文化）和心理学一起重建完整的人类，不如去消除这些不同层次的区分，我认为我们应该试图找到一种讨论人类生活的方式，我所写的所有东西都是由这个议程推动

① Ingold T. General introduction//Ingold T. The Perception of the Environment. London：Routledge Press，2000：1-7.

的。"①英戈尔德认为，阻碍人们认识到人是生物维度和社会维度的统一体的原因，是生物体的概念存在着问题。根据进化论和环境生物学中的主流理论，每个生物体都是独立的、有界的实体，在同外部世界的接触中，生物体与环境中其他的生物体相关联，而本身的独立性使得它内部的性质不受影响。英戈尔德并不想挑战已有的生物学观点，而是想让生物人类学观点同社会人类学的观点相协调。社会人类学认为，人的身份和特征并不是上天赋予的，而是通过与他者的交互产生社会关系，并通过社会关系的积淀和在历史中的定型而形成的。因此，每一个人都不是凭空产生的，而是有其历史发展的轨迹。如何将两种观点相协调呢？英戈尔德建立了一种新的生物体的概念。如果每一个生物体都不是一个独立的实体，而只是关系网络中的一个节点，那么就可以用新的方式来思考生物体与周围环境之间的互相依赖、共同进化的关系。

新的生物体的概念改变了人的定义，在新的理解方式下，人不再是由身体、思想和文化等可以分离而又互相补充的部分组成的复合实体，而是被理解为一种不断发展的关系网络。英戈尔德又在对人的新理解下阐发了三方面的观点。

首先，人类习惯上称为文化变异的事物，其实都是由技能的变化而组成的。英戈尔德所指的技能并不是身体的技巧，而是生物体在结构丰富的环境中的身体行动和感知能力。作为人类生物体的属性，技能同文化一样具有生物学的意义。

其次，由上述可知，想掌握生活中某一方面的技能，并不是学习某项技能就会获得完善的能力。技能不是一代一代地累积传播，而是每一代都需要重新培养。需要通过培训和在具体的实践中获取经验，技能才能被融入人类生物体中。

最后，基于以上两点，对技能的研究必须要从实践者的角度出发，研究实践者同周围环境的接触，而不是将技能与环境割裂。

英戈尔德本人曾总结出六个关键词来理解其环境观，这六个关键词分别是：技能（skill）、实践（practice）、包含（involve）、发展（development）、具身（embody）、响应（responsiveness）。由于首字母连起来是英文蜘蛛的拼写 spider，所以也被英戈尔德戏称为蜘蛛理论。②如图 3.1 所示，这六个关键词组成了一张类似蜘蛛网的关系之网。可以发现，英戈尔德的环境观与行动者网络理论十分相似，在英戈尔德看来，他的理论与卡农、拉图尔等人的区别主要在于对环境的理解不同。行动者网络理论的环境，是作为背景而存在的，可以与行动者分离。英戈尔德环境

---

① Ingold T. General introduction//Ingold T. The Perception of the Environment. London：Routledge Press，2000：1-7.

② Ingold T. When ANT meets SPIDER: social theory for arthropods//Knappett C，Malafouris L. Material Agenc: Towards a Non-Anthropocentric Approach. New York: Springer Science Business Media，2008：209-215.

观中的环境则是不断地渗入行动者的活动中，同时也被行动者所改变，环境与行动者形成了密不可分的整体。

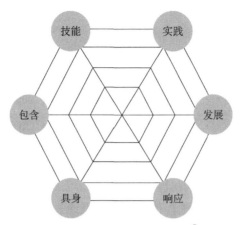

图 3.1　理解环境观的关键词[1]

概括来说，英戈尔德所提倡的环境观就是：研究生物体不能仅仅研究生物体本身，而是应该将周围的环境与生物体一起视为整体。放之于技术人类学，就是将技术物作为关系的一部分，技术物及其周围环境的关系之网构成了技术物的整体。

在技术人类学领域，英戈尔德通过一系列的文章将这种环境观表达出来。除了在前述技术问题中已经展现的部分，这些技术的环境观主要还有个四方面的内容。

第一，在人类技术史上，从手工工具到机器的过渡不是从简单到复杂的过程，而是生产者从生产活动的中心撤到生产活动的外围的过程。当使用手工工具时，生产者处于生产活动的中心位置；而使用机器时，则退到了生产活动的中心之外。换言之，技术的历史不是机器结构复杂化的过程，而是人的地位边缘化的过程。

第二，对于狩猎者和采集者而言，他们的生活并没有受到预定的"技术-环境系统"的操作要求的限制。相反，他们的生活方式的成功与否取决于他们是否拥有敏锐的感知能力和行动技能。而且，这些技术参与者的生物性的属性，是在他们与环境中的其他人或类似结构的接触的背景下发展起来的，技术技能本身就构成了社会关系矩阵。因此，在涉及工具使用的情况下，这些工具必须被理解为

① Ingold T. When ANT meets SPIDER: social theory for arthropods//Knappett C, Malafouris L. Material Agenc: Towards a Non-Anthropocentric Approach. New York: Springer Science Business Media, 2008: 209-215.

关系矩阵中的个体而不是只被视为人与世界的联结器。①工具的本身就是关系矩阵的一部分。

第三，在大多数人类学家笔下，前工业社会向工业社会的转变往往被描绘为从一种以社会生活节奏为基础的、以任务为导向的时代转变为被时钟的机械方式所支配的时代。相反，英戈尔德认为，即使西方的自由和必要性的话语系统地否认了这种经验的现实，但是任务导向仍然是工业社会工作经验的核心。②

第四，在现代社会中，技术和艺术的关系被割裂，而技能是将二者再度统一的关键。英戈尔德从五个关键维度来说明他想表达的技能的概念：①意向性和功能性在实践中是内在的，而不是分别作为技术中介和技术工具的先前特性。②技能不是孤立个体的属性，而是所有技术人员在其环境中的存在所构成的整个系统的属性。③技能不是仅仅代表机械力量的应用，而是涉及关怀、判断和灵活的品质。④技能不是通过一代代进行传授的，而是通过实际的实践经验来获取的。⑤熟练的技能不是执行预先存在的设计，而是产生人工物的方式。③

可以看出，在技术人类学纲领的基础上，英戈尔德进一步完善了其技术环境观。人被视为关系网络的存在，技术是人的一部分，而不再是与外部世界联系的桥梁。

英戈尔德在拉德克利夫-布朗讲座上曾提出过人类学不是在研究他者，而是与他者一道研究④的观点。英戈尔德的人类学研究生涯，也一直在践行着这句话。他所倡导的技术环境观，其本质就是不再将技术作为主体之外单独的对象进行研究，而是与技术一道研究。英戈尔德在《有关民族志的讨论已经足够？》（"That's Enough about Ethnography!"）的文章中曾指出人类学需要"弥合想象和日常生活之间的裂痕"。⑤他在技术人类学方面的研究，则弥合了三方面的裂痕。

首先，弥合了自然与人文的裂痕。当代人类学家已经意识到自然与人文对立所带来的危害，试图化解人类学界中长期存在的自然与人文的二元划分。其中最为著名的就是卡隆（Michel Callon）、拉图尔等人所倡导的行动者网络理论，通过

① Ingold T. Society，nature and the concept of technology//Ingold T. The Perception of the Environment. London：Routledge Press，2000：312-322.
② Ingold T. Work，time and industry//Ingold T. The Perception of the Environment. London：Routledge Press，2000：323-339.
③ Ingold T. Of string bags and birds' nests：skill and the construction of artefacts//Ingold T. The Perception of the Environment. London：Routledge Press，2000：349-361.
④ 纳日碧力戈. 民族志与作为过程的人类学：读英戈尔德在拉德克利夫-布朗讲座上的演讲稿. 云南民族大学学报（哲学社会科学版），2011，28（6）：56-60.
⑤ 苏珊•麦克杜格尔. 《有关民族志的讨论已经足够？》著者提姆•英格尔德访谈录. 窦雪莹译. 民族学刊，2018，45：40-42.

打破对物的传统定义，将非人的存在也纳入行动者体系之中，从而使自然和人文都成为行动者，不再存在本质差异。同样，英戈尔德的技术环境观也是为了弥合自然和人文的二分，在他的技术环境观理论中，自然和人文不再被视为两种不同的对象，而被视为生物体同环境的关系网络中的一部分。

其次，弥合了技术与人类的裂痕。技术人类学的研究对象究竟是技术还是人类，这是在学科中争论不休的话题。在英戈尔德的技术环境观中，技术不再被视为人类之外的事物，而是人类本质的一部分，从而弥合了技术与人类的关系。

最后，弥合了功能与意义的裂痕。英戈尔德的技术人类学理论，是对逐渐式微的物质功能论研究传统的回归与超越。20 世纪 60 年代象征意义论转向之后，物质功能论的研究在技术人类学中逐渐减少，以技术的象征意义为对象的研究成为主流。英戈尔德的技术环境观，重新开启了对技术物本身的研究，不再刻意避开对技术物功能的讨论，而是淡化物质功能和象征意义的划分。技术环境观认为，无论是技术功能还是技术意义，都是技术的一部分，共同构成了技术的整体。或者说，在与环境的交互中，不存在单独的技术功能和技术意义。

第四章　奥尔堡学派：技术-人类学研究

20世纪80年代末，人类学视野中的技术研究在莱蒙里尔、普法芬伯格、英戈尔德等学者的引领下发生了转向，开始由经典技术人类学思想转为技术人类学。经过多年的发展，技术人类学已经由个别学者的学术兴趣转为专门的人类学学科。这种由兴趣到学科的转变有三方面的表现：一是专门的技术人类学的学术会议的举行，如美洲印第安人基金会1998年主办的技术人类学专题研讨会等。二是在高校逐渐出现了以技术人类学命名的课程，如科罗拉多大学博尔德分校（University of Colorado Boulder）的"科学、技术和政治经济的人类学"、塔夫茨大学（Tufts University）的"科学技术人类学导论"等课程。三是专门研究技术人类学的学派开始出现，其中最为著名的当属奥尔堡大学（Aalborg University）的技术人类学学派。本章将对奥尔堡学派进行研究，以期展现技术人类学思想的最新发展。

第一节　学派介绍

奥尔堡大学位于丹麦北部的港口城市奥尔堡，始建于1974年，是丹麦最为年轻又最具活力的大学。奥尔堡大学的优势学科以电子、建筑、土木等理工学科为主，是一所理工科强校，正符合了技术人类学学者所提倡的"在技术大学进行技术研究"的理念。

技术人类学的奥尔堡学派，其成员主要包括了詹森、波尔森、波丁、布鲁恩（Maja Bruun）、坎斯特鲁普（Anne Kanstrup）、尼尔森（Thomas Nielsen）等学者。虽然这些学者的学科背景各异，研究对象也不完全相同，但都对技术人类学的主题充满了兴趣和热情。学派成员中，詹森是丹麦第一个以"技术-人类学"为专业研究方向的教授，也是整个学派的核心。

在莱蒙里尔、普法芬伯格、英戈尔德等学者的文章中，技术人类学的英文表述为 anthropology of technology，表示关于技术的人类学。奥尔堡学派则使用

techno-anthropology，翻译为技术–人类学。这样的表述意在指明技术人类学在学科方面具有二元性，是技术学和人类学的交叉学科，而不应该被定义为人类学的分支学科。另外，也是为了突出自身的技术哲学特色，相较于技术人类学界对研究中人类学田野调查的强调，奥尔堡学派在研究中则更加重视对技术哲学理论的借鉴和吸收。在奥尔堡学派内部，甚至有着"所有的人类学都应被称为技术–人类学"①的激进说法，这足以表现出奥尔堡学派对"技术–人类学"这一称谓的重视。

奥尔堡学派的技术–人类学研究，主要以"技术–人类学研究群组"和"技术–人类学课程组"两大组织为核心展开。

技术–人类学研究群组，是在奥尔堡大学推行的群组式研究的背景下，成立的众多研究群组之一。该群组现由詹森教授领衔，运用人类学的理论和方法研究社会技术创新中的关键环节。他们认为，当前的社会问题复杂多变，无法只通过技术手段来单独解决。面对复杂的社会问题，可行的解决方案和负责任的技术创新必须建立在积极考虑社会关系、用户参与以及深入理解技术使用的复杂性的基础上。因此，技术–人类学研究群组的研究也是为了解决三个问题：用户如何成为技术创新和设计的积极参与者？个人和社会如何接受新技术带来的风险、知识争议和道德困境？技术如何改变人们的经历、活动和表现？

奥尔堡学派的另一个重要组织是技术–人类学课程组，这是以学生课程即技术–人类学为基础而建立的组织。2010 年 5 月，奥尔堡大学向丹麦学位认证办公室（ACE Denmark）申请了技术–人类学的课程，同年 11 月，此课程获得批准。2011 年 9 月，招收了第一批技术–人类学的本科生，2012 年开始了技术–人类学硕士研究生的招生。同传统理论课程相比，技术–人类学课程独具特色：在两年的课程中，有一半的时间用于理论教学，教学内容侧重于 STS、PNS（后常规科学）和组织理论，包括企业与科学的社会责任、价值敏感性设计、用户驱动的创新等。另一半的时间则在科技机构、公司内进行田野调查，对技术创新和专家学习的过程进行文化分析和行为研究。当然，这两大组织同属于奥尔堡学派，其中的研究人员和研究内容有很多重合，主要区别是技术–人类学研究群组更侧重科研工作，技术–人类学课程组更注重对学生的培养。

奥尔堡学派在技术人类学领域有着大量的论著，限于篇幅，无法详细论述。在奥尔堡学派的技术人类学著作中，最为重要的是《什么是技术–人类学？》（*What Is Techno-Anthropology*？），这本由波尔森和波丁共同主编的文集收录了 18 篇技

① Birkbak A. Why all anthropology should be called techno-anthropology//Børsen T，Botin L. What Is Techno-Anthropology? Aalborg: Aalborg University Press，2013：117-133.

术人类学研究的论文，涉及人类增强、后常规科学、用户参与等技术人类学的前沿问题，展现了技术人类学的新发展。同时，文集的 20 位作者全部来自奥尔堡大学，体现了奥尔堡学派在技术人类学领域的研究实力。此外，《技术-人类学：科学技术研究的新动向》（"Techno-Anthropology: a New Move in Science and Technology Studies"）、《作为技术-人类学方法论新动向的批判式接近》（"Critical Proximity as a Methodological Move in Techno-Anthropology"）、《关于在线对话信息系统的技术-人类学探索中的本体论假设》（"Ontological Assumptions in Techno-Anthropological Explorations of Online Dialogue through Information Systems"）、《自我的技术化建构：技术-人类学的阅读与反思》（"The Technological Construction of the Self: Techno-Anthropological Readings and Reflections"）等文章，也都是技术人类学领域的重要文献，这些论著构成了完整的本体论、认识论、方法论体系，完整展现了技术人类学的研究风貌。奥尔堡学派在技术人类学领域的工作具有持续性，在 2021 年，他们出版了《技术-人类学视角下的技术评估》（*Technology Assessment in a Techno-Anthropological Perspective*）一书，该书是在前作《什么是技术-人类学？》之后时隔近十年再次出版的技术-人类学的文集。

通过上述介绍可以发现，奥尔堡学派基本上满足了作为一个学派所需要的必要条件。[1]第一，在重点人物方面，詹森、波尔森、波丁等学者无疑是技术-人类学研究的代表人物，并以他们为基础形成了稳定的研究团队，正如前文所述，技术-人类学研究群组和技术-人类学课程组都有一批相对稳定的研究成员。第二，在研究范式方面，将人类学的方法引入技术哲学研究中，同时用技术哲学的理论来完善人类学的理论，这是被学派成员所普遍接受的研究模式。无论是技术哲学背景的研究者还是人类学背景的研究者，都在致力于完善这一研究范式。第三，在研究对象方面，虽然多学科的参与使得奥尔堡学派的研究对象呈现多元趋势，但其所关注的对象还是集中在了现代技术和前沿技术上，而且用户参与、技术使用等是学者们所研究的重点内容。第四，在具体的研究理论方面，波尔森的技术-人类学三角结构、波丁的 7E 理论等被学派内的成员广泛使用。得到成员认同和使用的研究理论，也是奥尔堡大学的技术-人类学学术共同体可以被称为学派的条件之一。

总之，在丹麦的理工科强校奥尔堡大学，形成了可以被称为奥尔堡学派的技术人类学研究团体。奥尔堡学派的研究具有鲜明的研究特色，是建立在技术哲学和人类学之间的新领域，因此，奥尔堡学派的成员将自身的研究称为技术-人类学。

---

① 刘宝杰. 试论技术哲学的荷兰学派. 科学技术哲学研究，2012，29（4）：64-68.

第二节　何谓技术-人类学

在奥尔堡学派的研究中，技术-人类学被分解为技术、人类、学这三个单词的组合。其中技术指向的是功能、能力，人类指向的是人文、社会，学指向的是逻辑和学术。因此，技术-人类学从词义上可以理解为人类使用技术展现能力的学问。连词符号在这里体现的是一种关系，表示这门学问是介于技术学与人类学之间的，是联系技术学与人类学的桥梁，同时也填补了技术学和人类学之间的空白地带。技术-人类学表现了人类学开始向技术学的靠近，也表现了技术学向人类学的靠近。

人类学向技术学的靠近是由于人类学在近代开始回归本土，开展以现代社会为对象的人类学研究，而技术恰恰为人类学提供了丰富而多变的研究对象。技术学向人类学的靠近则是因为人类学为技术研究提供了一种有别于其他人文社会科学的研究手段。在技术学中，技术被理解为人类感知、改造和关联自然的手段，而通过人类学的介入，可以在技术视角、技术过程等方面给以借鉴和启发。

要对技术-人类学进行定义，首先要辨析什么是技术，什么是人类学。

技术的定义众说纷纭，奥尔堡学派的学者们通过讨论得出以下共识：①技术在制作的过程中不断地被重新展现和重新认识，技术具有多种结构和多种用途，技术结构和用途又受多种因素影响。②技术可以创造出新的需求，技术的设计过程反映了人类、自然和人工物之间的相互感知。③技术关联着高超的技能使用过程和负责任的创造过程。技术对民主和政治、权力关系、价值伦理都产生影响。④技术有时通过人与自然的交互活动来体现，有时则基于人类本身。总之，技术无法直接被定义，却展现了人类的意义。[①]

所以，奥尔堡学派认为，在技术没有明确定义的情况下，很难对技术-人类学有精准的定义，只能对其研究热点、研究的基本观念做出描述。

奥尔堡学派的技术-人类学同之前所谈到的技术人类学研究有所区别：之前的技术人类学家更多是从人类学路径来考察技术，对哲学方面的讨论相对薄弱；而奥尔堡学派则弥补了这一缺憾，强调技术人类学的研究应是哲学与人类学并立，而不是从属于其中之一。这种研究取向，也使得奥尔堡学派的研究独树一帜，

---

① Børsen T，Botin L. What is techno-anthropology？//Børsen T，Botin L. What Is Techno-Anthropology？Aalborg：Aalborg University Press，2013：7-31.

学派的主要成员都不忽视哲学理论的研究。具体来说，奥尔堡学派的技术人类学研究可以分为三个方面，分别是技术-人类学的哲学和理论探讨、技术-人类学的经验与实践研究和设计创新中的技术-人类学。

现阶段的人类学已经对多种多样的技术对象展开了研究，所以技术-人类学并不局限于具体的技术。大体来说，当前的技术-人类学中相对热门的技术领域包括数字信息技术、生物技术、食品技术、环境技术、健康技术等。当然，传统的建筑技术、工业设计等一直以来都是研究热点。在技术-人类学所研究的内容方面，普遍知识与地方知识、用户和利益相关者、人工物、技能经验、社会责任等都是其重点内容。

因此，技术-人类学的研究可以被视为混合了现代和传统技术，也混合了人类学的过去和未来的混合体（hybrid）。[①]对于如何研究技术-人类学的混合体，奥尔堡学派认为有四条路径：第一条是被戏称为妖魔化（demonize）的路径，就是将技术视为洪水猛兽，让世人对其进行批判和反思，研究技术对自然的破坏和对人类的异化。第二条是多学科（multi-disciplinary）路径，技术-人类学是多种学科的混合体，因此也不应对其采取统一的研究方式，而应是针对具体的学科对技术采取不同的路径。第三条是拥戴式（embracement）路径，也就类似于技术乐观主义，对技术采取积极乐观的评价。第四条是同化式（assimilation）路径，就是将技术的积极和消极影响都作为技术复杂现象的一部分，在这条路径下，揭示现象比解决问题更为重要。

奥尔堡学派认为，作为多学科的混合体，技术-人类学不应只采取某一条路径进行研究，而是需要辩证地看待四条研究路径，吸收各条研究路径的优点，针对技术的不同而使用一条或多条路径。

第三节　奥尔堡学派的研究内容

一、技术-人类学的哲学和理论探讨

1. 技术-人类学的技术哲学渊源

奥尔堡学派的研究特色是重视技术哲学的研究，他们也从 20 世纪的技术哲

---

① Botin L. Techno-anthropology：betweeness and hybridization//Børsen T，Botin L. What Is Techno-Anthropology？Aalborg：Aalborg University Press，2013：67-90.

学文献中，寻找到三位技术哲学家的思想，作为技术-人类学的技术哲学渊源。这三位在学界声名鼎沸的技术哲学家是芒福德、埃吕尔（Jacques Ellul）和尤纳斯（Hans Jonas）。

芒福德学术生涯中最著名的成就是改变了人们对现代社会中技术的概念和意义的理解。在芒福德笔下，技术由帮助人改造自然的助力变为了左右人行为的巨机器，从遵从人的意愿的工具变为了异化人的思想的统治系统。巨机器不仅存在于技术之中，也存在于政治、经济、文化等社会结构中，在现代社会实现了对人的统治。这是带有一定的技术决定论意味的思想。但芒福德也指出，生物技术是破除巨机器统治的关键，如果人们更多地考虑机器同自然、生态的关系，技术发展的方向可能会更多地由人性左右，机器的神话也会被破除。芒福德在学术生涯的后期更关注生物、生态等学科的发展，这也是他的作品在 20 世纪 60 年代开始逐渐有了技术人类学视角的原因。在技术人类学的视角下，芒福德将人性、伦理等因素作为技术研究的重要部分，奥尔堡学派也是基于此，认为芒福德的研究打开了技术-人类学研究的大门。

在奥尔堡学派看来，法国社会学家、哲学家埃吕尔是芒福德所开创道路的后继者。埃吕尔在两次世界大战之后对技术与社会的关系进行了深刻反思，于 1953 年出版了代表作《技术社会》（*The Technological Society*），并进一步深化了技术的自主性等研究，于 1977 年出版了另一本代表作《技术系统》（*The Technological System*）。在埃吕尔的作品中，他通过对技术与人性的思考，阐发了其技术自主论的观点，认为现代技术已经发展成具有独立逻辑和连续性的系统，并渗透入人类社会之中。埃吕尔对技术与人类社会关系的探讨，成为奥尔堡学派技术-人类学研究的重要借鉴。

奥尔堡学派在技术哲学界找寻的第三位具有思想渊源的学者是德裔美籍哲学家尤纳斯。作为胡塞尔（Edmund Husserl）、海德格尔等著名哲学家的学生，尤纳斯受到了专业的哲学训练。在对技术与人类关系的深刻反思的基础上，尤纳斯出版了著名的《责任原理》（*The Imperative of Responsibility*）一书。在尤纳斯的作品中，人类的生存和发展是每个人都需要考虑的事情，要建立对人类未来的忧患意识，从而使每个人都对自己的行为负责，减少技术带来的负面影响。将个人责任同人类整体未来相联系的思想，为技术-人类学的研究带来了启发。

除上述三位著名技术哲学家外，一些当代技术哲学家的重要理论，如伊德（Don Ihde）的技术具身理论、芬伯格（Andrew Feenberg）的技术批判思想、维贝克（Peter-Paul Verbeek）的道德物化思想等都被奥尔堡学派所吸收借鉴[①]。

---

① Børsen T，Botin L. What is techno-anthropology？//Børsen T，Botin L. What Is Techno-Anthropology？Aalborg：Aalborg University Press，2013：7-31.

2. 技术-人类学的三角结构

针对技术-人类学的混合体特征，波尔森提出，技术-人类学作为技术学与技科学的结合，会有多方从多个对象来进行研究。这些对象包括：科学家/工程师/技术专家、使用者/其他利益相关者、技术人工物/设计程序/科学文本。技术-人类学的重要任务就是研究这些对象以及他们的相互关系。因此，波尔森提出了技术-人类学的三角结构图，来阐述这些对象的相互关系。[①]技术-人类学的三角结构如图 4.1 所示。

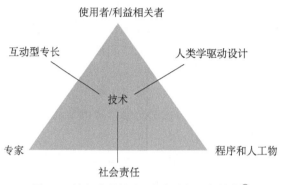

图 4.1　波尔森的技术-人类学的三角结构[②]

波尔森认为，上文提到的多个对象最终可以归类为专家、使用者/利益相关者、程序和人工物三类不同的对象，而技术-人类学的核心竞争力，就在这三类对象的交互界面中体现出来。

第一，在专家与使用者的界面。通过专家和使用者/利益相关者的互动，会产生如柯林斯（Harry Collins）等人所提出的互动型专长[③]（Interactional Expertise），可以填补专家和使用者各自对技术的理解的缺失。同样，如斯诺（Charles Percy Snow）所提出的著名的两种文化的命题[④]，人文学者和科学家对技术的理解也有着割裂，通过技术-人类学实现的互动型专长，正是融合这两种文化差异的手段。

第二，在专家与人工物的界面。社会责任问题在专家与程序和人工物的交互

① Børsen T. Identifying interdisciplinary core competencies in techno-anthropology：interactional expertise，social responsibility competence，and skills in anthropology-driven design//Børsen T，Botin L. What Is Techno-Anthropology？Aalborg：Aalborg University Press，2013：35-66.

② Børsen T. Identifying interdisciplinary core competencies in techno-anthropology：interactional expertise，social responsibility competence，and skills in anthropology-driven design//Børsen T，Botin L. What Is Techno-Anthropology？Aalborg：Aalborg University Press，2013：35-66.

③ Collins H，Evan R. The third wave of science studies. Social Studies of Science，2002，32（2）：235-296.

④ Snow C P. The Two Cultures and the Scientific Revolution. Cambridge University Press，1959.

中成为中心问题，设计行为需要考虑到伦理、文化、社会影响，这已经成为共识。这就需要专家在设计前对社会伦理进行考量，在设计之后对人工物的社会影响也要进行长时间、多次的观察与回访，这些涉及专家与程序和人工物互动的工作都可以在技术－人类学的帮助下完成。

第三，在使用者/利益相关者与程序和人工物的界面。在使用者/利益相关者同程序和人工物的交互过程中，形成的重要问题是人类学驱动设计。人类学驱动设计是人类学为技术设计提供的新视角，是指对技术使用的行为进行参与观察，特别是对使用者改造、改进技术初始设计的行为进行观察，再重新设计出用户友好型的技术的过程。

另外，奥尔堡学派的学者们也认识到了技术人类学有微观、宏观的区分，在最新的三角结构图中，波尔森将技术－人类学分为微观层面、制度层面和社会层面。[①]

3. 技术－人类学研究的 7E 理论

作为新兴的学科，技术－人类学在学科理论和方法上相对薄弱，奥尔堡学派内部对于学科理论的建设也有着争议，各种理论也在争议中逐步完善，其中比较有代表性的是波丁提出的 7E 理论，其结构如图 4.2 所示。

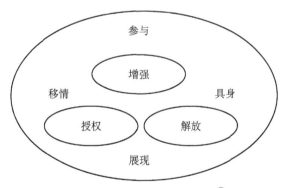

图 4.2　波丁的 7E 理论示意图[②]

波丁提出的 7E 理论包括了参与（engagement）、移情（empathy）、具身（embodiment）、展现（enactment）、增强（enhancement）、授权（empowerment）、解放（emancipation）七个关键词，由于这七个关键词都以英文字母 E 开头，所

① Børsen T. Bridging critical constructivism and postphenomenology at techno-anthropology. Techné：Research in Philosophy and Technology，2020，24（1-2）：218-246.

② Botin L. The technological construction of the self: techno-anthropological readings and reflectons. Techné：Research in Philosophy and Technology，2015，19（2）：225.

以简称为 7E 理论。[①]

参与原则是技术-人类学研究的第一个原则。在任何类型的独立研究中，参与都是必要的。参与是对本体论、认识论和方法论研究所得到的结论的真实性保障。缺失了参与的过程，研究就是草率和重复的。参与是一种驱动力，驱动人们在研究中进行思考和反思。参与具有辩证的特质，人们参与到某项活动中，一方面成为完成活动的一部分；另一方面，活动也促进了人们的反思。

移情原则是在现象学、心理学中经常被讨论的词语。人的同理心要求人们做到将心比心，推己及人。作为研究他者的学问，人类学中，无论是对待自己还是他者，无论是对待人类还是非人类，都应该做到这点。

具身原则就像现象学所解读的一样，具身是人与世界沟通的方式。具身意味着人的身体不是孤立地存在于世上的，而是不断地被世界所渗透并与周围环境发生着互动。

展现原则是针对技术-人类学的中介作用而言的。技术-人类学是技术学和人类学的中介，是两个学科互通的桥梁。技术学的学科如技术哲学、技术史等都强调观察、理论的中立原则，而人类学强调在参与观察的过程中要保持中立。在沟通两个学科的过程中，应该客观中立地展现其研究。

以上四个关键词代表的是技术-人类学在研究中坚持的研究规范标准，属于研究原则的范畴，而之后的三个关键词则代表了技术-人类学的研究对象，属于研究内容的范畴。

增强技术是技术-人类学研究的重要对象。从斧子延展了人类的身体到兴奋剂提高了人类的精神能力，技术一直在提高着人类的身体和心理能力。从技术决定论的观点来看，增强技术是对人类的异化，是被批判的对象。在哈拉维等增强技术的拥护者眼中，增强是不可避免的，人们应该利用它。对增强技术的两种截然相反的态度也吸引到了技术-人类学家对其的研究。

授权是一种值得研究的技术现象。人类都是权力游戏的一部分，在个体能力不够强大的情况下，人类通过授权的行为来参与不同的话语形式。技术-人类学将个人和身体的授权行为视为组织、机构和社会形成的过程，而技术在这一过程中起到了关键作用。

解放则是与束缚、自由相关的重要概念。技术的解放是针对自然对人的束缚而言的，这种束缚可以是来自自然环境，也可以是由于自然身体的限制。通过技术的帮助，人类打破了这些束缚限制，从而实现了人的解放。当然，技术解放也

① Botin L. The technological tonstruction of the self: techno-anthropological readings and reflectons. Techné: Research in Philosophy and Technology，2015，19（2）：211-232.

会引发更多的思考和争议，比如，什么是技术自由？技术解放是好事吗？技术解放了人还是绑架了人？如何避免技术解放的负面作用？这些争议也使得解放成为技术-人类学所关注的主题。

这七个关键词可以联系成整体，学者们在技术-人类学的研究中要参与观察，要树立移情、具身的观念，展现学科间理论时要客观中立，以技术的增强、授权和解放等现象为研究对象。

二、技术–人类学的经验与实践研究

人类学在实际田野过程中的关键词包括身体、空间、族群等，而在奥尔堡学派的田野实践中，这些同样是重中之重。

1. 身体研究

身体是人类学研究的经典主题，是人类精神的依托体也是人类与周围环境进行交互的主体之一。在技术人类学领域，最有名的身体研究当属莫斯对身体与技术的讨论，莫斯通过对身体与技术的研究表达了其总体性的思想，身体技术不仅是个人所掌握的技能，也是其社会文化总体性的表现。

身体同样是奥尔堡学派关注的主题，奥尔堡学派对身体的研究，在哲学层面集中在对伊德、维贝克等人身体思想的讨论上。伊德在其经典著作《技术中的身体》中将身体分为三种类型：身体 1 指肉身意义上的身体，是我们传统意义上所理解的身体；身体 2 指社会文化意义上的身体，是我们性别、政治、社会关系等社会性、文化性标示的集合；身体 3 指技术意义上的身体，是以技术或技术人工物为中介，同技术关联在一起的身体。[1]奥尔堡学派认为，在身体 1 中，伊德曾提到了梅洛-庞蒂（Maurice Merleau-Ponty）"盲人与拐杖"的经典例子，这里的技术与身体是结合在一起作用于世界的，技术既是作为身体的延展，也是为了补足人身体的缺陷。在身体 3 中，伊德更是将这种延展的概念发挥到超越器官和肉体的层次，身体 3 的延展不只是身体器官的延展，更是借由技术人工物获得身体难以企及的经验，进而构筑出技术的身体。维贝克则是对伊德的人与技术的四种关系进行了完善，发现了具身和诠释关系中蕴涵的赛博格意向性。[2]奥尔堡学派正是从维贝克提出的赛博格意向性出发，对人类增强技术进行了讨论。

---

① Ihde D. Bodies in Technology. Minnesota：University of Minnesota Press，2002.

② Verbeek P. Moralizing Technology：Understanding and Designing the Morality of Things. Chicago：The University of Chicago Press，2011：7.

在实践层面，奥尔堡学派倾向于对人类增强技术进行田野调查。如比克霍尔姆（Klavs Birkholm）通过对身体增强技术的田野调查，指出对增强技术的挑战已经由来自伦理的问题转变为来自技术的问题，在当下，增强技术的规范与原则不是由伦理来建立的，而实际是由技术水平来确立的。①詹森、尼尔森等人也都对与身体增强相关的医疗、健康等技术进行过田野调查。

2. 空间研究

人类学研究最基本的两个主题，就是关注身体和关注身体所处的空间。在经典的人类学研究中，空间是实体的处身之地，是仪式的举行之地，也是意义的产生之地。与空间相关，诞生了场所、非场所、自然空间、人造空间、文化空间等经典的概念。随着科技的进步，地理上的空间限制被打破，还产生了虚拟空间等新概念。

奥尔堡学派的空间研究，主要是针对由技术构建出的技术空间，特别是赛博空间。如比尔科巴（Andreas Birkbak）、彼得森（Morten Petersen）和詹森就曾以赛博空间中的谷歌趋势（Google Trends）、脸书页面（Facebook Pages）为田野对象进行过研究。②又如奥特尔-凯斯（Kathrin Otrel-Cass）和安德拉（Kristine Andrule）对线上信息交换系统进行了田野调查。③奥尔堡学派对技术空间的研究的共同点是，关注空间中人与技术的互动，这种互动包括两个方面：既关注到了技术空间对人的行为活动的改变，也关注到了人对技术空间的重塑。

3. 族群研究

族群是内核稳定、边界流动的意识共同体。④在经典的人类学研究中，族群曾经被认为是一种实际关系，是基于共同的亲缘、地缘、语言、宗教等原生关系纽带而形成的共同体，是亲族关系的延伸。之后安德森（B. Anderson）和盖尔纳（E. Gellner）建立了现代意义上的族群概念，认为族群是由想象的关系纽带而聚合的共同体。在安德森等人看来，族群的产生有三个条件：首先是对生存和死亡的焦虑，其次是文字语言传播的加快，最后是宗教的衰落。人群在生存压力的面前聚合，依靠文字相互感知认同，在一个想象的空间内形成了族群，而族群填补

① Birkholm K. Human enhancement as techno-anthropology par excellence//Børsen T，Botin L. What Is Techno-Anthropology? Aalborg：Aalborg University Press，2013：91-115.

② Birkbak A，Petersen M，Jensen T. Critical proximity as a methodological move in techno-anthropology. Techné：Research in Philosophy and Technology，2015，19（2）：266-290.

③ Otrel-Cass K，Andrule K. Ontological assumptions in techno-anthropological explorations of online dialogue through information systems. Techné：Research in Philosophy and Technology，2015，19（2）：125-142.

④ 叶舒宪，彭兆荣，纳日碧力戈. 人类学的关键词. 桂林：广西师范大学出版社，2004：155.

了宗教衰落之后的社会地位。

奥尔堡学派的族群研究，既有面向传统族群的研究，也有针对"想象的共同体"而进行的研究。比如，安德松（Vibeke Andersson）以玻利维亚为田野，研究了发展中国家的技术转移①，属于对传统族群的研究；而芒克（Anders Kristian Munk）所选取的族群对象则是在网络信息技术时代出生的"数字原住民"（digital natives），是针对现代意义上的族群进行的研究。②

除上述三大主要田野对象外，技术公司、不同技术态度的群体、技术活动中各环节的参与者等都是奥尔堡学派的田野对象，可以说，奥尔堡学派的田野调查呈现出多元化、现代化的特点。

三、设计创新中的技术–人类学

对于技术活动中的不同环节，奥尔堡学派的研究集中于技术设计和技术创新两个方面。

1. 关于技术设计的研究

技术设计是人们为了满足自身需要，基于对自然规律和自然界的物质、能量和信息的利用，以技术手段来创建、控制、应用、改造人工自然系统和生产技术人工物，从而形成一种新的合理生活方式的创造性活动。③技术哲学界对技术设计活动的研究主要包括四个方面：第一，技术设计是创造性的活动，是针对需求规划出人工制品并通过计划和安排在现实世界中实现它。第二，技术设计是实用性的活动，技术设计的目的是实现某种需求，需求是设计的驱动。第三，对于技术设计中的结构与功能，技术设计是通过某种结构实现某种功能，是技术物的物理结构为技术物的功能实现提供可能的过程。第四，对于技术设计中的社会因素，技术设计也是一种实践活动，受各方面社会因素的影响。可以看出，技术哲学界已经认识到技术设计活动并不是孤立存在，而是与现实社会充分关联的，对技术设计的研究不应局限于设计师设计图纸的片段，而是应该考虑到社会需求、用户体验、社会反应等因素。

奥尔堡学派的技术设计研究，正是体现了对社会维度的考量。在克里斯滕森

①　Andersson V. Technology transfer in developing countries：a case study from Bolivia//Børsen T，Botin L. What Is Techno-Anthropology? Aalborg：Aalborg University Press，2013：311-329.

②　Munk A. Techno-anthropology and the digital natives//Børsen T，Botin L. What Is Techno-Anthropology? Aalborg：Aalborg University Press，2013：287-310.

③　刘炜. 语境论视域中的技术设计研究. 沈阳：东北大学，2015：28.

（Lars Rune Christensen）的作品中，他区分了技术学路径的技术设计和人类学路径的技术设计，技术学路径的技术设计是以工程师为中心的，以实现功能为目的的。人类学路径的技术设计则是以使用者为中心的，在满足需求的同时，同周围社会的一致性也是使用者考虑的重点。在他看来，使用者是设计活动的联合参与者，在特定语境下其重要性甚至超过了设计师。[①]诺尔（Christian Nohr）和坎斯特鲁则是用临床决策系统设计的实例向人们展示了技术–人类学对技术设计的研究。通过对医疗中临床决策系统的田野调查，他们指出人类学路径的技术设计需要重点关注三个关键问题：第一个关键问题是参与观察法时间比重的划分，技术设计过程中的观察对象包括了专家和用户，需要对两者的参与观察有合理的时间划分，保持对两者观察比重的平衡；第二个关键问题是以使用为中心的基础设计，观察者要对用户和人工物之间的互动进行观察，要从使用的角度解读人工物；第三个关键问题是评估设计的社会影响，社会影响也包括技术的用户和非用户等多个方面。解决了这三个问题，就可以实现用人类学的视角来评价技术设计。[②]

2. 关于技术创新的研究

技术创新是学界所热议的话题，对技术创新的理解经历了由神话天赋说到社会实践说的转变。技术哲学的研究表明，"技术创新是一种在人与自然、人与人、自然与自然之间展开的由新技术构思到新技术物品生产的创新性社会活动价值系统"[③]。就如技术设计一样，作为一种社会活动，技术创新的本质是反映技术与社会的互动，对其的研究也应侧重社会的维度。奥尔堡学派的人类学的技术创新研究，正体现了对技术创新活动中社会维度的重视。

奥尔堡学派的核心人物詹森教授热衷于从用户的视角对技术创新问题进行研究。他在《邀请介入：STS 中用户的新关注与新版本》（"Intervention by Inviation：New Concerns and New Versions of the User in STS"）一文中，对用户驱动的创新和参与式设计进行了研究，并指出"中层管理"能成为调解用户和设计者之间的媒介。[④]在《做技术–人类学：关于医疗设备公司中的姊妹、顾客和创意用户》

---

① Christensen L R. Techno-anthropology for design//Børsen T，Botin L. What Is Techno-Anthropology？Aalborg：Aalborg University Press，2013：385-404.

② Nohr C，Kanstrup A. A design process for clinical decision support system to increase patient safety in medication//Børsen T，Botin L. What Is Techno-Anthropology？ Aalborg：Aalborg University Press，2013：455-479.

③ 夏保华. 论作为哲学范畴的"技术创新". 自然辩证法研究，2005，21（11）：53-57.

④ Jensen T. Intervention by inviation：new concerns and new versions of the user in STS. Science Studies，2012，25（1）：13-36.

（"Doing Techno-Anthropology：on Sisters，Customers and Creative Users in a Medical Device Firm"）的文章中，詹森以一对姐妹在医疗设备案例中的不同角色为例，阐述了用户在创新过程中的作用。其中姐姐爱丽丝（Elise Sørensen）是一名护士，她的妹妹图拉（Thora Sørensen）接受了造口术的手术。造口术是在体表造出一个开口，将肠道的一端引到开口，用人工的方式帮助患者排泄。妹妹图拉非常担心手术会影响自己的正常生活，如担心造口术的气孔会在公共场合漏气等。姐姐爱丽丝通过与妹妹的交流，不断地改进这项技术，于是世界上第一个带有粘环的造口术袋子诞生了，因此妹妹也可以正常出现在公共场合。[①]在詹森看来，这就是用户驱动创新的经典案例。从技术设计者的角度，考虑的重点是造口术能否维持患者生命、是否出现排异反应等，而从用户的角度，则考虑的是使用时会不会影响自身的生活方式，而与用户的沟通，驱动了技术设计的改进。

总之，在技术设计和技术创新的研究方面，奥尔堡学派有着相似的观点，提倡整体性的考量，强调从使用者角度来研究技术设计和技术创新，实现人类学视野的技术设计和技术创新观。

第四节　对奥尔堡学派的评价

一、奥尔堡学派的研究特色

1. 多学科参与

传统技术人类学的研究者往往是人类学家，鲜有科技专家参与到这一领域的讨论中。这种自然科学的缺席也使得技术人类学脱离了科学技术的前沿领域，变成了自说自话的学科。在奥尔堡学派看来，传统的技术人类学与其说是技术学与人类学的交叉学科，不如说是人类学家出于兴趣而对技术的关注。

奥尔堡学派则不再有自然科学缺席之遗憾。首先，在学校层面，电子、建筑、土木、医疗等都是奥尔堡大学的优势学科，学校的实验室、相关科研机构都可以成为其田野对象。其次，在学派内部，则有来自各个自然科学学科的专家，向人类学学者们展示了前沿的科学技术。詹森、波尔森等学者，也在不同的技术、工程学院有着兼职工作，有助于对新技术的研究。最后，从学生的角度，技术-人

---

① Jensen T. Doing techno-anthropology：on sisters，customers and creative users in a medical device firm//Børsen T，Botin L. What Is Techno-Anthropology? Aalborg：Aalborg University Press，2013：331-363.

类学的课程向全体学生开放，技术-人类学研究小组也积极吸纳各个学科的年轻人，并让来自多个学科的学生参与到技术-人类学的研究中，教学相长，为奥尔堡学派培养了新鲜血液。

2. 哲学化倾向

奥尔堡学派的技术-人类学研究区别于其他当代技术人类学研究的最大特点就是其哲学化倾向。通过对奥尔堡学派的文献梳理可以发现，奥尔堡学派在有意识地向技术哲学靠拢。价值敏感性设计、负责任创新等技术哲学领域的专业名词大量地出现在奥尔堡学派的论著中，芒福德、埃吕尔、尤纳斯、伊德、维贝克等技术哲学家的理论也经常被奥尔堡学派运用。

奥尔堡学派的哲学化倾向也得到了技术哲学界的回应，奥尔堡学派的研究也被技术哲学界刊物发表。最为典型的是技术哲学的著名刊物——国际技术哲学学会的会刊《技术：技术哲学研究》在2015年第2期专门以"技术-人类学"为题刊发了奥尔堡学派的8篇文章。

3. 使用者视角

当然，作为技术学与人类学的交叉学科，奥尔堡学派的技术-人类学研究同技术哲学研究相比还是有着自身的风格特点的。其中最明显的特征就是对技术使用者的关注。在技术各环节的参与者中，技术哲学更多的是从工程师、专家的角度思考问题，而奥尔堡学派则更倾向于对用户、顾客等技术的使用者进行研究。这样的视角更能观察到技术对人和社会的改变，这在研究技术影响时更具有说服力。

4. 社会化趋势

承接着对技术使用的研究，与使用相关的是影响、反馈、评估等环节，这些环节无一例外都是需要社会参与的。这也使得奥尔堡学派在进行研究时更加关注技术与社会的互动。

另外，作为以族群研究为特色的学科，人类学在研究社会关系上本就有着先天优势。奥尔堡学派继承了人类学对族群的研究传统，关注社会中不同的群体，既包括新技术带来的新族群如手机族、游戏族等，也包括对现代技术持不同态度的族群如阿米什人等。

5. 对象多元化

一方面，奥尔堡学派具有多学科参与的特点，这使得奥尔堡学派的研究面向了多个学科；另一方面，奥尔堡学派以技术和人类的关系为研究中心，而技术与人的关系本就是复杂多变的。两方面的原因共同促成了奥尔堡学派的研究对象具有多元化的特点。具体来说，奥尔堡学派的几位核心成员中，詹森热衷于技术创新、技术设计等技术实践过程的研究，波丁致力于技术-人类学的理论构建研究，波尔森关注人类增强、网络空间等新技术领域……可以看出，奥尔堡学派的研究对象呈现多元化的趋势。

6. 对象前沿化

与多元化对应的则是前沿化，相较于其他的技术人类学研究而言，奥尔堡学派表现出了对现代技术的高度关注。人类增强、赛博空间、人工智能等热门前沿技术都是奥尔堡学派所关注的重点。这也是基于两方面的原因，一方面，从研究成员来看，奥尔堡学派的研究者要么是各领域的专家，要么是对新技术抱有热情的年轻人，这使得奥尔堡学派的研究能紧跟技术发展的热潮；另一方面，从社会角度来看，能引起社会关注的往往也是前沿的技术，新产生的技术往往会引发社会伦理的争议，社会与新技术的互动正为奥尔堡学派的研究提供了田野。

二、奥尔堡学派研究的价值

奥尔堡学派整合了技术学和人类学的研究，实现了自然科学同人文科学的沟通，代表了技术人类学研究的前沿水平，具有重要的价值与启示作用。具体来说，其研究的价值可以总结为三个通路。

首先，为技术哲学向人类学输送理论成果建立了通路。技术人类学的研究还缺少统一的范式和理论，莱蒙里尔、普法芬伯格、英戈尔德等学者虽然在技术人类学领域建立了一些理论体系，但都有各自的不足之处。对于刚刚兴起的技术人类学而言，技术哲学就如理论海洋，有丰富的理论值得借鉴。但技术人类学家对技术哲学的理论缺少了解，只能有限地消化并使用。奥尔堡学派的研究则搭建了交流的平台，将大量的技术哲学理论引介到人类学界，为技术人类学的理论建设提供了帮助。

其次，为人类学向技术哲学输送社会实践经验建立了通路。经验转向后的技术哲学更关注技术实践，伦理转向后的技术哲学更关注技术与社会的互动，而人类学本身关注的就是社会实践过程，这两方面都能为技术哲学提供经验。奥尔堡学派的研究是对技术哲学缺失环节的完善，比如，技术哲学所热议的负责任创新理论，在关注技术使用方面是存有缺陷的，无论是技术调解还是行为劝导性技术都没有以使用者本身为技术设计的核心，而奥尔堡学派的研究，如用户驱动的技术设计、参与式设计等理论可以完善这些缺失环节。

最后，为技术与人类的完整联系建立了通路。上述两方面的通路都是针对学科而言的，而奥尔堡学派研究最大的贡献应该在于其社会价值。奥尔堡学派关注的是技术对人类的作用和影响，关注的是人类对技术的反馈和重塑，关注的是技术与人类的交互过程，这些为技术与人类的完整联系建立了通路。

奥尔堡学派的研究也存在着一些不足之处，其中最主要的不足是技术哲学的研究方面。奥尔堡学派的研究虽然取得了成功，但是在人类学理论和方法上还未实现突破。奥尔堡学派的研究，更多的是将人类学既有的田野调查方法应用到了技术实践之中，而对人类学理论本身的研究贡献较少。虽然奥尔堡学派建立了技术哲学与人类学的理论通路，但主要是对技术哲学理论的引入介绍，奥尔堡学派所使用的理论工具和田野方法也并没有超过其他技术人类学研究者的水平。当然，对于形成仅十年左右的新学派，也不应苛求能有完善的理论体系。奥尔堡学派能在人类学领域旗帜鲜明地确立以技术为主题的研究，能坚持展开以技术为对象的田野工作，这本身就已经是对技术人类学的贡献了。

理论篇

作为技术创新实践哲学现实形态的全责任创新

上篇技术人类学思想的梳理，始源的生活实践世界的显露，使我们觉悟到现代主流的技术创新前提性观念的"自然主义谬误"。应该说，技术创新，作为真正的实践范畴，不仅属于人与自然相互作用的"创制"（poiesis）领域，而且也属于人与人相互交往的"实践"（praxis）领域。事实上，这种关于技术创新的全面实践性的新观念，在当今人类生活实践世界中亦正日益凸显和明晰起来。

人类技术创新实践正处在转折点上。第一，当代社会生活实践面临生态破坏、环境污染、气候变化、资源紧张、贫富分化、疾病流行、地区冲突、人口老龄化以及食品药品短缺等一系列危及人类可持续发展的"巨挑战"（grand challenges）。第二，以新兴科技（NEST）发展为主导的新科技革命正在深入推进，纳米技术、合成生物学、增强技术、智能机器人和地球工程等使能技术（enabling technology，ET）的不断突破，将赋予人类拥有高度不确定的演进性可能。第三，人们越来越确信，人类进入了"人类世"纪元后，人类活动将日益成为地球乃至部分宇宙变化的主导力量。借助技术的开天辟地、改天换地的改变性力量，人类事实上成为生命存在之存在。人与存在开始了一种新的责任关系，这将构成一种新的责任困境。

在这样的背景下，人们提出了"负责任创新"理念。负责任创新试图将创新与责任、事实与价值、自然与社会相结合，自觉实现技术创制与价值实践的融通。从实践哲学视角看，负责任创新理念实质上既要求超越亚里士多德的伦理实践观念，也要求超越 F. 培根的技术实践观念，负责任创新理念与"技术创新作为实践范畴"在本质上是相通的。本篇立足于马克思实践哲学，在负责任创新理念的基础上进一步提出"全责任创新"概念，并对作为技术创新的实践哲学现实形态的全责任创新进行深入研究。

马克思实践哲学在继承和批判的基础上，实现了对亚里士多德伦理实践哲学和 F. 培根技术实践哲学的超越，提出了实践本位和实践优位的全面性实践观，人与自然的关系、人与人的关系都集聚融汇在全面性实践之中。在马克思实践哲学看来，负责任创新本质上应是全责任创新。全责任是指，在技术创新实践境域中，面对责任对象，所有利益相关者组成的责任共同体应该在其可达范围内积极、共同地践行全部责任。历史合力论、关系理性和集体责任、共担责任、合作责任与共同责任等则为全责任提供了思想基础。全责任呈现的乌托邦（utopia）精神是其超越现实、引领实践的持久动力之所在。

全责任创新则是指，创新共同体以尊重和维护人的权利、增进人类福祉为价值旨归，以积极履行、承担全责任为方法论特征的一种创新评价、创新认识和创新实践。全责任创新可分为准全责任创新、初级全责任创新、中级全责任创新、高级全责任创新和完美全责任创新五个层级，并具有远距性、整体性、总体性和公正性四大特征，基于公正原则和风险可接受原则的"孔子改进"可作为其判定标准。

全责任创新的实现可理解为在具体的历史时期、国家地区与行业门类等语境以及结构、规模、布局和时序等关系当中，所有利益相关者组成的责任共同体在目的性和工具性价值理念的指导下，依照遵纪守法、无害于人、相互尊重、契合价值、对症问题、匹配能力和适度创新等全责任原则，通过参与、预测、反思和关怀等全责任行为，作用于价值客体，进而对责任对象负责。

但全责任创新的实现面临三大困境，分别是：表现为主体性霸权和溺爱式关怀的责任过度，由客观规律制约、外在条件限制、人自身的有限性、道德运气和创新的实验性等造成的责任有限，以及容易诱发责任推诿、损害责任公正的多手问题等。因此需要通过增强责任认同、提升角色能力、优化社会制度等方式进行责任协调，以防止全责任创新实现中的地方中心主义、过度创新、创新观狭隘和责任分配不清等问题的出现。

第五章 全责任的概念建构

全责任的概念不是凭空产生的。历史合力论、关系理性和集体责任、共担责任、合作责任与共同责任等为其提供了思想基础，而中外责任思想史中已有的责任观则为其提供了概念前提。全责任的基本构成要素包括全责任主体、全责任对象、全责任类型以及全责任时空等，并呈现出一种超越性的批判现实、引领实践的乌托邦精神。

第一节 全责任的思想基础

一、历史合力论

历史合力论是恩格斯提出的观点，其经典表述为："历史是这样创造的：最终的结果总是从许多单个的意志的相互冲突中产生出来的，而其中每一个意志，又是由于许多特殊的生活条件，才成为它所成为的那样。这样就有无数互相交错的力量，有无数个力的平行四边形，由此就产生出一个合力，即历史结果，而这个结果又可以看作一个作为整体的、不自觉地和不自主地起着作用的力量的产物。因为任何一个人的愿望都会受到任何另一个人的妨碍，而最后出现的结果就是谁都没有希望过的事物。所以到目前为止的历史总是像一种自然过程一样地进行，而且实质上也是服从于同一运动规律的。但是，各个人的意志——其中的每一个都希望得到他的体质和外部的、归根到底是经济的情况（或是他个人的，或是一般社会性的）使他向往的东西——虽然都达不到自己的愿望，而是融合为一个总的平均数，一个总的合力，然而从这一事实中决不应作出结论说，这些意志等于零。相反，每个意志都对合力有所贡献，因而是包括在这个合力里面的。"①

---

① 马克思，恩格斯. 马克思恩格斯选集（第四卷）. 中共中央马克思恩格斯列宁斯大林著作编译局编译. 北京：人民出版社，2012：605-606.

历史合力论作为对历史进程的描述，形象地说明了人类社会的任何问题都不是单一因素的结果，既非某因素所单独造成的，亦非某因素所能单独解决的。比如，技术的生成与进化就"涉及到经济的、社会的、历史的、体制的、文化的诸多因素，而不仅仅是技术本身的问题，或说主要不是技术问题。从根本上说，技术的起源和形态转化的动因不在技术之内，尽管技术发展有其相对独立性"[①]。

"合力论"在改造世界时是各种力量，比如科技力、经济力、政治力、文化力等；而在认识世界的时候则是各种视角，比如科技的视角、经济的视角、政治的视角、文化的视角等。改造世界时"合力论"强调的是一种"合力"；在认识世界时强调的则是一种综合性、系统性视角。以伦理力为例，在进行伦理思考时就需要一种赵汀阳所谓的"大模样伦理学"的思维，即在思考伦理学问题的同时，要考虑到政治家会怎么想，企业家和商人会怎么想，艺术家和科学家会怎么想，各个阶层和阶级的人会怎么想，等等，而不能主观地想象所有事情、所有人都应该怎么样。因为"伦理问题不是人类行为的全部问题。每一种事情的'重心'都是倾斜的，如果是一种政治的事情，当然就向政治的要求倾斜；如果是战争，就首先要遵守战争的规律；如果是经济，无疑着重考虑的是经济发展的机会和技术操作；等等，真正能够完全由伦理学说了算的事情一定很少"[②]。也就是说，因其性质的不同，每一种支力的大小、方向和着力点必定有差异。

负责任创新所要做的，就是将现实存在的自发的"合力论"提炼为实践上自觉的"合力论"，减少责任主体行为的盲目性，协调各种支力的大小、方向与着力点，使彼此的耦合更加合理，进而使人类在实践中形成合力的自觉化。因此，必须构建全责任理念，对所有的施力者以及所有类型支力的大小、方向和着力点进行通盘考虑。比如，作为典型的负责任创新实践，环境技术的社会化就不只是需要考虑政府的环境技术供给意愿、科研机构的环境技术供给能力、企业和公众的环境技术需求动力、市场制度的环境技术激励机制，同时还必须考虑学校的环境教育、相应政策法规的保障作用等一系列问题。[③]

二、关系理性

通常意义上的理性是一种以自我为基点的实体理性，这种理性常常以自我利

---

① 陈昌曙. 技术哲学引论. 北京：科学出版社，2012：121.
② 赵汀阳. 论可能生活. 2 版. 北京：中国人民大学出版社，2010：284-285.
③ 王兵，王春胜. 论环境技术社会化的社会制约. 中国科论坛，2006，（2）：115-119.

益最大化作为目标，但最终的结果却往往事与愿违，并不能真正实现其自我利益的最大化。因为实体理性将加深而非缓解既存的冲突，"一切利益以个人为准，排他利益优先。这个设定已经在逻辑上直接拒绝了解决冲突的任何可能性"[①]。既然我们为了自身利益而忽略甚至伤害他者是合理的，那么他者遵循同样的逻辑为其利益而忽略甚至伤害我们也就是合理的了，但我们显然不可能认同这样的逻辑。于是我们认同的逻辑实际上是一种双重标准，但这显然又有违公正。因此，这种对他者缺乏关照的理性有着内在的逻辑悖论，这必然导致无尽冲突的出现。

此外，实体理性也与现实不符。从根本上说，世界不是毫无关联的既成事物的机械堆积，而是相互关联的有机集合体，这就要求我们在认识世界尤其是改造世界的过程中，将关系理性置于实体理性之前。

具体来说，关系理性在主体维度的内在要求就是"尊重他者"。"不管是对个人、民族还是人类来说，如果只具有自我意识，如果缺乏对其他人、其他民族以及自然这些'他者'的尊重，个人、民族、人类自身的发展甚至存在都会遇到深层挑战。也就是说，处理好'自我'与'他者'的关系，不仅是发展论的要求，更是一种存在论、生存论的要求。"[②]所谓"尊重他者"，简而言之就是要尊重他者的权益、诉求、文化、个性等，这就需要听取他者的意见，争取他者的支持，而不能利用权力不平衡不顾他者的抗议和反对而一味强行贯彻自己的意志。

关系理性在价值维度的要求是拒斥价值霸权。价值层面的关系理性拒绝价值专制更拒绝价值独裁，即某几种或某一种价值唯我独尊，而视其他价值如无物。进而要求一种价值妥协或者说价值让渡，即"在文明有机体和社会发展的特定情境中，为了追求和达到社会文明的整体合理性，某些价值必须部分和适度地让渡自己"[③]。

关系理性在政治维度的要求则是"将世界内部化"，这可以理解为人际关系理性在国际领域的应用。以伦理视角观之，这就是"一种关联性思维把个体与整体相贯通的家国天下的伦理观。用这种伦理观看待家国天下，则一切共同体都是相互关联的命运共同体"[④]。任何当代社会的"巨挑战"的影响都超出一国范围，其解决也必须突出关系理性，依靠世界各国的通力合作。

---

① 赵汀阳. 第一哲学的支点. 北京：生活·读书·新知三联书店，2013：250.
② 陈忠. 发展伦理研究. 北京：北京师范大学出版社，2013：122.
③ 樊浩. 伦理精神的价值生态. 北京：中国社会科学出版社，2007：18.
④ 田海平. 从家国天下到命运共同体. 光明日报，2016-09-14（14）.

作为对当代社会"巨挑战"的理论反映和理论应对，负责任创新所遵循的也是"关系理性"，因为"当今人类所面临的各种全球性问题，如环境生态问题、人口问题、能源问题、粮食问题等，都是一个个因素众多、结构复杂的系统问题，涉及各种自然因素、社会因素及其它们之间的各种复杂关系。解决这些问题，要求人类放弃以往的'实体'的简单性思维方式，吸取系统科学的'关系'的复杂性思维方式，依靠系统科学方法及其思想"①。

三、集体责任、共担责任、合作责任与共同责任

1. 集体责任

集体责任（collective responsibility）通常有两种含义：一种是指集体对其个体所肩负的保护、支持等责任或集体作为一个整体对某事负责；另一种集体责任则是"基于既非他们施行也非他们控制的行为而归属给人们的。其归属的假想的根据在于个人要为他们所属的团体中的其他成员施行的行为承担责任"②。阿伦特（Hannah Arendt）指出，集体责任是有条件的，"必须为集体责任规定两个前提条件：要我负责的必须是我没有做过的事情，其原因又必须是我在一个组织（集体）中的成员身份，它不能被我的任何自主行为解除，也就是说，它完全不同于那种我可以随意解除的商业伙伴关系"③。凯克斯（John Kekes）进一步明确了个人责任与集体责任之间的区别，"集体责任的通常情境是另一种作恶。一个团体的成员会作恶不是由于他们触犯了他们的团体的价值，而是因为他们是根据这些价值作恶的。如果团体的某些或所有价值是邪恶的，就会发生这种情况：行为者做了他们认为是善良的事情，但他们误解了他们的信念"④。关于这点最明显的例子就是阿伦特所说的"平庸之恶"。

但是行为引发的后果往往与地理距离和时间间隔有关，常常是个体行为与集体行为相互影响混合作用的结果，并且这些结果往往是不可预测和意料之外的。"因此，无论是个体责任（individual responsibility）还是集体责任都无法完全匹配负责任创新的目标。"为了充分考量所有相关行动者的责任，我们必须求助于一

---

① 高剑平. 从"实体"的科学到"关系"的科学：走向系统科学思想史研究. 科学学研究，2008，26，（1）：33.

② 约翰·凯克斯. 反对自由主义. 应奇译. 南京：江苏人民出版社，2008：84.

③ 阿伦特. 反抗"平庸之恶"：《责任与判断》中文修订版. 陈联营译. 上海：上海人民出版社，2014：154.

④ 约翰·凯克斯. 反对自由主义. 应奇译. 南京：江苏人民出版社，2008：92.

种共担责任（shared responsibility）。①

2. 共担责任

共担责任是范德堡大学（Vanderbilt University）哲学教授梅（Larry May）在萨特（Jean-Paul Sartre）、海德格尔等人的社会存在主义（social existentialism）的基础上提出的一种责任观，是指人们应当将自身视为其共同体所引发的外部损害或发生在共同体内部的损害的责任分担者，即使他们未曾直接参与其中，哪怕有时他们甚至不能阻止损害的发生。这种情况又可分为两类：一类是为其态度负责，特别是那些倾向于引发损害的态度（比如种族主义的态度），因为人们可以控制其态度，至少是部分地控制；另一类则是为其失败的行为负责，包括由个体的疏忽（individual omissions）和集体的不作为（collective inaction），特别是那些容易使共同体造成损害或使损害扩大的失败。梅认为，"共担责任的概念包括对道德和政治责任的丰富与拓展。将自身视为共同体行为的责任分担者将使我们可以像审视直接行为一样审视我们的角色、态度和不作为"②。美国政治学家杨（Iris Marion Young）继承了梅的这一理念，认为共担责任是对由群体引发的后果或有害性后果的风险负责的一种个体责任（personal responsibility）。因为个体无法单独导致整个结果，所以每个人都以某种方式对结果负责。而且由于无法分离和识别每一个体对结果的具体影响，本质上责任是共担的。③

与共担责任相似的概念还有赫费提出的"责任链"概念。赫费认为，"谁为别人能够做这件事创造了一些前提条件，那么他肯定要为这件事负共同责任。尤其是，如果他已经知道，他确实是在为别人能够做这件事而工作。在此意义上，虽然只有政治家[能够]对原子弹的使用作出决定，但工程师造了原子弹。进一步说，那些参与相关计划，曼哈顿计划的科学家，已经提供了必要的基本知识。为了理解这一实际的事态，[我们有必要]引入一个新式的责任类型，一个责任链。在这个责任链中，没有哪个环节承担单独的责任，每个环节都是责任的一部分，而这部分的责任又不得不与这个环节对整个行为所承担的[责任]相联系"。④

集体责任、共担责任和责任链的概念拓展了责任主体的范围，将原有意义上

① Schlaile M P. Mueller M，Schramm M，et al. Evolutionary economics，responsible innovation and demand：making a case for the role of consumers. Philosophy of Management，2018，17（1）：19.
② May L. Sharing Responsibility. Chicago：University of Chicago Press，1992：1.
③ Young I M. Responsibility for Justice. Oxford：Oxford University Press，2011：110.
④ 奥特弗利德·赫费. 作为现代化之代价的道德——应用伦理学前沿问题研究. 邓安庆，朱更生译. 上海：上海译文出版社，2005：72-73.

置身事外的相关行动者纳入责任系统之中，对解决现代社会的系统性"巨挑战"具有重要意义。但是，三者都倾向于一种事后式的回溯性视角，强调一种补偿性、谴责性或惩罚性的责任，强调各成员对责任后果的分担。这种意义上的责任观显然无法涵盖负责任创新前瞻式预测性的未来向度，因为"负责任创新本身就蕴含着一种积极的责任观转向"，也即由回顾性责任转向更为积极主动的前瞻性责任[①]；而且也无法囊括企业、政府、科研院校、家庭等组织型责任行动者。更重要的是，以上三种责任观大都将关注焦点局限于团体、组织或共同体内部，强调内部利益相关者的责任，而忽略与外部利益相关者的协作，因此其实际效力必然大打折扣。合作责任（co-responsibility）和共同责任（common responsibility）的理念可以弥补这些不足。

3. 合作责任与共同责任

为了更好地处理科技与社会的关系，米切姆（Carl Mitcham）教授和尚伯格（René von Schomberg）博士提出，应该对角色责任进行扩充，建立一种科学家和工程师与公众之间的合作责任，这种责任可以通过公共讨论、技术评估和制度变革来实现。"如果角色责任可以朝着科技界与社会之间的合作责任的方向拓展——如果科研诚信不只包括进行研究的实然过程而且包括其应然过程——新的机会将在职业发展、科技教育和公共政策等领域向职业科学家敞开。"[②]负责任创新"内在主义"的伦理进路是这一责任观的体现，在负责任创新中，"伦理学必须和科学技术相结合，伦理学家必须和科学家携起手来，共同探讨、识别和反思高科技中的伦理问题。高科技伦理必须是定位于科学技术实践的伦理"[③]。常规性科技伦理亦然。

也有学者根据责任分配的不同将个体间的合作责任视为继个体责任和集体责任之后的一个责任阶段，其责任的能动者分别是个人、群体和作为群体成员的个体。并指出即使在多因素决定的因果事件中，为了维护责任分配的功能，这种类型的合作责任也是必要的。[④]

但是，风险社会之下，无论是科技工作者或伦理学家还是两者的联合，都无力解决诸如核扩散、能源危机、环境恶化等"巨挑战"，因此，作为一种联合性责任的合作责任必须扩充到更广泛的领域。

---

① 负兆恒，李建清. 负责任创新语境下的责任解析. 自然辩证法研究，2020，36（10）：57-58.

② Mitcham C. Co-responsibility for research integrity. Science and Engineering Ethics，2003，9（2）：282.

③ 王国豫，赵宇亮. 敬小慎微：纳米技术的安全与伦理问题研究. 北京：科学出版社，2015：ix.

④ Petersson B. Co-responsibility and causal involvement. Philosophia，2013，41（3）：847.

尽管以上三种责任对应对"巨挑战"来说不可或缺,但因为责任半径过短,其作用仍然有限。因此就需要一种超越团体主义、国家中心主义等本位主义的积极性责任观,即共同责任。对于 1992 年联合国环境与发展大会所确定的"共同但有区别的责任"(Common but Differentiated Responsibilities)这一国际环境合作原则中所提到的共同责任,有学者认为存在共同的原因、共同的威胁、共同的责任、共同的行动和共同的机制等五大要素。[①]作为"共同责任"的"国际合作责任"可以理解为,涵盖世界各政府、企业、社区、非政府组织(NGO)及有关个体等在内的所有与风险相连的利益攸关者基于人类间的相互依存的基本共同利益和相互认同,通过协商与合作,积极承担责任,从而规避风险或缓减其危害。[②]可见,共同责任不但比合作责任包含的责任者更为广泛,也比集体责任、共担责任等更具主动性的积极意义。

集体责任、合作责任等是负责任创新的重要基础[③],全责任也是对以上几种责任观的超越和发展。既强调个体的责任,也强调群体的责任以及个体与个体、个体与群体、群体与群体之间的合作责任。尽管全责任主要是一种基于未来视角和整体理念的公共责任、社会责任,但离开惩罚,任何责任都难以保证,所以,全责任同时也包含问责与追责的向度。

第二节　全责任的概念界定

一、全责任的概念溯源

1. 国外责任观溯源

根据米切姆教授的研究,responsibility 的词根是拉丁语中的 respondere,是"允许回应"或"回答"的意思,主要用于宗教伦理当中,意为对上帝召唤的回应。其在法语、西班牙语等语言中的同源词(图 5.1),和德语中的 Verantwortung(责任)及其词源和同源词的用法有着相似的历史,而其形容词形式则出现在各种拉

---

① 郭锦鹏. 应对全球气候变化:共同但有区别的责任原则. 北京:首都经济贸易大学出版社,2014:145.

② 钱亚梅. 风险社会的责任分配初探. 上海:复旦大学出版社,2014:69.

③ Stilgoe J, Owen R, Macnaghten P. Developing a framework for responsible innovation. Research Policy, 2013, 42(9):1569-1570.

丁系语言中以及 17 世纪早期的英语中。[1]

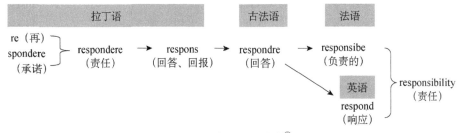

图 5.1 责任概念流变[2]

通常意义上的"责任"（responsibility）有四种类型：角色-责任、因果-责任、法律-责任、能力-责任[3]。普尔（Ibo van de Poel）教授则进一步将责任细分为九种类型，分别是：作为原因（cause）的责任，如地震对百位死去的人负责；作为任务（task）的责任，如司机负责开车；作为权力（authority）的责任，如他负责该项工程；作为能力（capacity）的责任，如有负责任行动的能力；作为美德（virtue）的责任，如他是一个负责任的人；作为（道德）职责（obligation）的责任，如他负责旅客的安全；作为说明（accountability）的责任，如解释自己在已发生事情中的角色；作为责备（blameworthiness）的责任，如他对车祸负责；作为债务（liability）的责任，如他应赔偿损失。[4]巴黎大学佩莱（Sophie Pellé）博士和法国国家科学研究中心主任勒贝（Bernard Reber）教授在此基础上，又增加了作为响应（responsiveness）的责任。[5]但两者均未提及作为义务（duty）的责任。就哲学维度而言，国外关于责任最主要的研究主题就是责任的伦理研究，即责任伦理。

"责任伦理"这一概念最先由韦伯（Max Weber）在《以政治为业》（Politik als Beruf）的著名演讲中提出，他说："我们必须明白一个事实，一切有伦理取向的行为，都可以是受两种准则中的一个支配，这两种准则有着本质的不同，并且势不两立。指导行为的准则，可以是'信念伦理'（Gesinnungsethik），也可以是'责任伦理'（Verantwortungsethik）。这并不说，信念伦理就等于不负责任，或责任伦

---

① 卡尔·米切姆. 技术哲学概论. 殷登祥，曹南燕译. 天津：天津人民出版社，1999：72-73，92.

② 根据《韦氏词典》关于 responsibility 的词源整理。

③ Petersson I. Four Theories of Responsibility. Lund：Lund University Press，1990：94.

④ van de Poel I. The relation between forwardlooking and backward-looking responsibility//Vincent N A，van de Poel I，van den Hoven J. Moral Responsibility：Beyond Free Will and Determinism. Dordrecht：Springer，2011：38-39.

⑤ Pellé S，Reber B. From Ethical Review to Responsible Research and Innovation. London：ISTE，2016：70.

理就等于毫无信念的机会主义。"①但韦伯终其一生，也并未对责任伦理进行详细论述，完成这一工作的是约纳斯（Hans Jonas）。约纳斯认为，现代技术引发了一系列新问题，"要求我们对伦理学原理（包括那些因缺乏应用而迄今仍然保持沉默的伦理学）进行新的反思，以解决这些新问题"，这就是责任伦理学。②

其他关于责任的研究领域包括道德责任、职业责任、行政责任、企业社会责任、产品责任、法律责任、会计责任、组织责任以及责任与（意志）自由、责任与惩罚、责任与行为等，技术与责任、创新与责任也是责任研究的重要方面。尽管已有学者认识到责任实现过程的责任分配与责任冲突问题，但总体而言国外关于这方面的研究并不多，关于具体责任的论述中则更是缺少不同责任之间的协调的研究。

2. 国内责任观溯源

国内关于责任的研究可谓源远流长，在梁漱溟先生看来，中国社会是一个伦理本位的社会③，陈来教授和王绍光教授更是明确指出，与西方的权利本位不同，中国文化特别是儒家文化是责任本位的。④⑤所以我们一直比较重视对责任的研究、论述、教育与劝导，《论语》等教人"修身，齐家，治国，平天下"的经典古籍都可被视为关于责任的著作。

第一，责任的概念界定。根据《辞源》，责的意思是：①求，索取；②要求、督促；③谴责，诘问；④处罚，责罚；⑤责任。其对"责任"的解释则是：①使人担当起某种职务或职责；②分内应做的事。⑥根据《常用汉字源流字典》，任，形声，从人，壬（rén）声，本义为抱，读 rèn，引申为负担、怀孕（后作"妊"）、担子、职责、使用、任用、听凭、连词（表示无条件，相当于"无论""不管"）等⑦。可见，通常意义的"责任"其实就是"任责"，即承担或回应索取、要求、诘问、处罚等。

程东峰教授指出，责任是行为主体对在特定社会关系中定在任务的自由确定和自觉服从。所谓"定在任务"，即规律赋予的任务，社会健康发展需要的

① 马克斯·韦伯. 学术与政治：韦伯的两篇演说. 3 版. 冯克利译. 北京：生活·读书·新知三联书店，2013：107.

② Jonas H. The Imperative of Responsibility：In Search of an Ethics for the Technological Age. Chicago and London：The University of Chicago Press，1984：x.

③ 梁漱溟. 中国文化要义. 上海：上海人民出版社，2005：7.

④ 陈来. 陈来讲谈录. 北京：九州出版社，2014：300.

⑤ 转引自潘维，玛雅. 共和国一甲子探讨中国模式. 开放时代，2009，（5）：137.

⑥ 何久盈，王宁，董琨. 辞源. 3 版. 北京：商务印书馆，2015：3385-3386.

⑦ 魏励. 常用汉字源流字典. 上海：上海辞书出版社，2010：344-345.

任务，人类和谐相处需要的任务。任何人为地主观臆定的任务，都不叫定在任务。①

　　金安教授认为，狭义的责任是指主体分内应该做的事，即属于其职责范围的所有工作或其他劳动与行为；广义的责任则是指对社会发展、人类进步所应做出的贡献。②

　　谢军博士则从责任与角色的关系出发将责任定义为：由一个人的资格（作为人的资格或作为角色的资格）和能力所赋予，并与此相适应地完成某些任务以及承担相应后果的法律的和道德的要求。③也有学者从这一思路出发，将责任界定为由人和群体组织由资格和角色所赋予，并与之相适应地进行某些活动、承担相应后果以及相关评价的要求。④

　　况志华和叶浩生两位教授则在心理学意义上概括出了责任的两层含义：其一，在无特定指涉的情境下，责任作为一种内化了的思维方式和行为规范，是个体一般性的意识准备状态；其二，一旦涉及具体的行为、事件及其结果时，责任便成为一种个体对自己或他人行为做出的价值判断体系，而价值判断还将引发相应的情感体验和内部动机并诱发相应行为。⑤

　　邹成效教授指出，把责任仅仅理解为义务或理解为"要求"、"负担"抑或"负责"的观点存在不足，而将责任界定为"为了个人和社会的存在和发展，根据自然和社会的客观的需要，个人和团体尤其是科技工作者及其相关团体应当做与其角色相应的有利于自然和社会的事和承担有害于自然和社会的后果"。⑥

　　以上定义虽然丰富，但并未能将责任的本质特征充分体现出来。从责任角度看，人类一切行为都具有责任属性，要么属于负责任的行为，要么属于非负责任的行为。但除此之外，人类的行为还具有经济、政治、社会和文化等属性，那么，各种属性之间有何关系？从责任视角审视人类活动与从其他视角审视有何不同？这些问题仍需予以澄清。

　　第二，责任的类型研究。金安根据责任的权属将其分为主体责任和附属责任，前者指"每一个人在某一段时期或某一时刻主要承担的责任或者说是分内责任"，后者则是相对于前者而言的随机性责任。其中，主体责任又可分为两种：一种是基本责任，即"内容和范围相对而言比较清晰并可以进行考核的责任"；另一种

　　① 程东峰. 责任论：一种新道德理论与实践的探索. 合肥：合肥工业大学出版社，2016：66.
　　② 金安. 责任. 成都：四川大学出版社，2005：3.
　　③ 谢军. 责任论. 上海：上海人民出版社，2007：28.
　　④ 苟明俐. 从责任的漂浮到责任的重构——哲学视角的责任反思. 哈尔滨：黑龙江大学，2010：15.
　　⑤ 况志华，叶浩生. 责任心理学. 上海：上海教育出版社，2008：14-15.
　　⑥ 邹成效. 科技伦理视野中的责任范畴. 河南师范大学学报（哲学社会科学版），2004，31（1）：17.

是升华责任，即"当承担的责任其'好'的界限超过基本责任时，所超过的那部分责任"。①程东峰则根据责任领域专门对个体责任、组织责任、契约责任、职业责任和未来责任的存在与实现进行了研究。②但是，分类研究中对不同类型的责任之间的关系探析不够深入，比如，社会责任、法律责任、经济责任等具体责任类型有何关联，并不明晰。

综上可知，责任是一个系统性概念，不仅包括责任主体和责任对象，还包括责任的性质、类型与范围。伦克（Hans Lenk）将责任定义为"某人/为了某事/在某一主管面前/根据某项标准/在某一行为范围内负责"。③罗波尔（Guenter Ropohl）对责任的定义则包含了七项要素，即责任的主体是谁，因为什么负责，对什么负责，根据什么负责，向谁负责，什么时候负责和怎样负责。由于责任的主体包括个人、团体和社会，由此形成了一个责任类型的形态矩阵（表5.1）。④

表 5.1 责任类型的形态矩阵⑤

	（1）	（2）	（3）
（A）谁负责	个人	团体	社会
（B）因为什么负责	行为	产品	无为
（C）对什么负责	可预见的结果	不可预见的结果	遥远和长远的结果
（D）根据什么负责	道德规则	社会价值	国家法律
（E）向谁负责	良心	他人的审判	法庭
（F）什么时候负责	前瞻（事先）	此刻	追溯（事后）
（G）怎样负责	主动	虚拟	被动

二、全责任的基本内涵

通过对中外责任概念的梳理，我们认为，全责任是指在技术创新实践境域中，面对责任对象，由所有利益相关者组成的责任共同体应该在其可达范围内积极、共同地践行全部责任。之所以称之为"全"责任，是因为根据《新华字典》的解释，"全"字意为：①完备，齐备，完整，不缺少，例如，百货公司的货很完备，

---

① 金安. 责任. 成都：四川大学出版社，2005：21.
② 程东峰. 责任伦理导论. 北京：人民出版社，2010：206-339.
③ 转引自甘绍平. 应用伦理学前沿问题研究. 南昌：江西人民出版社，2002：120.
④ 王国豫，胡比希，刘则渊. 社会-技术系统框架下的技术伦理学——论罗波尔的功利主义技术伦理观. 哲学研究，2007，（6）：82.
⑤ 王国豫，胡比希，刘则渊. 社会-技术系统框架下的技术伦理学——论罗波尔的功利主义技术伦理观. 哲学研究，2007，（6）：82.

这部书不完整了。②整个，遍，如全国，全校，全力以赴；［全面］顾上各个方面，不片面，例如，全面规划，看问题要全面。③保全，成全，使不受损伤，如两全其美。④副词，都，如代表全来了。①这种责任既强调责任主体、责任对象和责任类型的完整，不缺少，又强调这些要素整个在参与其中，所以将其命名为"全责任"。英文版翻译之所以选定 overall-responsibility，则是根据外文词典对 overall 的解释。据《韦氏词典》，overall 意为 in view of all the circumstances or conditions；with everyone or everything taken into account②。《牛津英语词典》的解释与此相似，为 Taking everything into account③。据《剑桥词典》，overall 意为 in general rather than in particular，or including all the people or things in a particular group or situation④。可见，overall 既强调所有要素的参与，亦强调对所有要素的考虑。尽管英文中有 overall responsibility 的说法，但其用法多为 assume overall responsibility、have overall responsibility 或 with overall responsibility for，意为某人对某后果负全责，或全面负责某事，与带有连字符的 overall-responsibility 并不相同。因此，将全责任译为 overall-responsibility 是合适的。2014 年启动的 RRI-Tools（responsible research and innovation tools）项目组对负责任创新的界定就体现了行动者维度的"全"：负责任创新是一个包含创新实践的所有利益关涉者（all stakeholders involved）面对创新过程及其结果时要求相互负责并共担责任的动态、迭代过程。⑤

　　这里所说的责任对象和利益相关者都是指人类。尽管我们也需要对动物和生态环境负责，但最终是为了对人类负责。此外，虽然某种意义上它们也属于利益相关者，但因其不具备人类所独有的能动性，只能以其本性被动地与人类产生交互作用，所以，它们在没有所谓意志自由的情况下，也就没有所谓的责任。全责任的主体只能是由利益相关者组成的共同体，而不能是单个的个体或组织，一方面，因为任何单个的利益相关者其能力都是有限的，不可能承担这么多责任；另一方面，责任是一种关系态，如果没有他者，便不复存在。诚如韩少功先生所说："一个人只面对自己，独处幽室，或独处荒原，或独处无比寂冷的月球。他需要意义和法则吗？他可以想吃就吃，想拉就拉，崇高和下流都没有对象，连语言也

① 新华字典. 11 版. 北京：商务印书馆，2015：419.
② https://www.merriam-webster.com/dictionary/overall.
③ https://public.oed.com/new-oed-website/.
④ http://dictionary.cambridge.org/dictionary/english-chinese-simplified/overall.
⑤ Klaassen P，Kupper F，Vermeulen S，et al. The Conceptualization of RRI：An Iterative Approach// Asveld L，van Dam-Mieras R，Swierstra T，et al. Responsible Innovation 3：A European Agenda？Cham：Springer，2017：73.

是多余，思索历史更是荒唐。他随心所欲无限自由，一切皆被允许，怎样做——包括自杀——也没有什么严重后果。"①在此情况下，自然也就无所谓责任了。

所谓"可达范围"，是指责任共同体目前所能认识或改造的世界，此世界之外的一切，对全责任主体来说，都只是"有之非有"；所谓"履行"指的是"做该做的事"；所谓"承担"则是指对因"没有做到或没有做好该做的事"所造成的损害性后果进行弥补或接受相应责罚。

全责任并非基于法律或经济视点，而是一个基于道德视点的规范性概念。全责任所要求的责任主体、责任对象和责任时空，都远远超越法律所规定或经济所涉及的范围。并且，随着人类的发展，由于我们行为的影响范围越来越大，对行为的认知也越来越全面，这三大构成要素也在不断扩大。比如，原始人类的活动很难影响到热带雨林中的动物，起初人们也并不了解二手烟的危害。可见，全责任是一种有底线无上限的责任，随着全责任由小到大，负责任创新的等级和层次也逐渐上升，比如，以直接相关者为责任主体、以直接作用者为责任对象、以直接责任时空为责任范围的负责任创新是初级的负责任创新，而以所有相关者为责任主体、以全人类及全球生态环境甚至太空环境为责任对象、以全球乃至全宇宙和可预见的超远未来为责任范围的负责任创新则是高级负责任创新或者说理想的负责任创新。

第三节 全责任的构成与乌托邦精神

全责任的构成要素主要有全责任主体、全责任对象、全责任类型和全责任时空四类。需要说明的是，作为一种交互性责任，全责任中的责任主体与责任对象，即谁来负责和对谁负责是统一的。比如，"高技术问题，以及当代中国工程技术发展带来的伦理和社会问题，横扫整个社会，其影响范围远远超出科学家和工程师的本职范围，涉及政府机构、社会组织（企业和协会）、专家团体（科学家和工程师）与公民大众等"。②因此，在这样的技术创新中，不仅仅是科技专家对公众负责，公众对科技专家也负有支持、建议、监督等责任。

一、全责任主体与全责任对象

在全责任中，所有行动者都一身而二任，或者作为施动者，以他人为责任对

---

① 韩少功. 夜行者梦语：韩少功随笔. 上海：东方出版中心，1994：110.
② 潘恩荣. 创新驱动发展与资本逻辑. 杭州：浙江大学出版社，2016：93.

象；或者作为受动者，成为他人的责任对象。但后代人和前代人例外，他们或未出生，自然无法做出责任行为；或已逝去，尽管其行为对事物的当前状态有影响，但也不可能再去让他们做什么，所以这两个群体只能作为责任对象而存在，而无法作为责任主体。任何行动者都无法独立完成所有责任，"在一个高度自动化的时代，工程师们只是技术进化的一个促动元素"[①]，而不是全部，因此，单单他们自己并不能保证创新结果的人性化。政策制定者、研究人员、工程师、设计者、企业家和直接包含在技术中的其他行动者以及消费者等，共同对技术的善用（proper doing of technology）负有集体性责任。[②]比如，设计者无法决定用户使用其设计出来的影音播放器来播放何种内容，也不能决定人们用社交 APP 来交流何种信息。显然，单个个体或组织是无法履行或承担全责任的，因此，全责任的主体是"群"主体或者"类"主体，即由相应行为的所有个体型和组织型行动者组成的共同体。只有在这种"类存在"的理念下，人类才"能够实现宇宙生命整体的利益，能够防止各种灾难，能够实现社会和环境的正义"。[③]

而且，无论是起点的全责任主体还是终点的全责任对象，都是人类及其成员。因为责任系统中，人是唯一有自由意志的能动者。所以，应该反思"拯救地球""保护环境"之类的口号，因为这样的口号错把地球或环境作为最终的责任对象，而忽略了其背后的人。这也体现出"自然中心主义"的不合理之处。其实，作为没有自我意识甚至无生命的地球和环境，无论人类怎样，对它们来说都没有影响，没有人类的地球仍然是地球，但没有地球的人类却不再是人类。因此，地球不关心环境，关心环境的是人。进而言之，人与物的博弈基本都是如此。因为，物没有意识，没有生命，它们不关心也不可能关心自身的命运，人类则不同。同样，由于物没有能动性，它们与人的博弈实际是人与人的博弈，人与物的关系的背后是人与人的关系。这种形式的人类中心主义不只强调"人"的中心地位，更强调"类"的中心地位，其所考量的不只是某个人或某些人的利益，而是包含对其他同代人和后代人等他者利益的尊重与考量。

在负责任创新中，组成其全责任主体的行动者有发明家、设计者、投资人、制造商、用户、政府、公众、院校、媒体等。但各行动者之间的联结不是任意的，需要共同利益、共识价值和共享知识等作为支撑，并对彼此负责进而形成现实的共同体。此外，每类行动者都发挥着与其社会角色相对应的功能，其所应负的责

① 陶建文. 自动化时代的工程师有能力承担社会责任吗？科学技术与辩证法，2007，24（5）：78.

② Monsma S V. Responsible Technology：A Christian Perspective. Mich：Wm. B. Eerdmans Publishing Co.，1986：222.

③ 韩相震，元永浩. 一种来自中国的世界主义的模式——作为"宇宙生命主体"的高清海先生的"类存在"概念. 吉林大学社会科学学报，2015，55（1）：133.

任也因自身角色的转换而改变，并不是完全固定的。

二、全责任类型

作为一种集成性、融合性责任，全责任几乎包含了所有的责任类型，但这并不意味着所有的全责任都是完全同质的。根据责任行动者的层次，全责任可分为个体型全责任、组织型全责任和整体型全责任。在纯个体型创新中，主体进行创新的目的只是为了解决自己遇到的问题，即使成功也是自产自用，"技术人工物的结构或功能在使用领域中的扩大、转换或他用"的"使用发明"多属此类。[①]在此情况下，其所要考虑的主要是一种个体型全责任。但现代社会的绝大多数创新都是由企业、科研院所等组织实施的，在此情况下，个体所能发挥的作用就是有限的，组织作为一个主体对创新及其影响负整体责任。更高一级的整体制度创新需要参与的行动者更多，因而是一种整体型全责任。

根据责任侧重点的不同，全责任也可分为社会型全责任、生态型全责任、经济型全责任、政治型全责任、技术型全责任、文化型全责任和军事型全责任等。初级工具化阶段主要以创造某种功能为主，因此属于技术型全责任；而次级工具化阶段则是功能的实现，使用目的不同，全责任的类型也不同。比如，以解决社会问题为主要目的的社会创新所要履行的就是社会型全责任，以保护环境为主要目的的生态创新所要履行的就是生态型全责任，而以实现利润为主要目的的创新所要履行的就是经济型全责任。在这些类型的全责任中，子类责任各有重叠交叉，区别只在权重不同，但不管某种责任的权重多低，都不能为零。比如，经济型全责任不能完全不考虑生态责任，政治型全责任也不能全然置文化责任于不顾。

根据责任性质的不同，全责任又可分为积极性全责任与消极性全责任，前者是指责任主体主动履行相应的责任，而后者则是指责任主体对其所造成的有害性责任后果的承担。比如，企业积极主动地履行相应的社会和环境责任，促进与社区成员关系的和谐，并减少排污，但如果违规排污，就应接受相应的经济处罚，或被列入黑名单，向全社会曝光。

需特别指出的是，在所有责任类型中，创新是一种特别的责任，即"元任务责任"（meta task responsibility），这意味着，如果创新能使我们在未来同时实现更多的道德性价值，或者说能使世界变得更好，那么创新本身就是一种道德责任。[②]

---

① 刘宝杰. "使用发明"的哲学思考. 科学技术哲学研究，2016，33（5）：78.

② van den Hoven J. Value sensitive design and responsible innovation//Owen R, Bessant J, Heintz M. Responsible Innovation: Managing the Responsible Emergence of Science and Innovation in Society. Chichester: John Wiley & Sons Inc., 2013: 77.

对中国而言，尤其如此。首先，从大历史观来看，"创新是人类社会发展与进步的最关键和最重要的基本形式"①，创新实践对人类意义重大②，"人类永不遏制的创造是物质极大丰富的根本源泉"③。其次，无论技术决定论、技术中介论，还是技术解决论（techno-fix），都强调技术的重要性，而"技术创新是技术成为技术的实践过程"④，是技术成其所是的关键，正因如此，国家才将科技创新作为全面创新的核心。⑤再次，一方面，"我国发展中不平衡、不协调、不可持续问题依然突出，人口、资源、环境压力越来越大。我国现代化涉及十几亿人，走全靠要素驱动的老路难以为继"。另一方面，"我国创新能力不强，科技发展水平总体不高，科技对经济社会发展的支撑能力不足，科技对经济增长的贡献率远低于发达国家水平，这是我国这个经济大个头的'阿喀琉斯之踵'。新一轮科技革命带来的是更加激烈的科技竞争，如果科技创新搞不上去，发展动力就不可能实现转换，我们在全球经济竞争中就会处于下风"。⑥因此，"科学技术从来没有像今天这样深刻影响着国家前途命运，从来没有像今天这样深刻影响着人民幸福安康。我国经济社会发展比过去任何时候都更加需要科学技术解决方案，更加需要增强创新这个第一动力"。⑦正是在此意义上，国家明确强调，"坚持创新在我国现代化建设全局中的核心地位，把科技自立自强作为国家发展的战略支撑"。⑧进而言之，"创新发展是实现中国梦的强大动力"。⑨所以，尽管有学者提出"负责任停滞"的理念⑩，主张放慢创新的速度⑪⑫，但必须注意其前提，也即只有当创新的过程或结果不负责任时才需要这样做，而不应将其主张简单地套用到现实

① 金吾伦. 创新的哲学探索. 上海：东方出版中心，2010：252.

② 董振华. 创新实践论. 北京：人民出版社，2011.

③ 吕乃基. 论"物质极大丰富". 科学技术与辩证法，2006，23（1）：4.

④ 夏保华. 技术创新哲学研究. 北京：中国社会科学出版社，2004：32.

⑤ 王仕涛. 推动以科技创新为核心的全面创新. 科技日报，2019-03-05（2）.

⑥ 习近平. 习近平关于科技创新论述摘编. 中共中央文献研究室编. 北京：中央文献出版社，2016：3，8-9.

⑦ 习近平. 在浦东开发开放 30 周年庆祝大会上的讲话. 人民日报，2020-11-12（2）.

⑧ 中共中央关于制定国民经济和社会发展第十四个五年规划和二〇三五年远景目标的建议. https://www.xuexi.cn/lgpage/detail/index.html?id=1182141130175071280&item_id=1182141130175071280[2020-11-03].

⑨ 杨启国. 创新发展论. 北京：人民出版社，2014：1.

⑩ de Saille S，Medvecky F. Responsibility Beyond Growth：A Case for Responsible Stagnation. Bristol：Bristol University Press，2020.

⑪ Steen M. Slow innovation：the need for reflexivity in Responsible Innovation（RI）. Journal of Responsible Innovation，2021，8（2）：254-260.

⑫ Woodhouse E J. Slowing the pace of technological change？Journal of Responsible Innovation，2016，3（3）：266-273.

之中。所以，《关于加强科技伦理治理的意见》明确强调，要"坚持促进创新与防范风险相统一"①，李福嘉博士通过对长沙相关情况的调研也发现，在中国语境下，支持为了生存、发展或经济增长的创新本身就是负责任创新的表现形式，就是一种"责任律令"（responsibility imperative）。②

三、全责任时空

就现实而言，全责任并不是无限责任，而是一种有限责任，其边界也即全责任时空是一个动态的范围。理论上讲，全责任时空应该与全责任主体的行为所带来的长远和间接影响的范围完全重合，但这种理想状态并不能实现，现实中全责任时空的大小往往与全责任主体的自由程度、实践能力、外在条件及客观规律等密切相关。就内在条件而言，人成为责任主体必须满足两个先决条件：一是"自由意志"，二是"对道德规则及自己的行为后果拥有最起码的认知能力"。③意志越自由，实践能力越大，责任时空越广。这里的实践能力不只包括对道德规则及行为后果的认知能力，还包括对责任对象及环境与规律的认知、对责任的认同度以及相关的意志和情感等因素。比如，相关方面的专家就比其他外行人的责任时空更大，重要原因之一就是其掌握的专业知识更多。客观而言，对责任认同度越高、意志越坚强的人的责任时空也更大，因为其责任行为一般比其他人更多或更坚决。外在条件包括全责任主体所具备的经济、政治、文化、科技等条件的具体情况和规律提供的可能性空间的大小，经济实力越雄厚，政治地位越高，文化条件越好，科技水平越发展，可能性空间越大，全责任时空也就越大，反之亦然。"在全球化的今天，高科技的伦理问题绝不是基于一国一己的力量所能解决的……我们共同的家园和共同的未来决定了我们必须采取协调一致的行动，寻找一个基于行动的、开放的、动态的和可修正的伦理框架，在满足人类对多样性空间的需求的同时，也确保人类有一个安全、健康与可持续的未来。"④所以，就现时代高新技术的创新而言，其全责任时间必须延伸到遥远的未来，不只要对当代人负责，也要对未来人负责；其全责任空间则必须扩展至整个世界，不只要对其他国家的人民负责，而且要对人类以外的其他生物负责。

有学者指出，通过延长责任半径，全责任的要求不但超出了具体行动者的责

① 中办国办印发《关于加强科技伦理治理的意见》. 人民日报，2022-03-21，第1版.
② Li F J. Situated Framings of Responsible Innovation：In a Chinese Context：Case Study of Changsha County. Exeter：University of Exeter，2018.
③ 甘绍平. 应用伦理学前沿问题研究. 南昌：江西人民出版社，2002：120-121.
④ 王国豫，赵宇亮. 敬小慎微：纳米技术的安全与伦理问题研究. 北京：科学出版社，2015：x.

任领域，甚至超出其能力范围，这将会对行动者形成重负，因而不具备现实性。的确，"当我们拒绝责任时，我们就会错误地躲开责任，而一旦我们要重新承担责任，责任就会像一副担子一样，太沉重以至于我们不能独自承担"。[①]但这只意味着人无法独自承担某些责任，而绝不是说人无法承担任何责任，更不是说人所组成的共同体无法承担比个体更多的责任。所以，尽管我们不能要求行动者为一切事情负责，但"在其活动范围内，他们应当承担起特定的责任"。[②]以工程师所应承担的"将更多的要素纳入考量"（take more into account）的"考虑周全的义务"（duty plus respicere）为例[③]，有人提出，现存的工程知识、工程实践范围以及工程师的有限的预测能力都不足以满足这一要求。对此，米切姆回应说，一方面，工程师所追求的不是抽象的最优目标，而是兼顾了人类各种需求的特定条件下的相对效率，因此，要求工程师考虑其所做设计可能出现的误用是合理的，并且他们也已通过综合性的分析方法为此做了准备；另一方面，尽管工程师的确无法预测出所有可能，但不可否认的是，"目前科学、社会学等领域建立了各种技术评估体系，同时还积极地对意想不到的结果、不确定性和风险进行分析和经验测验"，这些都可以帮助工程师进行更充分的预测。其实对这一异议信以为真的人，要么是想给自己找个借口，要么就是不想承认所有那些为了增进对意想不到结果的了解而开展的各项工作而已。或许关于设计的各种意想不到的结果很难预测或者说很难被完全预测，但是它们的确又是可以进行更充分的评估的。[④]因此，我们所应做的，并不是逃避责任，而是和其他行动者联合起来，共同承担这些责任。

第四节　全责任的乌托邦精神及其意义

人类的一切问题都与"可能性"紧密相连。世界"是"什么样的是我们无法选择的，"人们自己创造自己的历史，但是他们并不是随心所欲地创造，并不是

---

①　齐格蒙特·鲍曼. 后现代伦理学. 张成岗译. 南京：江苏人民出版社，2003：23.

②　Verkerk M J，Hoogland J，van der Stoep J，et al. Philosophy of Technology：An Introduction for Technology and Business Students. New York：Routledge. 2016：289.

③　Mitcham C. Ethics is not enough：from professionalism to the political philosophy of engineering// Sethy S S. Contemporary Ethical Issues in Engineering. Hershey PA：IGI Global，2015：68.

④　卡尔·米切姆，布瑞特·霍尔布鲁克. 理解技术设计. 尹文娟译. 东北大学学报（社会科学版），2013，15（1）：6.

在他们自己选定的条件下创造，而是在直接碰到的、既定的、从过去承继下来的条件下创造"。①但我们可以通过当下的活动来创造未来，因此，比"是"什么样的更重要的问题是"可能"是什么样的。但并非所有的"可能"都是好的，只有那些符合公利的"可能"才是我们应该追求的，因此，更重要的问题是"应该"是什么样的。全责任就是这样一种符合公利的"应该"。

但我们清醒地知道，由于追求责任行动者、责任对象、责任类型和责任时空的完备性，全责任难免具有一种乌托邦精神，永远不可能在充满国际竞争和市场竞争的现实世界中完全被实现。但这并不意味着全责任理念毫无价值。恰恰相反，这种乌托邦精神正是其保持自身批判能力和引领能力的依据之所在。

这是由人之本性决定的。"人是一种超越性的、理想性的、创造性的存在"②，也就是说，人类并不是像其他动物那样，被动地接受自然世界之所是，而是要凭借自身的能动性把世界改造成其非是，使之成为符合人类需要的真善美相统一的人工世界，而乌托邦精神正是人类这一特质的表征。理论应该建基于现实，生成于现实，但却不应不加反思地一味屈从于现实。"光是思想力求成为现实是不够的，现实本身应当力求趋向思想。"③正是在此意义上，孙正聿教授特别指出："源于实践的理论，并不仅仅是对实践经验的概括和总结，更重要的是对实践活动、实践经验和实践成果的批判性反思、规范性矫正和理想性引导。"④这就提醒人们不要只是一味强调理论对实践的依赖性，同时还应注意到理论对实践的超越性。

经验意义上的乌托邦指无法实现子虚乌有的美好愿望，但仅突出乌托邦"空想"的一面，忽略其"理想"的一面也是有缺陷的。实际上，历史的发展也雄辩地表明，自莫尔的《乌托邦》于1516年问世之后，"乌托邦中的空想成分愈益减少，理想成分愈益增多，科学因素历历在目"⑤。一旦超越经验的直观性、狭隘性、片面性和暂时性，人们就会发现，"在种种乌托邦设想和想象中，贯穿着一种不断超越现存状态，追求更美好生存样态的精神，一种立足于可感现实并不断超越当下境况的对真善美价值理想的追求"，这种乌托邦精神"凝聚着人的自我理解和自我意识，体现着人们对于自身生存需要和发展的觉解与憧憬，是推动人

---

① 马克思，恩格斯. 马克思恩格斯选集（第一卷）. 中共中央马克思恩格斯列宁斯大林著作编译局编译. 北京：人民出版社，2012：669.

② 孙正聿. 孙正聿讲演录. 长春：长春出版社，2010：166.

③ 马克思，恩格斯. 马克思恩格斯选集（第一卷）. 中共中央马克思恩格斯列宁斯大林著作编译局编译. 北京：人民出版社，2012：11.

④ 孙正聿. 哲学：思想的前提批判. 北京：中国社会科学出版社，2016：62.

⑤ 高放. 恶托邦 异托邦 实托邦——《乌托邦》在西方世界的三次形态转变及其辨析. 国外社会科学前沿，2016，20：4.

不断走向自由与解放的不可替代的思想力量"。①

因此，人类不能没有乌托邦精神。否则人就会在静态中变成物并"可能丧失其塑造历史的意志，从而丧失其理解的能力"②，更致命的是可能进而丧失改造世界和人之为人的能力。在曼海姆（Karl Mannheim）看来，"意识形态与乌托邦的重要区别在于有没有社会集团或社会组织来实现这种思想"③。全责任不但有着科学的理论基础，全球化孕生的人类命运共同体更成为将其不断现实化的主体行动者。在此意义上，全责任的理想性远大于其空想性，这必然为人类生存与发展方式的转型提供引领方向。正如韩少功先生所说："理想从来没有高纯度的范本。它只是一种完美的假定——有点像数学中的虚数，比如$\sqrt{-1}$这个数没有实际的外物可以对应，而且完全违反常理，但它常常成为运算长链中不可或缺的重要支撑和重要引导。它的出现，是心智对物界和实证的超越，是数学之镜中一次美丽的日出。"④正如全责任，固然不可能在现实世界中完全实现，但却可以为人们的创新与发展提供导航和动力，帮助人类建造一个更美好的世界。正是在此意义上，荷兰蒂尔堡大学（Tilburg University）法律、科技与社会研究所的高普斯（Bert-Jaap Koops）教授才在综合概念型（concept）、话语型（discourse）、进路型（approach）、战略型（strategy）、抱负型（aspiration）、学科型（discipline）和口号型（hype）等多种定义的基础上，将负责任创新界定为：①一种将社会和伦理价值嵌入创新之中的理想，我们为之奋斗即使我们意识到它永远不可能完全实现；②由愿意将此理想付诸实践的人们组成的联合体或工程。⑤可见，负责任创新与全责任有着相通至少是相似的乌托邦精神。

同时，我们也清醒地知道，"批判的武器当然不能代替武器的批判，物质力量只能用物质力量来摧毁"。⑥毫无疑问，无论是积极性责任的履行，还是消极性责任的承担，都必须由责任者的付出作为保证。但人的天性却是好逸恶劳、趋利避害，因此，除非人类的存在状态恶化到其无法忍受的临界点，使全责任行为成为相对优势的生存行为，否则根深蒂固的旧式实体性思维和理念必定依然大行其道，并视全责任为毫无用处的假大空。此外，无论人类如何努力，总会有责任仍

---

①　贺来. 乌托邦精神与哲学合法性辩护. 中国社会科学, 2013,（7）：42, 40.

②　卡尔·曼海姆. 意识形态与乌托邦. 黎鸣, 李书崇译. 上海：上海三联书店, 2011：263.

③　林建成. 曼海姆的知识社会学. 郑州：河南人民出版社, 2011：127.

④　韩少功. 完美的假定. 北京：昆仑出版社, 2003：75.

⑤　Koops B J. The concepts, approaches, and applications of responsible innovation: an introduction// Koops B J, Oosterlaken I, van den Hoven J, et al. Responsible Innovation 2: Concepts, Approaches, and Applications. Cham：Springer, 2015：5.

⑥　马克思, 恩格斯. 马克思恩格斯选集（第一卷）. 中共中央马克思恩格斯列宁斯大林著作编译局编译. 北京：人民出版社, 2012：9-10.

然无法充分被实现，总会有价值要求仍然无法被满足，总会有新问题层出不穷，不可能在人间建成天堂，人类世界的真实面目本就如此。但这些矛盾本身会促使人类不断改造自身的理念和实践，进而创造出一个更合理的人性化的世界，这一过程就是全责任由理念变成现实的过程。正如许纪霖教授在论证"欧盟式命运共同体对人类生存的重要意义"时所说："重要的不是是否可能，而是是否值得追求。一个世纪之前，当有人告诉大家欧洲将出现一个邦联式共同体的时候，一定会被众人认为是一个狂想病人，然而，当欧洲人从战争的沉痛反思中意识到了'我们'，'我们'就是欧洲，是同一个命运共同体的时候，改变了的观念会物化为活生生的现实。"①

作为一个尝试性的建构性概念，全责任目前所能提供的还只是思想或理念上的一个分叉，其"最可贵的结果就是使得我们对我们现在的认识极不信任，因为很可能我们还差不多处在人类历史的开端，而将来会纠正我们的错误的后代，大概比我们有可能经常以十分轻蔑的态度纠正其认识错误的前代要多得多"。②其最大价值也许在于，在现实的对面树起一面镜子，使人们能够以之为鉴，凝视、观照当前种种自以为是的"理所当然"，对现状进行怀疑、反思、批判与修正，进而通过对现实的扬弃努力构筑一种更美好的未来。

---

① 许纪霖. 一种新东亚秩序的想象：欧盟式的命运共同体. 开放时代，2017，（2）：129.

② 马克思，恩格斯. 马克思恩格斯全集（第二十六卷）. 2版. 中共中央马克思恩格斯列宁斯大林著作编译局编译. 北京：人民出版社，2014：91.

第六章　全责任创新：负责任创新的重构

负责任创新已越来越为学者们所重视，但其概念本身还比较模糊，谁来负责、对谁负责、如何负责、负何责任等问题都尚不明晰。本章在全责任概念的基础上，对负责任创新进行重构，明确提出全责任创新的概念意涵、主要特征、基本层级、思想来源和判定标准等。

第一节　已有负责任创新概念的不足

创新主要是一个经济学、管理学概念，而责任则主要是一个伦理学概念，将两者结合在一起的负责任创新建基于这样的现实之上，即"现存的科技创新模式因未能充分考量社会需求与价值而失败"。[①]这一概念的出现主要是为了应对现实中严重存在的真理原则与价值原则之间的巨大裂缝，对理论问题并无太大兴趣。正如哈佛大学肯尼迪政治学院国际发展实践教授、科技与全球化项目主任朱马（Calestous Juma）通过研究对人类反对新技术的历史所发现的，"技术争论常常产生于对创新的需要和对保持存续性、社会秩序和稳定的追求之间的张力。这一张力因科学、技术与工程的指数级发展而更加严重"。[②]负责任创新的提出无疑是一个理论进步，不但有助于对相关亲族性概念进行提炼整合进而形成一个更具统摄性的概念，而且由于其责任系统更大，也有助于应对全球化时代的高科技创新风险。但已有研究对负责任创新的界定仍然存在一些不足。

一、概念界定不清晰

根据引述最多的尚伯格（René von Schomberg）的定义，负责任创新

---

① van Oudheusden M. Where are the politics in responsible innovation? European governance, technology assessments, and beyond. Journal of Responsible Innovation, 2014, 1 (1): 67.

② Juma C. Innovation and Its Enemies: Why People Resist New Technologies. New York: Oxford University Press, 2016: 6.

（responsible innovation）就是指创新过程及其产品要满足（伦理）可接受性
[（ethical）acceptability]、可持续性（sustainability）和社会期望（societal
desirability）。但伦理规范是可错的，并非亘古不变的绝对真理，比如古代女子的
"饿死事小，失节事大"。对落后伦理规范的突破恰恰体现了人类文明的进步。对
于"可持续性"所代表的可持续发展，则过于关注代与代之间的利益冲突，而对
其利益一致的一面却容易忽略。正如陈昌曙教授所说："它摈弃损人利己，又只
确认利己（满足当代人）不损人（不危害后代人），为何不明确要求既利己又利
他？"①就"社会期望"而言，是否每一种社会期望本身都是好的？欲望是人的
底色，期望是欲望的表达，即使是由个体期望加总而成的"社会期望"也未必都
是合理的。帕维（Xavier Pavie）就对此提出质疑：是否所有的新需求都应该被满
足？应该发明一种可帮助学生自动完成其讨厌的家庭作业的技术吗？②

　　斯塔尔（Bernd Stahl）教授认为，负责任创新是一种"高阶责任"（higher level
responsibility）或"元责任"（meta-responsibility），即"为了确保研究成果的可接
受、可期望，而对与创新相关的已有或新兴流程、行动者以及责任进行形塑、修
复、发展、整合和调整"。③与之类似的还有霍文（Jeroen van den Hoven）的"元
任务责任"（meta-task responsibility）和梅耶斯（Anthonie Meijers）教授与利斯
（Christian F. R. Illies）教授提出的"二级责任"（second-order responsibility）。所
谓元任务责任指的是，行动者有义务确保自己或其他相关行动者在履行其责任之
前具备相应的履行能力和条件，并确保该行为不会带来伤害。④比如，飞机维修
员进行的起飞设备飞行前检查就属于元任务责任。二级责任则是相对一级责任
（first-order responsibility）而言的，传统意义上负责是根据主体的行为及其结果对
世界和他人的影响，这就是一级责任，二级责任则关注自身行为对他者和我们自
己的行动图式（action schemes）造成的影响。行动图式是指"行动者或由行动者
组成的群体在某一给定条件下所拥有的全部可行性行为的集合"。⑤比如，医生用
超声波对胎儿进行检查，这是一级责任，而考虑其检查结果对父母的影响则是二
级责任，因为父母很可能会根据检查结果改变之前不利于胎儿成长的生活方式，

① 陈昌曙. 陈昌曙技术哲学文集. 沈阳：东北大学出版社，2002：307.

② Pavie X. The importance of responsible innovation and the necessity of "Innovation-care". Philosophy of Management，2014，13（1）：21-42.

③ Stahl B. Responsible research and innovation：the role of privacy in an emerging framework. Science and Public Policy，2013，40：712.

④ van den Hoven J. Moral responsibility, public office and information technology//Snellen I T M, van de Donk W B. Public Administration in an Information Age：A Handbook. Amsterdam：IOS Press，1998：103.

⑤ Illies C F R, Meijers A. Artefacts, agency, and action schemes//Kroes P, Verbeek P P. The Moral Status of Technical Artefacts. Dordrecht：Springer，2014：159.

而这些行为选择是他们看到 B 超检查结果之前不曾想过的。

显然，元责任、元任务责任和二级责任都扩展了行动者的责任半径，是负责任创新所需要的。正如斯蒂尔戈（Jack Stilgoe）所说，这三种责任意在预测行为的可能结果并获取相关知识，进而培养一种确保可在未来做出负责任选择（responsible choices）的能力，有助于避免贝克所说的"有组织的不负责任"（organised irresponsibility）。[①]但三者都更像是一种保障性、前提性或辅助性的外围工作，而非责任本身。元责任似乎并未包括其所"形塑、修复、发展、整合和调整"的创新流程、行动者或责任本身，更像是一种管理型责任。正是因为如此，才有学者会认为，完全可以用负责任创新-负责任治理（RI-RG）这一组合来表示两者之间近乎无差别的相似。[②]但负责任创新显然是超出负责任治理的，它当然包括对创新的治理，但更主要的是创新本身。元任务责任则容易陷入无限后退的追问中，在复杂的责任网络当中有纵横交错的无数条责任链，每一环节的责任都可以视为下一环节的元任务责任。比如，确保飞机可以安全起飞的检查工作是一种元任务责任，确保飞前检查高效完成的责任也是一种元任务责任，那么元任务责任或者说最开始的责任是什么呢？由于忽略了责任实现的条件性，二级责任的要求可能根本无法落实，甚至与一级责任相互冲突。比如，在重男轻女的社会环境下，父母很可能根据胎儿的性别鉴定结果来决定是否堕胎，医生即使考虑到了其检查对父母行为选择的影响，也很难改变他们的决定。如果告诉父母假的鉴定结果，就会损害一级责任。因此，只有将这些外围性责任和其所保障的责任本身整合起来，才是负责任创新中的责任。

二、实现框架不完备

以斯蒂尔戈等人提出的"预测（anticipation）—反省（reflectivity）—包容（inclusion）—应对（responsiveness）"四维框架为例（表 6.1），其基本思路是对创新的直接和间接影响进行预测并对创新主体自身的动机、行为、假设等进行反省，同时号召更多的异质行动者参与其中，进而以此应对创新中出现的问题。这也是目前引述最多的实现框架。但该框架缺少明确的责任主体和责任对象，我们无法从中看出谁来负责和对谁负责，也很难知道为什么负责，以及在何范围内负

[①] Stilgoe J. Experiment Earth：Responsible Innovation in Geoengineering. Oxon：Routledge，2015：38.

[②] Randle S，Youtie J，Guston D，et al. A transatlantic conversation on responsible innovation and responsible governance//van Lente H，Coenen C，Fleischer T，et al. Little by Little：Expansions of Nanoscience and Emerging Technologies. Heidelberg：Akademische Verlagsgesellschaft，2012：169-179.

责。总之，其所表示的责任系统并不完整。

表 6.1　"预测—反省—包容—应对"四维框架[①]

维度	指导性技术与方法	影响实施的因素
预测	预见法 技术评估 愿景扫描 情景规划 愿景评估 文学社会学技术	对现存想象的着迷 参与而非预报 可信性 对情景构建的投入 科学家的自治权及其对预测的抵触
反省	跨学科合作与训练 社会学家和伦理学家进驻实验室 技术的伦理评估 行为准则 暂停机制	对道德分工的反思 角色责任的扩充或重新定义 科学家和机构间的反思能力 研究实践与研究治理的联合
包容	共识会议 公民陪审团和审查会 焦点小组 科技咨询机构 协作分析 协商式民调 专家机构的成员 用户中心设计 开放式创新	对审议实践合法性的质疑 对商谈动机与目标的清晰性的需求 对所假设框架的审议 对权力不平衡的考虑 对新科技社会、伦理风险的考量 作为学习训练的商谈质量
应对	"巨挑战"结构和专题研究计划 管理法 标准法 开放存取和其他透明性机制 利基管理 价值敏感性设计 延缓或暂停 门径式管理 知识产权制度的替代	战略方针与技术路线图 科技政策文化 体制结构 现行的政策话语 制度文化 体制化领导力 开放性与透明性 知识产权制度 技术标准

　　作为改进，斯塔尔提出了一个三维构成框架，即"行动者（actors）—行为（activities）—规范（norms）"。[②]其中的"行为"相当于斯蒂尔戈等人提出的四维框架中的"指导性技术与方法"，行动者包括独立研究者、研究组织、科学道德委员会及成员、研究与创新用户、民间社会组织成员、各层面政策制定者、专业机构、立法者、教育组织、公共机构等，而规范则包括现存的民主规范与原则、审慎原则、多主体参与原则等。这一框架虽然弥补了四维框架的不足，但却缺乏

---

　　① Stilgoe J，Owen R，Macnaghten P. Developing a framework for responsible innovation. Research Policy，2013，42（9）：1573.

　　② Stahl B. Responsible research and innovation：the role of privacy in an emerging framework. Science and Public Policy，2013，40（6）：710.

对环境要素的考量。任何行动者及其行为和所遵从的规范都处于一定的环境当中，并且，环境的变化也会引发行为责任性质的改变。因此，梅亮博士等在综合四维框架和三维框架的基础上，加入了"语境"，提出了新的实现框架（图6.1）。该框架加入了语境要素，是对已有实现框架的突破，但忽略了关系性要素和回溯式的惩罚性责任。并且，由于没有更高层级的目的性价值作为标准，当预测、自省、响应和包容之间发生矛盾时，就很难确定如何取舍才是负责任的。

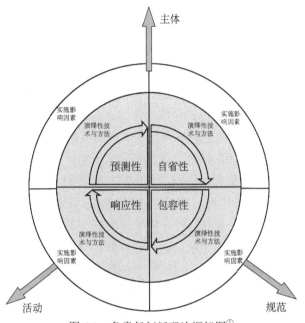

图 6.1　负责任创新理论框架图[①]

　　鉴于以上所述已有负责任创新表述存在的不足，有必要在全责任的基础上对负责任创新进行重构，明确其具体含义并完善其实现框架。

第二节　基于全责任的负责任创新：全责任创新

一、关于创新的已有研究

　　已有负责任创新研究关注的重点基本都在"责任"维度上，对"创新"本身

---

　　① 梅亮，陈劲，盛伟忠. 责任式创新——研究与创新的新兴范式. 自然辩证法研究，2014，30（10）：85.

的研究比较鲜见。"尽管这显示出我们理所当然地知道创新是什么，但实际情况并非如此。"①因此，在定义负责任创新之前，很有必要对国内关于创新的研究进行一番梳理。需要说明的是，受本文视角和已有创新研究的内容所限，下面所论述的创新主要是指技术创新。

创新的概念可谓源远流长，但人们对创新的界定并非始终如一。加拿大魁北克大学国立科学研究院科技政策学教授高汀（Benoît Godin）通过梳理古希腊以来"创新"的语义发现，创新经历了"从邪恶到美德，从受谴责的行为到受赞赏的行为"这样一个流变过程。②

熊彼特（Joseph Schumpeter）最早对创新进行了直接而系统的研究，他在《经济发展理论——对于利润、资本、信贷、利息和经济周期的考察》中将创新界定为"生产函数的变动"或"执行新的组合"，并列举了五种创新类型③。熊彼特的创新理论在东西方都产生了深远的影响，自其之后的创新研究，大都把创新看作技术发明的首次商业化，并将企业视为几乎唯一的创新主体，且忽略了知识创新、思想创新等创新类别。比如，经济合作与发展组织和欧盟统计署联合出版的《奥斯陆手册：创新数据的采集和解释指南》将创新界定为"出现新的或重大改进的产品或工艺，或者新的营销方式，或者在商业实践、工作场所组织或外部关系中出现的新的组织方式"④，并将创新分为产品创新、工艺创新、营销创新和组织创新四类。这一定义虽然扩展了创新的外延，但在内涵上并未突破熊彼特对创新的界定。德鲁克（Peter F. Drucker）认为，"创新"是一个经济或社会术语，而非科技术语。聪明的创意或发明、新生意或新事业都不能等同于创新，创新也不只包括科技方面。其实创新关键在于是否为客户创造了新价值。"创新就是改变资源的产出"，亦即"通过改变产品和服务，为客户提供价值和满意度"⑤。可见，德鲁克对创新的定义也依然局限在经济领域，未能将非经济型创新纳入考量范围。

陈劲、张方华两位教授指出，技术创新有经济学和管理学两种理解，前者以熊彼特的界定为主，后者则更为关注创新的过程性。但无论哪种理解，总体而言技术创新的本质含义有二：一是"技术创新的成功的标志是'技术发明的首次商

① Koops B J. The concepts, approaches, and applications of responsible innovation: an introduction// Koops B J, Oosterlaken I, Romijn H, et al. Responsible Innovation 2: Concepts, Approaches, and Applications. Cham: Springer, 2015: 3.

② Godin B. Innovation Contested: The Idea of Innovation Over the Centuries. London: Routledge, 2015: 6.

③ 约瑟夫·熊彼特. 经济发展理论——对于利润、资本、信贷、利息和经济周期的考察. 何畏，易家详，等译. 北京：商务印书馆，2011：76.

④ 经济合作与发展组织，欧盟统计署. 奥斯陆手册：创新数据的采集和解释指南. 3版. 高昌林，英英，刘辉锋等译. 北京：科学技术文献出版社，2011：35.

⑤ 彼得·德鲁克. 创新与企业家精神. 蔡文燕译. 北京：机械工业出版社，2009：30.

业化'"，二是"技术创新强调研究开发部门、生产制造部门和营销部门的有效整合，即强调这三者之间的界面管理（interface management）"。[1]后来，陈劲教授又和郑刚教授一起，将创新界定为"从新思想（创意）的产生、研究、开发、试制、制造，到首次商业化的全过程，是将远见、知识和冒险精神转化为财富的能力，特别是将科技知识和商业知识有效结合并转化为价值"。并认为，广义上说，一切创造新的商业价值或社会价值的活动都可以被称为创新。[2]

吴贵生和王毅两位教授在综合各种创新理论的基础上，将技术创新定义为"由技术的新构想，经过研究开发或技术组合，到获得实际应用，并产生经济、社会效益的商业化全过程的活动"。[3]并指出，技术创新作为技术与经济结合的概念，是基于技术的活动，所依据的技术变动允许有较大的弹性。

傅家骥教授也秉承技术创新的过程论，他认为"技术创新是以其构思新颖和成功商业实现为特征的有意义的非连续事件"，即"技术变为商品并在市场上得以销售实现其价值，从而获得经济效益的过程和行为"。[4]

汪应洛院士和贾理群教授则从技术创新与非技术创新（non-technological innovation）的区别和创新过程起止环节的视角将技术创新定义为："从采用一项直接以自然科学技术知识为基础的关于新的产品、材料、工艺或其它系统，以及对已有的上述系统进行实质性改进的设想或方案的决策开始而进行的（应用）研究、开发、设计、起草产品说明书、制造生产样机、试生产、生产准备直到正式投产的一系列活动。"[5]

不同学科背景、知识结构、理论旨趣的学者加入创新研究共同体当中，既促进了创新研究的繁荣，也造成了创新研究的割裂。造成这一现象的主要原因在于，研究创新的"不同学科之间、不同学术背景的研究人员之间不能有效地进行沟通，这就阻碍了该领域的发展。这种沟通障碍的后果之一就是创新研究在基本概念方面存在一定程度的'模糊不清'，这种状态只有将不同的学科联合在一起进行建设性对话才能改善"。[6]鉴于此，我国学者张治河教授等提出了建构创新学体系的构想（图6.2），即构建"一个由创新经济学、创新管理学、创新哲学等主干学科和经济学、管理学、哲学等基础学科以及社会学、地理学、历史学、工程学、统计学、系统论、生物学、心理学、艺术学等支撑学科所构成的具有内在逻辑联系的学科群体系"[7]，以解决由各单个学科对创新"盲人摸象"式的碎片化研究所

①　陈劲，张方华. 社会资本与技术创新. 杭州：浙江大学出版社，2002：19-20.
②　陈劲，郑刚. 创新管理：赢得持续竞争优势. 3版. 北京：北京大学出版社，2016：23.
③　吴贵生，王毅. 技术创新管理. 3版. 北京：清华大学出版社，2013：2.
④　傅家骥. 傅家骥文集. 北京：清华大学出版社，2014：265.
⑤　汪应洛，贾理群. 技术创新. 西安：西安交通大学出版社，1993：9.
⑥　詹·法格博格，戴维·莫利，理查德·纳尔逊. 牛津创新手册. 柳御林，郑刚，蔺雷，等译. 北京：知识出版社，2009：23-24.
⑦　张治河，周国华，胡锐，等. 创新学：一个驱动21世纪发展的新兴学科. 科研管理，2011，32（12）：143.

造成的片面化和表层化问题，通过系统研究揭示创新的真正内涵。相关学者认为，"新和变是创新的典型特征，创新的实质是变化和效益"。[①]学者建构"创新学"的努力让人钦佩，但其对创新的界定却有些过于宽泛。以唯物主义视角观之，万事万物无时无刻不在变化，我们显然不可能将所有的"变化"都称为"创新"。即使以"效益"限定之，也不够确切，无心插柳造成的产生效益的变化恐怕也难说是"创新"。由上述观点可以看出，经济学、管理学和社会学等领域对创新的界定，要么直观地描述技术创新的过程，要么强调创新的结果，即实现商业化，获得经济效益。创新学的界定则多少有些宽泛，所以这几种方式都不足以揭示创新的本质。因此，探究技术创新的本质必须借助哲学。

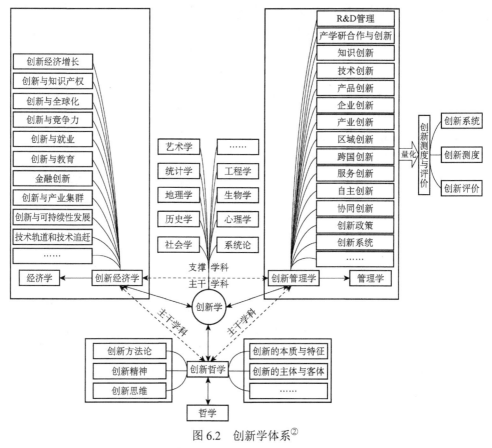

图 6.2　创新学体系[②]

夏保华教授在综合技术创新哲学偏向"客观主义"的"微观"和偏向"主观

---

① 张治河，潘晶晶. 创新学理论体系研究新进展. 工业技术经济，2014，（2）：150-151.
② 张治河，潘晶晶. 创新学理论体系研究新进展. 工业技术经济，2014，（2）：151.

主义"的"宏观"两种认识理路的基础上认为，"从活动实质看，技术创新实践是人利用客观存在的因果关系而创造的新的因果网络，是合乎社会需要的一种新的人工化的物质、能量和信息的转换"，"是一种在人与自然、自然与自然、人与人之间展开的由技术设想到技术物品的创新性社会活动价值系统。其性质是技术与社会的相互的创造性塑造；其内容是创新性技术实践、认识和评价的统一；其价值是技术价值、社会价值和自然生态价值的统一"。①

　　这一界定比较准确、完整地表达了技术创新的本质内涵。首先，技术创新的实质是创造一种符合人们需要的因果网络，因为任何技术的生成都是"技术主体根据自己的目的预设在自然规律对自然物质过程支配所提供的'可能性空间'中寻找、选择、发明并实际使用具有'如何做'性质的作用因子及其作用方式，用以作为人的目的因加入自然因果转化的链条中，以使'原因（自然因+目的因）—结果'向着符合人的目的的转化"。②其次，技术创新价值的实质不只是建构其"技术之家"与"社会之家"的过程，同时也是建构其"自然之家"的过程，因为人类生活于自然之中，"技术创新价值实质上是参与整个自然生态系统的物质、能量和信息转换"。③再次，技术创新的过程不只是社会建构技术的过程，同时也是技术形塑社会的过程。以上两点提醒我们，在技术价值和经济价值之外，还必须关注技术创新的社会和自然影响，并根据语境的转换追求一种各个价值间的动态平衡。最后，技术创新不只是一个"做"的实践过程，同时也是一个"知"的认识过程和"评"的评价过程。因为技术不只是客体性人工物，同时也是"特殊的知识体系"，即"设计、制造、调整、运作和监控各种人工事物与人工过程的知识、方法与技能的体系"。④此外，由于技术创新是人有意识、有目的的活动，其中必然有着对结果是否符合目的、符合程度如何的"评价"。其实，当前的负责任创新，与其说是一种现实的实践活动或关于创新"是什么"的认识成果，不如说是一种关于创新"应该是什么"的评价标准，王小伟提出的"负责任度"的构想和于晶博士建构的负责任创新评价指标体系以及 RRI-Tools 项目组提出的优质负责任创新实践质量标准，都深刻反映了负责任创新的评价属性。

　　总之，创新是一个完整性的、周全性的、全维度的概念。尽管本书聚焦技术创新，但就其类型而言，还包括思想创新、制度创新、模式创新等。就其属性而言，不只具有经济属性，还具有社会的、生态的、伦理的属性，并与这些领域的

①　夏保华. 技术创新哲学研究. 北京：中国社会科学出版社，2004：119，125.
②　邹成效. 技术生成的分析. 自然辩证法研究，2004，20，（3）：85.
③　夏保华. 技术创新哲学研究. 北京：中国社会科学出版社，2004：124.
④　张华夏，张志林. 技术解释研究. 北京：科学出版社，2005：18.

相关人、事、物直接相联。因此，其担负的责任也不仅仅只有经济责任，同时还应具有社会、国家战略和未来三个维度的意义。[①] 就其环节而言，不只包括中期的"首次商业化"，还包括前期的创意、设计和后期的使用、处置等。因此布劳克反问："难道没有必要扩充创新的概念（内涵），使之包括非技术创新、非市场创新吗？"[②] 并指出"创新"有四种含义：本体层面（ontic level）作为结果（outcome）的创新，本体论层面（ontological level）作为结果的创新，以及这两个层面作为过程（process）的创新。[③] 范·登·霍文也指出创新包含物理世界（physical world）、概念世界（conceptual world）、制度世界（institutional world）或其组合。[④] 高汀等更是明确提出，创新不只是流行观念认为的具有经济的、产业的、技术的、管理的属性，还有社会的、环境的和伦理的属性。创新是包含不同层次的所有行为、个体、群体和组织的一种行为，创新是个"整体"（whole）。[⑤] 陈文化教授等提出的"全面创新"也表达了类似的观点。所谓全面创新是指"新东西（包括新思想、新知识、新制度体制、新科技成果、新的思维方式方法等）的首次应用或旧东西的新应用，从而驱动'经济社会和人的全面发展'，并获得综合效益（即生态效益、经济效益、社会效益、人的存在与发展效益之综合）的活动、过程"。[⑥] 陈文化教授认为，全面创新是创新与创效（创造综合效益）的统一，而首次创效则是其本质特征。"全面创新"不仅拓展了创新的内容，将旧物新用也囊括在内，对创新功能的认识也更为全面，而且跳出了传统创新理论仅仅关于企业盈利和经济增长的窠臼，强调创新对"经济社会和人的全面发展"的驱动和对"综合效益"的促进。可见，这里的"全面"不只是指创新对象的全面性，更强调创新效益的全面性，这也告诉我们在创新过程中要履行更多类型的责任。

二、全责任创新的概念解析

定义负责任创新的关键在于确定创新所应负的责任到底是一种什么责任，或

① 陈劲，曲冠楠，王璐瑶. 有意义的创新：源起、内涵辨析与启示. 科学学研究，2019，37（11）：2060.

② Blok V. Philosophy of innovation：a research agenda. Philosophy of Management，2018，17（1）：2.

③ Blok V. What is innovation？Laying the ground for a philosophy of innovation. Techné：Research in Philosophy and Technology，2021，25（1）：88.

④ van den Hoven J. Value sensitive design and responsible innovation//Owen R，Bessant J，Heintz M. Responsible Innovation：Managing the Responsible Emergence of Science and Innovation in Society. Chichester：John Wiley & Sons Inc.，2013：80.

⑤ Godin B，Gaglio G，Vinck Dominique，et al. Handbook on Alternative Theories of Innovation. Cheltenham：Edward Elgar Publishing，2021：1.

⑥ 陈文化，田幸，陈晓丽. 全面创新学. 长沙：中南大学出版社，2014：96.

者说，"负责任"究竟意味着什么。根据前述"全责任"概念辨析可知，要使创新变得负责任（make innovation be responsible），就必须履行一种"全责任"。由此我们认为，负责任创新本质上是全责任创新。

首先，全责任创新的主体是所有利益相关者组成的"创新共同体"而不是单独的行动者。全责任创新要求必须考虑创新过程及其结果对他人的影响，因此，即使由个体做出并只供自用的全责任创新，其他行动者也必然在创新者的主观世界的观念中存在着，他们虽然缺席，但并未缺场。具体到技术创新，其目的无非是技术的功能，但正如吴国林教授所说，"意向是与要素、结构共同作用才形成为功能"[①]，因此意向是构成功能不可或缺的因素。在此意义上，哪怕是个体性的负责任技术创新，也有着考虑他人的意向。至于多利益相关者共同参与的群体性、系统性的负责任创新，就更是如此了。

其次，对于全责任创新，无论是公众参与的方法还是社会期望的结果，也不论是追求利润还是谋求公正，其所体现的都是尊重和维护人的权利（尤其是弱势群体的权利），增进公共利益和社会福祉这样一个价值旨趣。这里所说的"人的权利"包括但不限于旨在"促进全体人民的自由全面共同发展"的经济权利、社会权利、文化权利、公民权利、政治权利和环境权利等[②]，人的权利的多样性也再次论证了责任类型之"全"。评价某项创新负责任与否主要看其对他人、对社会的影响，只有对他人、对社会有利的创新才能被评定为全责任创新。因此，在创新过程中就必须考虑用户、公众、后代人等他者的正当权益，不能为了自身的利益而创所欲创。特别是经济收入少、社会地位弱的群体，由于缺乏表达其合理诉求、捍卫其正当权益的能力，处在商谈与博弈的劣势地位，更应该主动去考量，去关怀。

还需特别指出的是，这里所谓的"人的权利"，并非通常意义上的"天赋人权"，而是"预付人权"（credit human rights）。预付人权是指，"每个人生来就获得人类预付借贷给他的与任何他人相同的权利，人权虽然不劳而授，但绝非不劳而享，否则损害公正。一个人获得并接受了预付人权就意味着承诺了做人的责任，并且将以完成做人的责任来偿还所借贷的权利。如果拒绝了预付人权所要求的部分或全部义务，就视同自动放弃了部分或全部人权"[③]。这样可以避免"天赋人权"理论可能存在的权责不对称问题。

① 吴国林. 论分析技术哲学的可能进路. 中国社会科学, 2016,（10）: 34.
② 中华人民共和国国务院新闻办公室. 国家人权行动计划（2021—2025年）. https://www.xuexi.cn/lgpage/detail/index.html?id=4436540426449570561&item_id=4436540426449570561[2021-09-09].
③ 赵汀阳. "预付人权"：一种非西方的普遍人权理论. 中国社会科学, 2006,（4）: 17.

再次，有鉴于此，其所采取的方法就必须是整体性的、系统化的。全责任创新是一个不断前进提升的过程。另外，这里的责任就其性质而言主要是指实质责任，即"主体认识到对象的需要、性质等状况，为了对象的利益而负责任地行动"[①]。就其类别而言，则主要是指社会责任、公共责任；就其程度而言，个体只能履行或承担部分责任，集体作为整体，履行或承担全部责任。

最后，全责任创新不只包括创新实践，也包括相应的创新评价和创新认识。所谓创新实践，是指除企业的全责任创新活动之外，还包括以全责任创新为对象或内容的学者研究、学校教育、媒体宣传、政府培育等。全责任创新是一个系统工程，它的真正实现不但需要创新者的负责任创新，还需要学者的负责任研究、政府的负责任行政、企业的负责任经营、学校的负责任教育、媒体的负责任传播、顾客的负责任消费和公众的负责任生活等，没有其他负责任行动者的支持、其他负责任行为的配合，全责任创新只能沦为一纸空谈。所谓创新评价，是指全责任创新不只是一种创新理念或一种伦理学说，也是一种利益诉求、价值取向、思想观念和导向倡议，发挥着检验现实中的创新负责任与否以及负责任程度的评价功能。所谓创新认识，是指在实践活动和创新评价之外，全责任创新还是一个有着内在关联并且逻辑自洽的知识体系，告诉人们创新什么以及如何创新才算负责任，才是好的创新。

多学科交叉、跨领域合作是全责任创新的本质特征，不能将全责任创新局限在某一个或某些特定的学科之内，它既是一种创新管理的理念，也是一种创新伦理的理念。作为前者，全责任创新强调用新的价值规范与方法路径对创新进行管理，特别是政策层面的管理；作为后者，全责任创新强调的是将伦理理念嵌入创新过程之中，使创新伦理化。同时，全责任创新既是一种程序方法论，也是一种基本价值观。作为前者，全责任创新是一个由比较负责任到更加负责任的无限动态过程；作为后者，全责任创新是一种评价创新负责与否的标准。但目前学界对全责任创新的研究偏重于人文社科层面，对理工农医等层面存在忽略现象。

全责任创新是一个比较级概念，所追求的是一种扩展性的增量责任，只要与之前的创新相比责任半径有所延伸，责任系统有所扩充，即可视为全责任创新。有学者就明确指出，"扩展性"（broadening）是全责任创新的本质之一，包含更多的创新类型、更广泛的学科群体、更多元的社会利益相关者以及更多的考量

———————————
① 方秋明. 为天地立心，为万世开太平——汉斯·约纳斯责任伦理学研究. 北京：光明日报出版社，2009：64.

因素。[1]以金融领域的全责任创新为例，其理念就是"扩展投资者的视界，使其从狭隘的纯金融指标转向将社会的、生态的和伦理的要素整合到投资过程当中的更为宽广的视野"[2]，进而减少或消除投资的负外部性。

三、全责任创新的基本层级

在创新过程中，任何一类责任对象的利益诉求都对应一种价值，比如，与股东所对应的主要是经济价值，与公众所对应的主要是社会价值，与政府所对应的则主要是政治价值。因此，全责任主体所追求的价值类型与其所负责的责任对象之间存在映射关系。在此基础上，我们根据创新所贡献的价值类型和所负责的责任对象的多寡，将其分为以下五个层级（表 6.2）。

表 6.2　全责任创新层级

	V_1/S_1	V_2/S_2	V_3/S_3	⋯	V_n/S_n	总和
准全责任创新	+	0	0	0	—	0
初级全责任创新	+	0	0	0	0	1+
中级全责任创新	+	+	0	0	0	2+
高级全责任创新	+	+	+	⋯	0	⋯
完美全责任创新	+	+	+	+	+	$N+$

注：V=价值，S=利益相关者，+=有利，0=无害，—=有害

1. 准全责任创新

这是一种动机上没有恶意、行为上没有违反任何法律法规但几乎没有任何公共价值并且暂时还未有负效应显现的创新，完全用来自娱自乐的纯个体化的创新也属此类。随着创新与其他要素的相互作用及其结果的累积，如果正效应居多，此类创新就升级为真正的全责任创新；但如果负效应居多，此类创新也可能变为非负责任创新甚至不负责任创新。

2. 初级全责任创新

在这类创新中，尽管创新共同体没有伤害他者的恶动机，但也缺乏关怀他者的意图。他们只关注与该创新直接相关的行动者和责任维度，其所追求的客观上

① de Jong M，Kupper F，Roelofsen A，et al. Exploring responsible innovation as a guiding concept：the case of neuroimaging in justice and security//Koops B J，Oosterlaken I，Romijn H，et al. Responsible Innovation 2：Concepts，Approaches，and Applications. Cham：Springer，2015：65.

② Stefanie H. Responsible investing as social innovation//Thomas O，Rene S. Social Innovation：Solutions for a Sustainable Future. Berlin：Springer，2013：229.

的共赢效果在主观上也只是为了自身的利益。目前现实中的大部分创新都属此类，虽然其责任半径比准全责任创新要长，其责任系统也更大，但缺少道德的温情，无法体现人的高贵与光辉。

3. 中级全责任创新

这一类型的负责任创新的共同体不只考虑到自身的利益，而且对他者的利益也予以充分的尊重和考量，他们预测创新的间接和长远影响，履行与所追求利益不那么相关的责任。此类创新已经突破了单纯的利己打算，责任半径也扩展到了升华责任，但就可能性而言，仍有上升的空间。

4. 高级全责任创新

这一类型的负责任创新的共同体有着较高的道德觉悟和较强的道德追求，他们不仅关注他者，而且关心他者、关怀他者，会在自身实践能力允许的范围内尽可能地预测创新所产生的各种直接和间接影响，并考虑所有的可能会因此受到影响的利益相关者。

5. 完美全责任创新

这一类型的负责任创新不但保证了动机上的"善"，而且保证了间接和长远结果的"善"，因而某种程度上是一种含有很大运气成分的全责任创新，也是现实中几乎不可能实现的全责任创新。

霍文提出的只有新功能的单纯创新（mere Innovation）、有新功能且满足道德价值约束（moral value as constraint）的创新、有新功能且满足价值集约束的创新（set of value as constraint）、有新功能且将扩充可行的道德义务作为基本目标的创新（primary aim to amplify the set of feasible moral obligations）和有新功能且实现或优化责任状态的创新（realizing or optimizing the conditions for responsibility）等五个层次的全责任创新基本可以与表 6.2 中的内容相对应。[①]KARIM（Knowledge Acceleration and Responsible Innovation Meta-network）项目组根据可持续发展所列的对已有产品进行微小改进的消极负责任创新（negative responsible innovation）大致对应准全责任创新，经济、社会、生态三大价值中的一项在不损害其他两项的情况下有所增进的中性或微负责任创新（neutral or little responsible innovation）大致对应初级全责任创新，而更多种类的价值得到增进的积极负责任创新

---

① van den Hoven J. The Dutch approach to responsible innovation and value sensitive design. https://www.youtube.com/watch?v=u5BYjD1Gn4g[2014-06-05].

（positive responsible innovation）则大致对应中级全责任创新。①因为可持续发展未能考量经济、社会、生态三大价值外的伦理、艺术等其他价值，所以即使完全符合可持续发展要求的创新也未必能达到高级全责任创新的水平。

可见，全责任创新是一个不断发展的动态过程，这点与工程师的责任的历史演变逻辑十分吻合。"早期的工程师责任就是绝对服从军队的命令；随着社会的发展和工程师手中技术力量的不断加强，其伦理责任开始由最初的忠诚责任向'普遍责任'扩展，并引发了专家治国运动；由于社会制度和自身的局限性，工程师的伦理责任又由乌托邦式的'无限责任'回归到现实的社会责任；到了 20 世纪中期，伴随着全球生态危机的产生，工程师从对社会的责任延伸到了对自然的责任。"②究其原因，主要是因为随着科技的不断进步，人类的实践能力不断增强，实践范围不断扩大，因此，其责任半径也必然随之扩展。

四、全责任创新的主要特征

霍文将负责任创新的核心特征定义为"一种新功能设计，这些功能可以扩展那些我们有能力履行的义务"③。但这一描述无法充分体现全责任创新的伦理性要求。因为技术作为一种具有特定功能的人造物，作为对人能力的增强和延伸，总是可以拓展我们可履行的义务的范围，帮助我们做到之前无法做到的事，或者让我们做得更好，抑或更有趣。

德国格伦瓦尔德（Armin Grunwald）教授认为，全责任创新是一个涵盖性术语，其特征是：①通过创新与发展的过程集成将伦理与社会因素更直接地嵌入创新之中；②消除创新实践、工程伦理、技术评估、研究管理和科技与社会之间的鸿沟；③根据管理、道德与知识三个维度的责任反思重新形塑创新过程与技术管理；④特别是，关涉的行动者尽可能透明地履行责任；⑤支持技术与社会调节框架协同进化路径建设。④

萨克利夫认为，全责任创新的特征为：关注社会责任和生态责任，促进持续

---

① Scholten V，Pavie X，Scholten V，et al. Responsible innovation in the context of KARIM project：a guiding document for SME and policy-makers. http://karim.youreuevent.eu/uploads/biblio/document/file/5/3617_ResponsibleInnov.pdf[2016-01-20].

② 龙翔. 工程师伦理责任的历史演进. 自然辩证法研究，2006，22（12）：64.

③ 引自代尔夫特理工大学哲学系 Jeroen van den Hoven 教授 2016 年 6 月 10 日在荷兰阿姆斯特丹 NWO-MVI Conference：Responsible Innovation，Societal challenges and solutions 上的主题报告 Responsible Innovation: Basic Idea and its applications，详情请见：https://www.delftdesignforvalues.nl/video-library.

④ Grunwald A. Technology assessment for responsible innovation//van den Hoven J，Swierstra T，Koops B J，et al. Responsible Innovation 1：Innovative Solutions for Global Issues. Dordrecht：Springer，2014：29.

社会参与，探索并优先考虑现在与未来的社会、伦理和环境问题，发挥高效、广适、灵敏的监督作用并将开放性和透明性嵌入科研与创新过程。[①]

我们认为，全责任创新的首要特征即责任伦理的"远距性"和"整体性"，前者指我们不但对同代人负有责任，对尚未出生当然也不可能提出出生要求的未来人也同样负有责任，而且我们不只对人类有义务，对生物圈和大自然也有保护的义务。后者则强调那些"并非作为个体而是作为我们政治社会整体的那种行为主管的责任"[②]。

全责任创新还具有"总体性"和"公正性"。根据陈文化教授的阐释，所谓"总体性"包括相互联系的三个方面："一是整体及其组成部分与其环境（背景）之间的关系；二是每一个活动及其结果之间的关系；三是多个相关过程与其结果的一体化关系。"[③]全责任创新的关注重点并不是责任系统的某个要素或某些方面，而是整个责任系统，其所寻求的也并不是原封不动地保有现存责任系统，而是对其进行扩充。同时，全责任创新还关注经济、政治、自然环境等一系列区位要素的影响，寻求与之契合的全责任创新方式。并且，全责任创新特别强调对设计、制造、使用等环节所产生的影响的预测，尤其是整体创新活动及其成果所产生的影响。这些都充分体现了全责任创新的"总体性"特征。

所谓"公正性"，即充分考量他者的权利和具体创新所处语境的差异，灵活运用全责任创新的相关理念和原则。有"可持续发展""人类价值""公众参与"等一系列宏大概念加持，占据着道德制高点的负责任创新自然没有人能反对。[④]但这些价值的真正实现仅仅依靠政策或论文中的好听词句是远远不够的，而必须借助实践。一旦涉及实践，冲突便会接踵而至。比如，各国虽然已对生态环境保持的重要性取得了共识，但"分歧却总是要发生在下一个层级的价值诉求之中：各国在实施减排方案中的具体权利和责任如何？在发展中国家与发达国家之间，是否应该以及如何贯彻一种'共同但有区别的责任'原则？分配这些权利和责任的规则由谁来决定？依据什么决定？怎样决定？决定了以后由谁来执行和监督？"[⑤]又如，欧美日韩等发达国家和地区、中俄印巴南非等发展中国家和地区，以及拉美、非洲等欠发达国家和地区之间的创新环境差异巨大，如果忽略这种差

① Sutcliffe H. A report on responsible research & innovation. http://www.apenetwork.it/application/files/6815/9956/8160/2011_MATTER_HSutcliffe_ReportonRRI.pdf [2011-05-16].

② 甘绍平. 忧那思等人的新伦理究竟新在哪里？哲学研究，2000，（12）：55.

③ 陈文化. 陈文化全面科技哲学文集. 沈阳：东北大学出版社，2010：433.

④ Guston D H. Responsible innovation：who could be against that？Journal of Responsible Innovation，2015，2（1）：1-2.

⑤ 李德顺. 怎样看"普世价值". 哲学研究，2011，（1）：7.

异，强行推广欧美国家现行的负责任创新标准，必然造成水土不服的情况。全责任创新则与此不同，它追求的是这些责任类型之间的相互协调和动态平衡。在此，我们愿意借用赵汀阳先生的"公正原则"来表述全责任创新的这一特征。赵汀阳先生注意到了"己所不欲勿施于人"暗含着以自我为中心的态度，于是提出了一个道德金规则的改进版，即"人所不欲，勿施于人"，其具体表述为："（1）以你同意的方式对待你，当且仅当，你以我同意的方式对待我；（2）任何一种文化都有建立自己的文化目标、生活目的和价值系统的权利，即建立自己的关于优越性（virtue）概念的权利，并且，如果文化间存在分歧，则以（1）为准。"①

需要指出的是，全责任创新的理念并不是消极的，不是一味地规约创新，而是提醒我们如何在问题重重的世界中"恰当地"发挥创新应有的作用。人类的生存是一种技术化生存，技术对人类的生存状态和生活方式具有重要的塑造能力，在当今科学技术高度发达的世界中尤其如此。人之目的与考量因素对形塑技术至关重要，因此人类主体需要通过对目的的规约与修正来调处人-技关系。在此背景下，全责任创新的出现及其意义在于增加了此类规约与修正所考量的因素，即将环境、伦理、社会等更加广泛的因素纳入技术创新活动中，力图化解已有技术造成的负面效应，同时消减高新技术可能带来的风险，实现人类主体对技术功能及其影响的控制，增强对技术风险的防范，进而实现对人类生存状态的优化。这是全责任创新所追求的目标，也是其意义所在。正如李侠教授所说："无价值负载的信马由缰式研究盛宴已过，负责任研究正在成为主流研究范式。……把研究与责任捆绑起来的内在要求势在必行，21世纪以来，世界范围内兴起的负责任创新浪潮以及以欧盟为代表的负责任研究与创新理念的提出，无一不是强调科学家研究的伦理责任。"②

第三节　全责任创新的思想基础与判定标准

一、全责任创新的思想基础

第一，全责任创新体现了技术与社会相互建构、协同进化的思想。从前文论述可以看出，全责任创新的直接逻辑是强调价值、民主参与等社会因素对技术的

---

① 赵汀阳. 论道德金规则的最佳可能方案. 中国社会科学，2005，（3）：77.
② 李侠. 科研范式变革了，科技界怎么做. 中国科学报，2021-09-01（1）.

建构作用，但其逻辑前提却是技术对社会的决定性影响，相关文献也大都是在论述全责任创新之前先说明技术创新对人类生存发展的重大意义。因此其完整逻辑正如陈昌曙、罗茜先生所说，"是在肯定技术的决定作用的前提下接受技术的社会建构论"的。①其实无论是社会的技术决定论还是技术的社会建构论，都既有其合理性也有其片面性，而且两者并非对立关系，而是出发点、立场、角度与论题不同的分立关系，为了更好地理解技术与社会的关系，促进两者和谐，应该由分立走向耦合。②全责任创新即体现了这样一种耦合的现实努力。同时，由于全责任创新强调设计环节对技术发展的重要意义，因此也是秉持技术过程论思想的，即将技术视为"主体与客体相结合而形成的一个动态过程"，而"并不是一个静态的东西，也不仅仅是一个实践概念"。③

与此类似，直观地看，全责任创新指出了技术所造成的种种异化甚至灾难，貌似是技术悲观主义的，但这一切其实都是为负责任地发展技术做论证。因为，作为根植于人的潜意识深层的一种忧患意识和技术两重性内在矛盾的外部表现，技术悲观主义是技术理性批判的一种表现形式和一种否定性的思维方式④，尽管揭露技术存在的负效应和危险，对人类破除对技术的执迷，建构更加人性化、生态化，实现人技和谐意义重大，但其终点却是灰暗的。个别极端的技术悲观主义者过分夸张技术的负效应，甚至主张抛弃技术，这显然与全责任创新的理论旨趣是相悖的。因此，全责任创新是在接受技术乐观主义的前提下接受技术悲观主义的。或者说是通过融入技术悲观主义的批判精神与忧患意识，结合技术的社会建构论思想、生态化思想和人文化思想等现代各种不同的技术观对技术乐观主义的一种多元化重构。⑤

第二，全责任创新以技术的价值负荷论为前提。全责任创新倡导的"将隐私等价值和道德考量作为'非功能性要求'（non-functional requirements）和存储容量、速度、带宽、遵守技术标准和协议等功能性要求一起嵌入技术-社会系统的早期阶段之中"⑥，强调价值对技术的形塑作用，相信不同的价值规范、价值选择和价值取向可以造就不同的技术，因而呈现出一种浓郁的技术价值负荷论色

---

① 陈昌曙，罗茜. 为技术决定论辩护. 自然辩证法研究，2007，23（9）：97.
② 王建设. 技术决定论与社会建构论关系解析. 沈阳：东北大学出版社，2013：1-2.
③ 远德玉. 过程论视野中的技术：远德玉技术论研究文集. 沈阳：东北大学出版社，2008：6.
④ 赵建军. 追问技术悲观主义. 沈阳：东北大学出版社，2001：2.
⑤ 刘劲松. 反思技术乐观主义. 上海：上海交通大学出版社，2015：10.
⑥ van den Hoven J. Responsible innovation：a new look at technology and ethics//van den Hoven J，Swierstra T，Koops B J，et al. Responsible Innovation 1：Innovative Solutions for Global Issues. Dordrecht：Springer，2014：8.

彩。不止一位学者强调，技术和创新都不是价值中立的（value neutral），不存在完全独立于社会的所谓"纯"技术，技术内在地与伦理道德相关，往往与占据优势的价值相契合并通过诱发新的行为而导向新的期望和价值。①

但这一特征尽管符合技术价值论转向的要求，却忽略了作为技术发展行动者角色的技术哲学家的批判性自我反思（critical self-reflection）。②而且，技术价值负荷论本身也并不十分清晰，缺乏对具体何为技术负荷价值、技术如何负荷价值等基本问题的充分论证。

第三，全责任创新是技术批判倾向的。它既不同意仅仅将技术视为中性工具的工具理论，也不赞成技术不可改变的实体理论，而是超越两者，认为技术不但负载价值而且是可选择的，"在任何社会关系是以现代技术为中介的情况下，都有可能引入更民主的控制和重新设计技术，使技术容纳更多的技能和能动性"③。尤其是，几乎所有全责任创新的研究都将利益相关者参与或者说包容性作为核心诉求，有学者甚至指出，全责任创新＝常规型创新＋利益相关者参与。④这与芬伯格"技术的民主政治"的思想如出一辙。并且，全责任创新的理念与次级工具化类似，"支持对象和情境、第一性质和第二性质、主体和对象、领导层和群体的重新综合"，追求一种导向"广泛（的）利益"的"重新情景化实践"。⑤为了实现这一目标，全责任创新的进路是将次级工具化阶段所考量的问题前移到初级工具化阶段，同时在初级工具化阶段，即充分预测、评估技术次级工具化阶段可能产生的影响，这体现了一种融合的观点。

第四，全责任创新遵循了技术伦理学领域"技术-伦理并行研究"⑥或者说"技术-伦理实践"⑦的"内在主义"（internalism）转向。尽管相关研究者对技术及其效应有着基于伦理视角的大量评价甚至批判，但他们并未止步于此，而是以此为阶更上一层楼，使自身和相关伦理直接参与到对技术的建构之中。如此一来，全

① van den Hoven J. Value sensitive design and responsible innovation//Owen R，Bessant J R，Heintz M. Responsible Innovation：Managing the Responsible Emergence of Science and Innovation in Society. Chichester：John Wiley & Sons Inc.，2013：66.

② Kroes P，Meijers A W M. Toward an axiological turn in the philosophy of technology//Franssen M，Vermaas P E，Kroes P，et al. Philosophy of Technology After the Empirical Turn. Cham：Springer，2016：12.

③ 安德鲁·芬伯格. 技术批判理论. 韩连庆，曹观法译. 北京：北京大学出版社，2005：2.

④ Koops B J. The concepts，approaches，and applications of responsible innovation：an introduction//Koops B J，Oosterlaken I，Romijn H，et al. Responsible Innovation 2：Concepts，Approaches，and Applications. Cham：Springer，2015：20.

⑤ 安德鲁·芬伯格. 技术批判理论. 韩连庆，曹观法译. 北京：北京大学出版社，2005：230.

⑥ 刘宝杰. 技术-伦理并行研究的合法性. 自然辩证法研究，2013，（10）：34-37.

⑦ 陈首珠. 当代技术-伦理实践形态研究. 南京：东南大学博士学位论文，2015.

责任创新就摆脱了"外在主义"（externalism）进路的技术伦理仅仅置身事外对技术评点指摘的状态，把伦理与技术的关系从"对立"转换为"合作"，并将伦理的职责从外在的"监督"转变为内在的"介入"，同时把关注的焦点从下游的"应用"环节转移到上游的"设计"环节，使其成为一种"技术-伦理并行研究"，体现了技术伦理学"内在主义"进路的趋向。

第五，全责任创新展示了技术控制主义的新进路。技术是人类的天命，尽管芒福德"心智技术、身体技术和社会技术先于自然技术"的观点给技术起源的生存需要说带来了挑战[①]，但无论怎样，人类不可能离开技术，那种呼吁放弃技术或中止技术发展的极端技术批判思想走错了路，至少是走歪了路。建设性的思路应该是在充分研究理解科技负效应及其成因的基础上，理性接受人类技术化生存的事实，并努力寻求有助于人-技和谐的可行性进路。正如高亮华教授所说："技术尽管有种种缺陷，但它的正面价值是不容否认的。技术是人类的福祉，也是人类赖以建立真正平等社会的凭藉。技术虽然造成了很多问题，但这些问题并非是单凭某些技术批评者所设想的那样，是放弃技术所能解决的，而仍有赖于技术与科学的发展来解决。如若我们因噎废食，一味地排斥技术，则只有可能造成更大的灾难。"[②]在此情况下，在对技术无政府主义、技术乐观主义以及技术悲观主义进行辩证综合和发展基础上形成的技术控制主义（technological appropriateness）就成为现实的合理选择。这一思想主张"将道德和生态价值引入技术的设计和应用过程当中，强调在技术、工具和人类以及道德之间追求一种正当的、巧妙的匹配"，"要求我们在从事技术的开发、应用与发展或在运用传统技术之前，必须反思我们的目的和价值，必须有效地控制技术，使之成为人类实现自身目的的一种恰当工具；在控制理念基础上发展技术的哲学思想，是社会的进步力量"。[③]体现技术控制主义理念的有舒马赫（E. F. Schumacher）提出的"中间技术"（intermediate technology）、埃吕尔提出的"适当技术"（appropriate technology）、星野芳郎（ほしの よしろう）提出的"多样性技术"（diversity technology）、绿党提出的"软技术"（soft technology）以及生态技术、绿色技术等。可以说，伯格曼[④]（Albert Borgmann）的技术哲学思想就是典型的技术控制主义式的，他试图超越传统的乌托邦与敌托邦，通过"装置范式""聚焦物与聚焦实践"实现"对技术的批判与反思，达到对技术现象的寻根究底，实现人类对技术现象的正确认识，从而指导

① 吴国盛. 芒福德的技术哲学. 北京大学学报（哲学社会科学版），2007，44（2）：31.
② 高亮华. 人文主义视野中的技术. 北京：中国社会科学出版社，1996：21.
③ 盛国荣. 技术控制主义：技术哲学发展的新阶段. 哲学动态，2007，（5）：36.
④ 也可译作鲍尔格曼。

人们实现技术的改革，使其既合规律性又合目的性"。①全责任创新作为经验转向基础之上的一种价值论转向，既强调打开技术黑箱，认识技术本身，又强调通过各种社会手段对技术进行导控，是典型的技术控制主义进路。

二、全责任创新的判定标准

关于全责任创新的判定标准，可以借用经济学中的"帕累托改进"（Pareto improvement）来说明。"假定一群人和可分配的资源是固有的，如果从一种分配状态到另一种状态的变化中，在没有使任何人境况变坏的前提下，使得至少一个人变得更好，这就是帕累托改进。"②但在处处充满利益矛盾的现实中，这样的理想状态其实很难达到，对技术发展而言更是这样。正如美国 STS 教育先驱、全美 STS 协会会刊《STS 通报》主编罗伊（Rustum Roy）教授所说，科技"将总会有想象不到的副作用"③，在创新愈益系统化、社会化的今天尤其如此。于是英国经济学家卡尔多（Nicholas Kaldor）和希克斯（John Richard Hicks）相继对"帕累托改进"做了修正，提出了卡尔多-希克斯改进（Kaldor-Hicks improvement），即只要"受益者的所得可以弥补受损者的损失"④，这种改进就是可取的。

初看起来，这两种改进都有利于克服现实中存在的一些损人利己现象，但却忽略了分配中的比例公正问题，容易成为 GDP 主义、非包容性增长和非共享式发展的借口，导致马克思所说的"相对贫困"，出现富而不均的情况，导致社会的撕裂。

于是，赵汀阳先生提出了"孔子改进"，并认为这是一个能够保证冲突最小化与合作最大化的最优策略，即"和策略"："（1）对于任意两个博弈方 X、Y，和谐是一个互惠均衡，它使得 X 能够获得属于 X 的利益 x，当且仅当 Y 能够获得属于 Y 的利益 y，同时，X 如果受损，当且仅当 Y 也受损；并且（2）X 获得利益改进 x^+，当且仅当 Y 获得利益改进 y^+，反之亦然。于是，促成 x^+ 出现是 Y 的优选策略，因为 Y 为了达到 y^+ 就不得不承认并促成 x^+，反之亦然。在'和策略'的互惠均衡中所能达到的各自利益改进均优于各自独立所能达到的利益改进。"⑤

需要指出的是，尽管"孔子改进"所要求的条件比帕累托改进更为严苛，力图避免帕累托改进那样的单边受益情形，力求实现改进效益的普惠化，但由于未

---

① 傅畅梅. 伯格曼技术哲学思想探究. 沈阳：东北大学出版社，2014：111.
② 安于宏. 帕累托改进与帕累托最优. 宏观经济管理，2013，（3）：76.
③ 转引自殷登祥. 科学、技术与社会概论. 广州：广东教育出版社，2007：339.
④ 张维迎. 博弈与社会. 北京：北京大学出版社，2013：26.
⑤ 赵汀阳. 冲突、合作与和谐的博弈哲学. 世界经济与政治，2007，（6）：16.

对利益 x 和利益 y 的性质和大小及其比例关系做出进一步的说明，依然面临和帕累托改进相似的困境。即"一方面，它的条件太强了会存在实践的可行性问题，因为不同帕累托改进取向及其带来的路径依赖等都会造成个体间的冲突，从而导致制度改革的滞后和停断；另一方面，它的条件太弱了会存在实践的保守性问题，因为帕累托改进只要求没有任何人遭受损失而没有考察收益的分配比例状况，从而在基于力量博弈的均衡理论指导下往往成为替既得利益者辩护的工具"[1]。事实上，现实中的利益改进，很难实现同等或同比例的受惠，其受益结果往往是不平衡的，甚至常常不可避免地出现有人利益受损的情况。当 x^+ 或 y^+ 其中一者为零时，即出现单边受益的情况；而当 x^+ 与 y^+ 比例悬殊时，虽然是普遍受惠，但依然会有人反对这种改进。更为严重的是，"孔子改进"并未解决罗尔斯（John Bordley Rawls）方案、艾克斯罗德（Robert Marshall Axelrod）方案和哈贝马斯（Jürgen Habermas）方案所面临的价值排序难题。其原因在于价值的主体性，具体的价值排序只能是情景主义和透视主义的。[2]即使 x、y 性质相同、大小相等，也很难保证 X 和 Y 对其同等对待，某件 X 视若珍宝的价值客体，Y 完全有可能弃如敝屣，反之亦然。

不过，尽管理论上存在价值不可通约（value incommensurability）的现象，即很难找到公共的价值衡量标准[3]，但现实中客观存在的主流价值观往往充当不同价值之间进行比较、交换的公约数。比如，"近代以后，社会价值被同质化为劳动价值、资本价值或者符号价值，而全部这些价值类型均可通约为受资本逻辑掌控的一定量的货币价值，也就是人们在商品世界中的购买力或流通力"[4]。"上帝目光所及，皆可交易"就是对这种将所有价值都"货币化"的形象的描述。但这种价值归约虽然促进了交换，却也造成了价值霸权。特别是，这种价值的"货币化"把每个人都变成了以自身利益最大化为目标的"经济人"，不但没能真正解决价值的通约问题，反而加剧了价值冲突。

为了避免这种情况的发生，防止出现利益分配不公和平均主义，必须对"孔子改进"增加限制条件，其中最重要的就是公正原则和风险可接受原则。所谓公正原则，就是 x^+ 和 y^+ 的比例必须保持在合理的范围内，而不能无限扩大，比如表示收入分配公正程度的基尼系数就不应高于 0.4 的警戒线。所谓风险可接受原则

① 朱富强. 帕累托改进原则能否应用于社会改革——实践的可行性和内在的保守性. 学术月刊，2011，43（10）：82.

② 张彦. 价值排序与伦理风险. 北京：人民出版社，2011：13-18.

③ Nien-hê H. Incommensurable values. https://stanford.library.sydney.edu.au/entries/value-incommensurable/#DelCho[2016-01-25].

④ 冯丽洁. 论价值通约主义与当代人的发展. 学术交流，2014，（8）：65.

是指，当 x 和 y 同为负数时，x^+ 或 y^+ 必须在 X 或 Y 的承受范围之内，否则就会出现消极性责任的强行转嫁，不利于社会的和谐稳定。根据风险应对策略（表6.3），总有我们能够接受或必须接受的风险，因此，理性的做法不是忽略此类风险，而是在尽力规避、弱化风险的同时，提高自身的风险承受能力，因为"风险的可接受、可忍受与否应该由一定临界标准的能力是否被保持来判定"[1]。以基尼系数为例，当然不能容忍其为 1，但也不应幻想其为 0。

表6.3　风险应对策略

积极性策略	消极性策略
开发	规避
共享	转移
强化	弱化

因此，在判定一项创新是否为全责任创新时，不能仅仅强调"孔子改进"，而必须和公正原则与风险可接受原则一起搭配使用。比如，x 与 y 的值越大，比例越合理，与 X、Y 的承受能力越匹配时，该项创新就越符合全责任创新的要求，反之亦然。因此，基于公正原则和风险可接受原则的"孔子改进"比较适合作为全责任创新的评价标准，因为其恰当地体现了全责任创新的普惠化特征。

但是由于人类的投机与贪婪的本性，即使"按劳分配"也仍然会有人不满意，这是没办法的事，现实就是如此。几乎没有人完全满意自己的所得，大家都觉得自己应该得到更多。所以，只要人人都追求自我利益最大化，这就是个无解的问题。因此，必须对人类的价值观进行重塑。正如赵汀阳先生提出"孔子改进"后所说，"任何试图通过知识论上的发现去彻底解决人类冲突与合作问题的努力是徒劳的，无论人们多么理性，都不可能解决问题，或者说，理性终究是有限的。人类要改善命运，很可能还是不得不求助于经常为经济学家所嘲笑的道德，但是现代价值观并不可靠，一切以个人为准的现代价值观正是强化了人性弱点的原因。现代世界已经深陷危机，价值观的重建已经不再是一件好笑的事情了，而是唯一的拯救"[2]。在此意义上，全责任创新与其说是一种实现合作共赢的方法进路，不如说是实现合作共赢的价值取向。其最根本的意义并不在于提供具体可行的操作策略，而在于使人明晰合作对彼此的生存发展的重要性，进而使仁爱、责任、公正、民主、尊重等成为"比较统一和稳定的、具有强大感召力的、作为主

① Murphy C，Gardoni P. The capability approach in risk analysis//Roeser S，Hillerbrand R，Sandin P，et al. Handbook of Risk Theory. Dordrecht：Springer，2012：980.

② 赵汀阳. 每个人的政治（典藏版）. 北京：社会科学文献出版社，2014：59.

题性的价值理念，来作为社会发展的追求目标，充当社会发展赖以定向的基本参照系，充任社会整合的精神纽带，承当社会发展深层的合法性根据，并以此凝聚社会资源，规范社会行为，形成社会共识，从而保证整个社会维持一个理性的发展方向并生成一种健康的精神气质"①。

第四节　全责任创新对负责任创新的超越

负责任创新作为一种集成性理论创新，尽管克服了技术评估、价值敏感性设计、创新伦理、科技管理等理论的分散性，将其整合为一个更为聚焦、统一的理念，是一种理论的进步，但依然存在着"概念模糊"、"西方偏向"和"创新观偏狭"等理论层面的局限，而全责任创新则在这三个方面都实现了一定的超越。

一、对负责任创新"概念模糊"的超越

国外学者研究发现，当前负责任创新的内涵并不清楚，科学家群体都对这一概念感到难以理解。并基于行动者网络理论和社会建构论的视角认为，概念及其内涵并非生成，而是由各个利益相关者共同建构的，而负责任创新的概念建构尚在商谈之中，远未完成。②相关学者、创新政策制定者和企业等对负责任创新的界定也并不相同，其概念仍是具有解释柔性和竞争性的话语。③荷兰特文特大学（University of Twente）的科技哲学教授阿里·里普（Arie Rip）则发现了一个更不合理的现象，一个以他为主席、旨在阐释负责任创新的欧盟专家组中的成员在一次内部会议上竟然也抱怨说，他们不知道负责任创新应该是什么。里普不由将负责任创新称为"皇帝的新衣"，甚至疑问"皇帝本身究竟存不存在"。④

---

① 贺来."价值清理"与"价值排序"——发展哲学研究的中心课题. 求是学刊，2000，（5）：16.

② de Jong M，Kupper F，Roelofsen A，et al. Exploring responsible innovation as a guiding concept：the case of neuroimaging in justice and security//Koops B J，Oosterlaken I，Romijn H，et al. Responsible Innovation 2：Concepts，Approaches，and Applications. Cham：Springer，2015：57.

③ Lubberink R，Blok V，van Ophem J，et al. Lessons for responsible innovation in the business context：a systematic literature review of responsible，social and sustainable innovation practices. Sustainability，2017，9（5）：3.

④ Rip A. The clothes of the emperor. An essay on RRI in and around Brussels. Journal of Responsible Innovation，2016，3（3）：290.

究其原因，一是各方对负责任创新界定中"属+种差"式定义的属概念并不统一。根据卡隆的定义，其属概念是"集体声明"（collective statement）；根据尚伯格的定义，其属概念是"透明性、交互性过程"（transparentand interactive process）；根据霍文的定义，其属概念是"行为或过程"（activity or process）；根据萨克利夫的定义，其属概念是"创新"（innovation）；根据欧盟专家组的定义，其属概念则是一种"综合性进路"（comprehensive approach）；而根据曼彻斯特大学（The University of Manchester）沙皮拉（Philip Shapira）教授等学者的定义，其属概念则是"治理"（governance）。这些当然都对，不过都只是负责任创新的一个侧面，而非全部。所以学者才会不明所以，禁不住疑问负责任创新到底是什么："是一种卓越的哲学还是一个激动人心的理想？是一种基本观念还是一种终极行为模式，抑或一个完美的过程？"[1]

二是负责任创新的特征描述性定义一方面比较表层化，未能抓住其本质性特征，另一方面则由于缺乏目的性价值理念而无法处理不同特征之间的矛盾。纵观相关学者的描述，负责任创新的特征主要有伦理可接受、可持续、社会可欲性、多样性、包容性、开放性、透明性、预测性、反省性、响应性、灵活性和关怀性等。其实，负责任创新最基本的特征应该是负责任（responsible），其他特征都是对负责任的演绎性阐发。但是首先，有限的罗列不可能穷尽负责任的所有细目，伦理可接受和可持续等也很难说是负责任创新的根本特征，因为单单两者并不足以保证创新过程及其结果的负责任。其次，不同的特征之间可能存在冲突。比如布劳克教授就指出，很多时候信息不对称恰恰是企业竞争优势的来源，在此情况下要求其向利益相关者公开关键信息的想法是幼稚的，尤其是在知识产权和商业机密的语境下。[2]此时信息透明性与企业的经济可持续就是矛盾的。那么怎样取舍才符合负责任创新的要求呢？现存的定义并没能给出解答。

全责任创新的属概念是"创新评价、创新认识和创新实践"。首先，全责任创新从属于创新的一种理念，其主题是如何处理创新与责任的关系，使创新变得更负责任，负效应更低。其间当然也会涉及教育、传播、行政等事项，但这些事项都是为着创新的负责任化服务的。其次，全责任创新不但从属于创新行为、创新过程、创新进路、创新管理等创新实践，同时也从属于创新观和创新价值取向

---

① de Jong M，Kupper F，Roelofsen A，et al. Exploring responsible innovation as a guiding concept: the case of neuroimaging in justice and security//Koops B J，Oosterlaken I，Romijn H，et al. Responsible Innovation 2：Concepts，Approaches，and Applications. Cham：Springer，2015：58.

② Blok V，Lemmens P. The Emerging concept of responsible innovation: three reasons why it is questionable and calls for a radical transformation of the concept of innovation//Koops B J，Oosterlaken I，Romijn H，et al. Responsible Innovation 2：Concepts，Approaches，and Applications. Cham：Springer，2015：24.

等创新认识。全责任创新的根本特征就是"积极履行、承担全责任",因为在力所能及的范围内和条件允许的情况下,漏掉任何一种责任都是不够负责的,而持续性和关怀性等新出现的特征都可包含在全责任之内。全责任创新的价值旨归是"尊重和维护人的权利、增进人类福祉",这是一个目的性的价值理念。斯蒂尔戈等学者也意识到了其所提出的"预测—反省—包容—应对"四维度之间可能存在的紧张和产生的冲突,其给出的解决方案是一种将四个维度全部整合在一起的"制度性承诺"(institutional commitment),防止依赖突出任何一个维度而忽略其他维度的"碎片化过程"(piecemeal processes)。①但制度性承诺负责任的标准是什么呢?几位学者并未给出答案。这里的"人"不但包括自己,也包括他人;不但包括本区域的居民,也包括其他区域的居民;不但包括当代人,也包括后代人。其所追求的是整个人类的福祉。当不同特征维度发生矛盾时,就可以以这一价值理念作为选择标准。比如,对于布劳克教授所举的例子,对于关乎企业生死存亡的关键信息可以保密,但对其他信息则应尽量公开,以节约交易成本,提高创新效率和社会福利水平。

当然,任何概念在兴起阶段对人来说都是陌生的,学术话语、政策话语、经济话语和大众话语对同一概念的理解也各有不同,并且,"观念总是大大简化了的,表达时有大量信息渗漏,理解时有大量信息潜入,一出一入,观念在运用过程中总是悄悄质变。对于认识丰富复杂的现实来说,观念总是显得有点不堪重用"②。因此,全责任创新的概念内涵也并非足够清晰明了,仍待进一步的深入研究和详细阐明。

二、对负责任创新"西方偏向"的超越

黄柏恒博士指出,负责任创新建基于自由、平等、参与等自由主义民主价值观(liberal democratic values),有一种明显的西方偏向(western bias)。因此存在一个悖论:"非自由主义正派国家(decent nonliberal states)(或者不赞同自由主义民主价值观的人)无法实现负责任创新,或者只有当他们引进和认同自由主义民主价值观后才能实现负责任创新。"③鲁布瑞克博士等学者也认为,负责任创新

① Stilgoe J, Owen R, Macnaghten P. Developing a framework for responsible innovation. Research Policy, 2013, 42 (9): 1574.

② 韩少功. 完美的假定. 北京:昆仑出版社,2003:4.

③ Wong P H. Responsible innovation for decent nonliberal peoples: a dilemma? Journal of Responsible Innovation, 2016, 3 (2): 156.

发展于欧盟语境，并不能作为先验性框架（priori framework）应用于其他语境。[①]客观地说，尽管负责任创新已经引起了全球性的关注，但其兴起却是在欧洲，因此难免带有其所处环境的价值偏向、流程标准、利益诉求、责任分工，这本无可厚非。但问题在于，无论是负责任创新所欲解决的问题还是欲达到的目标，都具有全球性。而且在现时代，连"科技与创新本身都是一种全球性的努力并依赖于业已建立的全球性规范、原则和实践"[②]。

环境污染、生态破坏、两极分化、创新风险等负责任创新所要应对的"巨挑战"都不是哪家公司、哪个行业或哪个国家所单独造成的，其解决亦需要全球各个国家、各个组织的通力合作。《欧盟负责任创新罗马宣言》就明确指出，鉴于"巨挑战"的全球性（global nature），打造负责任创新的能力必须支持负责任创新的全球倡议（global RRI initiatives）。[③]高科技创新的风险也不会仅仅限于一时一地，而必然会扩散到其他地区并影响到未来。此外，"负责任"的意义和负责任创新与不负责任创新以及欠负责任创新的区别也严重依赖于价值、原则、风险等因素，因而会随语境而不同。[④]因此，对其他地区、其他群体和其他价值的忽略或盲视将使"巨挑战"无以解决，负责任创新无以实现。

西方的自由与民主（参与可视为民主的一种表达形式），无论就其理念本身还是就其实践来说，都并非完美，理念在现实中的变形走样更是不得不察、不得不防的事。就自由来说，必须与责任相关联才是公正的，积极自由尤其如此，否则无人负责的自由就非常容易滋生由着性子的胡来。还有一个值得警醒的问题就是，"许多因素会误导民主使之成为民心的歪曲表现，比如金钱操纵、宣传诱导、投机、激情、无知或错误信息，都能误导民意"[⑤]。

由此可见，建基于西方偏向基础上的负责任创新并不能解决它所提出的问题。正如学者所指出的，欧盟提倡的创新发生在新自由主义现代化范式（neoliberal modernization paradigm）之中，这一范式假定创新总体上有利于经济增长和社会福

① Lubberink R，Blok V，van Ophem J，et al. Lessons for responsible innovation in the business context. Sustainability，2017，9：18.

② Long T B，Blok V. When the going gets tough，the tough get going：towards a new-more critical-engagement with responsible research and innovation in an age of Trump，Brexit，and wider populism. Journal of Responsible Innovation，2017，4（1）：64-70.

③ Italian Presidency of the Council of the European Union. Rome Declaration on Responsible Research and Innovation in Europe. https://ec.europa.eu/newsroom/ dae/document.cfm?doc_id=8196[2014-11-25].

④ Grunwald A. Technology assessment for responsible innovation//van den Hoven J，Swiertra T，Koops B J，et al. Responsible Innovation 1：Innovative Solutions for Global Issues. Dordrecht：Springer，2014：25.

⑤ 赵汀阳. 天下的当代性：世界秩序的实践与想象. 北京：中信出版社，2016：41.

利。但无论是新自由主义还是现代化，都已遭到质疑。①"巨挑战"本身就是典型的现代化病症，企图用造成这些病症的现代化方式来消除这些病症是不现实的。

全责任创新则倡导"尊重和维护人的权利、增进人类福祉"，尽管各个区域由于文化传统、政治制度的区别对人之权利的具体内容会有不同解读，但都承认每个人都应该享受一定的权利。尽管各个行动者对于怎样增进人类福祉甚至具体何为人类福祉持有不同见解，但在创新应该增进人类福祉而非损害人类福祉上面应该是没有异议的。这是一种建基于普适之上的特色论。"所谓'普适'，作为'共性'，自然要尽可能从世界各国的现代化进程和由此建构起来的价值观汲取营养，脱离各国特色的普适价值将没有生命，失去自身存在的意义和发展的源泉。所谓'特色'，作为'个性'，是相对于'共性'而言的，与'共性'绝对无关的个性等同于把自身排除于人类历史与大家庭之外。抽离普适价值的特色失去了自身的地基和骨架，关上了与世界各国交往的大门。"②即便自由、平等、参与等具有普适性意义，这些自由主义民主价值也绝非普适价值的全部，其内涵更非一成不变，而必须随着科技的进步和社会的变革而不断更新和完善。比如自由、平等与民主，这些当然都是应该追求的价值，是应该遵循的原则，也都是社会主义核心价值观，正如恩格斯所说："批评是工人运动的生命要素，工人运动本身怎么能避免批评，禁止争论呢？难道我们要求别人给自己以言论自由，仅仅是为了在我们自己队伍中又消灭言论自由吗？"③可见这些价值是"普适"的。但这并不代表这些价值只有西方甚至只有欧洲式样态，而其他理解的自由、平等与民主都是非法的，更不意味着没有其他样态的自由、平等与民主。全责任创新也强调自由、平等与民主等价值，同时也尊重对这些价值进行因地制宜、因时制宜的个性化理解和特色性实践。但这并不意味着可任意曲解、随便实践，而必须以"尊重和维护人的权利、增进人类福祉"为鹄的。罗兰夫人"自由啊，多少罪恶假汝之名以行！"的教训必须汲取。

三、对负责任创新"创新观偏狭"的超越

根据布劳克和莱蒙斯（Pieter Lemmens）的研究，目前的负责任创新对创新的认识预设了以下四种观点，并认为这些观点是不证自明的：①创新是技术创新；

---

① de Hoop E，Pols A，Romijn H. Limits to responsible innovation. Journal of Responsible Innovation，2016，3（2）：129.

② 吕乃基. 论"特色"与"普适"争论的实质——基于马克思"两条道路"的视角. 东北大学学报（社会科学版），2015，17（4）：338.

③ 马克思，恩格斯. 马克思恩格斯选集（第四卷）. 中共中央马克思恩格斯列宁斯大林著作编译局编译. 北京：人民出版社，2012：595.

②创新是基于经济视角的创新；③创新先天是好的；④道德行动者和道德受动者是对称的，即他们可以倾听彼此，相互理解、相互尊重，甚至可以将心比心地换位思考。[①]两位学者认为，这样的创新观是未经批判的（uncritical）、狭隘的（narrow），甚至是天真的（naive）。

全责任创新在创新观上是超越负责任创新的，但布劳克和莱蒙斯对负责任创新的这些批判并不都是合理的。由于目前国内负责任创新研究学者的知识背景和学术兴趣大都是技术哲学、STS、科技政策、创新管理等，因此难免着重论述负责任技术创新的相关问题，但这并不代表他们认为负责任创新仅仅限于技术创新领域，霍文就曾在负责任创新的定义中提到过概念创新和制度创新，帕维和卡西专门论述过金融创新。正是在此意义上，学者将"扩展性"（broadening）视为负责任创新的本质特征之一，而扩展性的首要内容就是为了避免技术修补和应对非技术性的社会问题而对创新类型进行的扩展。[②]当然，这里所说的技术是狭义的，主要指自然技术，而不包括社会技术、思维技术等。

已有负责任创新之所以从经济视角看创新，深层原因在于其缺乏对资本逻辑与"巨挑战"之间关系的深度反思与批判，甚至其本身在很大程度上所遵循的也仍然是旧式发展观所蕴含的资本逻辑，因此必然难以有效应对"巨挑战"。以"巨挑战"中的生态危机为例，如果意识不到其与资本逻辑之间的内在关联，意识不到"资本由于其'效用原则'，必然在有用性的意义上看待和理解自然界，使之成为工具；资本由于其'增殖原则'，决定了它对自然界的利用和破坏是无止境的"[③]，意识不到经济增长并不等于发展，负责任创新不可能解决人类的所有问题，不是也不应该是创新的唯一主题，也就不可能建构出解决生态危机的可行理论，更不可能找到解决生态危机的有效路径。全责任创新则不但意识到了资本逻辑与"巨挑战"之间的因果联系，而且强调通过伦理逻辑、生态逻辑、社会逻辑、情感逻辑和政治逻辑等对资本逻辑进行否定之否定，力求将其建构为绿色资本，进而成为解决生态危机的动力。同时，全责任创新并不自认为是完美创新，它仍然是一种"创造性破坏"（creative destruction），仍然会有代价，现实中也不可能

---

①　Blok V，Lemmens P. The emerging concept of responsible innovation. Three reasons why it is questionable and calls for a radical transformation of the concept of innovation//Koops B J，Oosterlaken I，Romijn H，et al. Responsible Innovation 2：Concepts，Approaches，and Applications. Cham：Springer，2015：19.

②　de Jong M，Kupper F，Roelofsen A，et al. Exploring responsible innovation as a guiding concept：the case of neuroimaging in justice and security//Koops B J，Oosterlaken I，Romijn H，et al. Responsible Innovation 2：Concepts，Approaches，and Applications. Cham：Springer，2015：65.

③　陈学明. 资本逻辑与生态危机. 中国社会科学，2012，（11）：4.

存在只有正效应而毫无负效应的创新。以全责任创新中的环保维度为例，当前人工自然的确造成了对人的异化和伤害，我们当然不能对环境污染和生态破坏置之不理，仍然沿袭过去错误的方式来建造人工自然。但无论生态和环境问题如何严重，我们都不可能放弃科技和人工自然的一切创造，重新回到茹毛饮血的原始天然自然，而只能努力以合理的方式建构一种"使人工自然更趋天然化，生态化，同天然自然融为一体"的"生态自然"①，而这必然引发对天然自然的改造，改变其原来的存在样态。而且，全责任创新对创新的有限性也有着清醒的认识，它并不是要将创新捧上神坛，即使"完美全责任创新"更多也只是一种理论假设，一种永远追求的目标。即使现实中真有某项创新暂时被判定为"完美全责任创新"，也是因为其负效应尚未显现，或者人们尚未认识到其负效应。在全责任创新中，创新从属于全责任，是实现全责任的工具和手段，因而创新并不具备绝对的优先性，某些情况下要暂停甚至终止某些创新，以防止造成更大的危害。而且，没有继承的创新就是无源之水、无本之木，因此创新之外，全责任创新也充分肯定了传统与模仿的价值。此外，全责任创新也承认行动者之间的价值观、认知、权力、能力及条件等差异，充分考量信息不对称性、复杂性和偶然性等对创新的影响，并不认为利益相关者可以实现无对抗、无竞争的合作，也不认为创新共同体可以预测到创新的所有后果，其所提供的方案也具有暂时性、开放性和可修正性，在对自身肯定的理解中同时也包含着对其否定的理解，这也是它不把自己视为完美创新的原因。

---

① 肖玲. 从人工自然观到生态自然观. 南京社会科学，1997，(12)：20.

第七章　全责任创新系统性实现模型建构

全责任创新实现的实质就是全责任的实现。对两者而言，概念的辨析与厘定只是前提性、基础性的工作，最终的目的却不在此，而在其现实化，也即其理论旨趣的实现。

第一节　全责任创新实现模型

全责任的实现是一个系统性工程，需要考虑所有的要素，但已有负责任创新实现框架却往往顾此失彼。如前文所述，"预测—反省—包容—应对"的四维框架明显忽略了行动者，作为技术与社会的相互的创造性的动态塑造过程，技术创新"不是'自发'形成的，不是自身构成动因的，而只能是技术创新主体发动并完成的，只能是技术创新主体借助一定的中介认识和改造技术创新客体的结果"[①]。四维框架必须有执行者才能发挥效力，而"行动者—行为—原则"的三维框架则忽略了行动的结果及其所在的语境。因此，必须构建一个更具系统性的实现框架。即在具体的语境和关系当中，所有利益相关者组成的责任共同体在价值理念的指导下，依照全责任原则，通过全责任行为作用于价值客体，进而对责任对象负责。其中，每个要素都处于影响与被影响的交互作用之中（图7.1）。

由此抽象性框架可以看出，某项创新是否负责任的关键并不在其形式，而在具体内容。地沟油等不负责任的创新，一样有预测，有反省，有参与，有应对。但其预测的却只是获取的非法利润；其所反省的却是怎样有效逃避法律制裁；用户尽管参与其中，却是被欺骗的；而其所应对的却是报复举报人等非法方式。因此，全责任创新是一种新的价值选择标准，强调考虑更多的价值相关者、更多的价值类型，以及更广阔的价值时空。因为，只有创新动机或者说价值取向变了，这一框架所包含的具体内容才会改变。正如夏保华教授所说："一方面，无论我们如何一般性地批判技术，无论是人文的、社会的，抑或是生态的批判，若不具

[①]　夏保华. 技术创新哲学研究. 北京：中国社会科学出版社，2004：118.

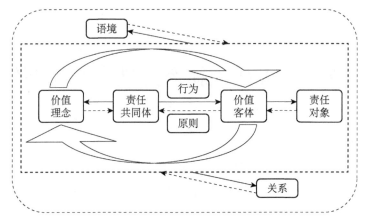

图 7.1　全责任创新实现框架

体研究技术创新的价值观，不具体研究技术创新价值范式的重塑问题，我们的技术批判研究就难以落到'实处'，就难以切实地作用于当代现实的技术实践。另一方面，当代高技术创新引发的大量伦理问题，学界也进行了许多具体的技术伦理问题的研究，而这些问题若要得到深刻的说明，人们就不能不深入追问技术创新的价值标准、价值规范等问题。"[①]有学者恰恰是因为忽略了这点，才会发出这样的疑问：是否有必要或值得去继续建构一种将价值融入设计过程的标志性进路？难道设计者不是已经常规地考虑价值和人类状态了吗？难道设计学的教育者们不是已经教他们的学生这样去做了吗？[②]答案是肯定的。但问题的关键并不在于设计时是否考虑了价值，而在于考虑了哪些价值。

全责任创新之前的设计者考虑的大都是技术的"资质性功能"（qualifying function），而对隐私、责任、道德等非资质性功能或非功能性要求则考虑得很少。因此，所谓全责任创新，就是倡导在技术设计与创新的初始环节，不是只考量某一个或某几个方面的价值，而是将人工物的所有直接性和间接性价值都纳入考量，尤其是间接性方面。因为，一方面，任何创新过程都客观存在着"可预见性的不对称"，即"积极效应的可预见与消极后果的难预见之间的不对称"。[③]另一方面，用户的"使用发明"难免会改变技术人工物的资质性功能，使其产生完全预料不到的后果，也就蕴含着未知的风险。正因如此，才需要未雨绸缪，在创新初期就进行预测和因应。

① 夏保华. 技术创新哲学研究. 北京：中国社会科学出版社，2004：52-53.

② Davis J，Nathan L P. Value sensitive design：applications，adaptations，and critiques//van den Hoven J，Vermaas P E，van de Poel I. Handbook of Ethics，Values，and Technological Design：Sources，Theory，Values and Application Domains. Dordrecht：Springer，2015：35.

③ 吕乃基. 科学技术之"双刃剑"辨析. 哲学研究，2011，（7）：107.

责任共同体与责任对象已在前文中论述，不再赘言。这里需要特别强调的是，对于责任共同体来说，最大的问题并不是是否在一起，而是如何在一起。因为在一起是不可选择的存在论事实，但如何在一起则是人类可以选择的事项。因此各行动者相互负责的关键就在于对他人的定位以及对待他人的态度，因为"他人是个最大的悖论：他人一方面是每个人利益的限制，另一方面又是每个人生活全部意义的来源，无论痛苦还是幸福，无论成功还是失败，一切都与他人有关，因此每个人都绝对需要他人"①。所以，为了可以彼此负责，行动者都必须适当超越自我情感、态度和立场的个体性和随意性，以及自身的感情冲动、生物本能和盲目意志，不废义，不厚贪。这就需要一种视角的转换，"即从自我意愿的视角转换成为他人权利的视角。我们的出发点不再是作为行为者的自我，因为自我的意愿与旨趣充满了差异性与随意性，而是作为行为对象的他者、受援者，因为他们的权利是共同一致的。于是出发点、着眼点便从偶然随机的主体的意愿，转变成为客体普遍分享的共同的权利，是行为对象的权利对行为主体提出了行动的召唤，提出了一种强制性的义务诉求"②。这就是赵汀阳先生所说的"人所不欲，勿施于人"式的修正版道德金规则。通过这种作为兜底的"得之分义也"和相对高阶的"仁者爱人"，各利益相关者才可以组成一个共享利益大于独占利益的责任共同体。

第二节　价值理念与价值客体

所谓价值理念，也可称为价值观念，是指"人们关于基本价值的信念、信仰、理想的系统"③，价值理念不只是人们进行"好不好"等价值评价和"要不要"等价值选择的内在标准，更在很大程度上决定了人类行为的方向。责任选择是一种价值选择，价值理念"作为观念性的力量在技术过程的发展中，为其树建目标、界定范围、喻指趋向并整合技术过程的发展"④，进而决定着技术创新的命运，对相关责任的实现状况意义重大。正是在此意义上，瑞文斯泰等才将负责任创新定义为"包括社会型和经济型利益关涉者在内的所有行动者基于影响与选择，根

① 赵汀阳. 坏世界研究：作为第一哲学的政治哲学. 北京：中国人民大学出版社，2009：2.
② 甘绍平. 伦理学的当代建构. 北京：中国发展出版社，2015：74.
③ 李德顺. 价值论——一种主体性的研究. 3 版. 北京：中国人民大学出版社，2010：127.
④ 闫宏秀. 技术过程的价值选择研究. 上海：上海世纪出版集团，2015：163.

据伦理价值进行评价与平衡而共同形塑的创新"①。一般说来，根据价值理念的层级，可大致将其分为目的性和工具性两类。目的性价值理念以自身为追求对象，而工具性价值理念则由其派生，是实现目的性价值理念的手段。

一、目的性价值理念

目的性价值理念具有自足性，或者如赵汀阳先生所表达的"自成目的性"（autotelicity）："如果一个行动本身具有自足的价值，它就具有'自成目的性'。"② 比如解放、幸福、好生活等。"所谓人的解放，就是使人摆脱艰险繁重的劳动，摆脱贫穷困苦的生活，摆脱愚昧无知的状态，摆脱阶级的剥削与压迫，摆脱自然的威胁与灾害，使每一个人都得到自由而全面的发展，过上美满、幸福的生活。"③ 在此意义上，我们很难再说出解放是为了其他别的什么目的的话了。与此相似的还有幸福和好生活。亚里士多德就认为，"如果目的不止一个，且有一些我们是因它物之故而选择的，如财富、长笛，总而言之工具，那么显然并不是所有目的都是完善的。……我们把那些始终因其自身而从不因它物而值得欲求的东西称为最完善的。与所有其他事物相比，幸福似乎最会被视为这样一种事物。因为，我们永远只是因它自身而从不因它物而选择它"④。

解放、幸福、好生活是最高层级的目的性价值理念，而其他诸如自由、公正、民主、真理等与之相比虽然是工具性价值理念，但与次一级的价值理念相比则是目的性价值理念。所以，绝大多数价值理念都处在中间，既是上一层级价值理念的工具，又是下一层级价值理念的目的。当工具性价值理念间发生矛盾时，目的性价值理念就成为选择标准。比如，相对解放来说，真理只是手段；但相对科学研究而言，真理则是目的。当公平与效率无法兼得时，更有利于实现解放的一方将具有优先性。很多时候，只有在目的性价值理念的实现受到威胁时，工具性价值理念的意义才显现出来，比如，老子所说的："大道废，有仁义；智慧出，有大伪；六亲不和，有孝慈；国家昏乱，有忠臣。"

虽然现实中人们对相应价值的诠释和选择很难避免甚至需要一定程度的相对主义，但目的性价值理念可以通过一寓于多、同寓于异来实现价值共识。正如

---

① Ravesteijn W，Liu Y，Yan P. Responsible innovation in port development：the Rotterdam Maasvlakte 2 and the Dalian Dayao Bay extension projects. Water Science & Technology，2015，72（5）：667.

② 赵汀阳. 论可能生活. 2版. 北京：中国人民大学出版社，2010：146.

③ 高放，李景治，蒲国良. 科学社会主义的理论与实践. 6版. 北京：中国人民大学出版社，2014：2.

④ 亚里士多德. 尼各马可伦理学. 廖申白译. 北京：商务印书馆，2003：18.

孙正聿教授所说:"人是生理的、心理的和伦理的存在,就一般意义而言,'幸福'就是对人的生理需要、心理需要和伦理需要的满足。因此,不管人们对文明的'进步'或历史的'发展'予以怎样的解释和赋予怎样的内涵,'进步'和'发展'对于人类来说,总是体现在比较富裕的物质生活对人的生理需要的满足,比较充实的精神生活对人的心理需要的满足,比较和谐的社会生活对人的伦理需要的满足。"①

进而言之,无论是"解放"还是"幸福",都指向人本身。技术的全责任创新在某种意义上可理解为提供功能良好的技术物,而具体怎样的技术功能才是"良好"的,则是由社会建构的。质言之,技术创新应该是什么样的,取决于我们需要怎样的技术,进而取决于我们想要什么样的社会、想过什么样的生活,而在更根本的意义上,则取决于我们想成为什么样的人,应该成为什么样的人。所以,人本身永远是目的性价值。也正因如此,成素梅教授指出,"在这个社会中,人类普遍关心的问题将会从'应该做什么事情'转向'应该成为什么样的人'或'应该选择怎样的生活方式'等问题"②。这充分体现了技术、社会与人的双向建构。

二、工具性价值理念

作为手段而存在的工具性价值理念,包括产品的安全耐用、参与的性别平等和过程的开放透明等。工具性价值理念的好坏善恶取决于目的性价值理念,对目的性价值理念有利的就是好的、善的,反之则是坏的、恶的。比如透明性,只有当其有利于解放时才是好的,反之则是恶的。在此意义上,目前绝大多数负责任创新提出的价值理念都是工具性的(表7.1)。

表 7.1　负责任创新价值理念汇总

序号	价值理念	提出者与出处
1	伦理可接受、可持续、社会可欲性	von Schomberg R. A vision of responsible research and innovation// Owen R, Bessant J R, Heintz M. Responsible Innovation: Managing the Responsible Emergence of Science and Innovation in Society. Chichester: John Wiley & Sons Inc., 2013: 64.
2	预测、反省、包容、响应	Stilgoe J, Owen R, Macnaghten P. Developing a framework for responsible innovation. Research Policy, 2013, 42 (9): 1573.
3	预测、反省、包容、响应、审慎	Valdivia W D, Guston D H. Responsible innovation: a primer for policymakers. https://www.researchgate.net/publication/310917255_Responsible_innovation_A_primer_for_policymakers[2015-07-14].

---

① 孙正聿. 生命意义研究. 北京:北京师范大学出版社,2020:24.
② 成素梅. 建立"关于人类未来的伦理学". 哲学动态,2022,(1):47.

序号	价值理念	提出者与出处
4	多样与包容、开放与透明、预测与反省、响应与灵活性改变	Klaassen P，Kupper F，Vermeulen S，et al. The conceptualization of RRI: an iterative approach//Asveld L，van Dam-Mieras R，Tswierstra T，et al. Responsible Innovation 3: A European Agenda？Cham：Springer，2017：83.
5	治理、公共参与、性别平等、科学教育、开放存取、伦理、可持续、社会正义	Strand R，Spaapen J，Bauer M W，et al. Indicators for promoting and monitoring responsible research and innovation: report from the Expert Group on Policy Indicators for Responsible Research and Innovation. https://www.uc.pt/site/assets/files/478772/ indicators_for_ promoting_and_monitoring_responsible_research_and_innovation. pdf［2015-05-29］.
6	包容、预测、响应、反省、可持续、关怀	Burget M，Bardone E，Pedaste M. Definitions and conceptual dimensions of responsible research and innovation: a literature review. Science and Engineering Ethics，2017，23（1）：1.
7	市场驱动、受益者参与、简洁性、可及性、可持续、关注环境	Szmatula E. What Is Responsible Innovation？: Consultation for Liu Zhan X. http://www.soscience.org/blog/eng-what-is-responsible-innovation-consultation-for-liu-zhan［2015-02-16］.

工具性价值理念并不具有至上性，相反，作为目的性价值的实现载体，它从属于目的性价值理念并为其服务。但这并不意味着工具性价值理念不重要，而只是说不能陷入规范主义的窠臼。由于其新颖性及其部分后果的不可预测性，创新难免与现存的伦理规范产生矛盾、碰撞，甚至冲突，如果固守规范主义，可能会阻碍创新，甚至可能会窒息发展。类似于结构与功能的关系，同一目的性价值可由不同的工具性价值来实现。因此，这就需要在目的性价值层面坚持原则性，而在工具性价值层面保持灵活性，当面临价值矛盾时，综合运用实践智慧、权宜理论和实用主义伦理等理论和方法加以具体地解决。此外，在全责任创新过程中，应特别注意"弘扬和平、发展、公平、正义、民主、自由的全人类共同价值"[①]。借此可应对当前负责任创新中存在的"非自由主义正派人民困境"（the decent nonliberal peoples' dilemma）[②]，从而使创新的责任主体得到进一步扩充，让更多的利益相关者参与其中。

三、价值客体

所谓价值客体，就是可以满足人需要的人、事、物等一切形式的对象，包括但不限于土地、技术、知识、政策、制度、思想、宁静、情感、幸福等。之所以

---

① 中共中央关于党的百年奋斗重大成就和历史经验的决议. 北京：人民出版社，2021.

② Wong P H. Responsible innovation for decent nonliberal peoples: a dilemma？Journal of Responsible Innovation，2016，3（2）：154.

能成为价值客体，是因为这些事物具备可以满足人类某种需要的功能。从绝对意义上说，世上没有无用之物，没有什么不可以作为价值客体，即使那些看起来一无是处的事物，也可以作为反面教材给人以警示。所谓"废物只是放错地方的宝物"，因此，在开发价值客体时，要特别注意变废为宝，对资源进行循环利用。和其他事物一样，人本身也具有工具性价值的客观属性。原因是，人的生存发展不只需要自然，需要社会，也需要他人，需要自己，即人类本身的存续是一切个人生存发展的必要条件。因此，全责任创新的客体就不能只是科技创新，而需要拓展到更广阔的领域。尽管帕维等认为，全责任创新可与产品创新、流程创新、组织创新、管理创新、生产创新、商业/市场创新和服务创新中的任何一种相关联。[1]高普斯教授也明确指出，全责任创新可以指称社会中的任何一种创新，技术的、制度的、社会实践的、规则的，或这些的组合。[2]但这还远远不够，还必须扩展到包含人文界、自然界、社会界、客观精神世界和虚拟世界及其组成要素在内的一切事物（图 7.2）。

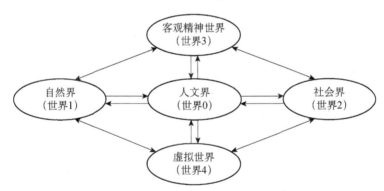

图 7.2　"五个世界"构想的示意图[3]

以责任共同体及其行为作为中介，价值理念评价、指导、选择价值客体，而价值客体则承载、表达、实现价值理念。比如，在人人平等的价值理念的评判下，普通道路对盲人是不公平的，因此人们发明了盲道，而这种发明正体现了人人平等的价值理念。

---

① Pavie X，Scholten V，Carthy D. Responsible Innovation：from Concept to Practice. London：World Scientific Publishing，2014：3.

② Koops B J. The concepts，approaches，and applications of responsible innovation：an introduction// Koops B J，Oosterlaken I，Romijn H，et al. Responsible Innovation 2：Concepts，Approaches，and Applications. Cham：Springer，2015：5.

③ 陈文化. 陈文化全面科技哲学文集. 沈阳：东北大学出版社，2010：437.

第三节 全责任创新原则

与价值理念不同，原则是一种规范，是"对与行为相关的客观规律或客观的因果联系的把握，对行为及其后果之利弊或价值的评价，共同构成规范形成的充分而且必要的条件"[①]。可见，价值理念是形成原则的必要条件，以其为标准进行对行为方式及其影响的"利弊权衡"则是形成原则的中间环节（图7.3），因此，原则与价值理念并不等同。

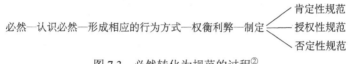

必然—认识必然—形成相应的行为方式—权衡利弊—制定 ⟨ 肯定性规范 / 授权性规范 / 否定性规范

图 7.3 必然转化为规范的过程[②]

但原则是一种特殊的规范，因为与其他类型的规范相比，它具有一定的强制性和命令性。并且作为原则必须满足三个条件：普遍性、稳定性和基础性。[③]原则之所以重要，则是因为它是价值理念的直接性细化和具体化，没有这些原则作为支撑，价值的实现就无法得到保障。全责任创新的原则遵循的是一种"融贯主义"（kohaerentismus）进路，即"在将道德理论、规范与原则应用到具体实际的过程中，依凭的不是单一的规范、原则或理论，而是一个由诸多道德理论、规范与原则构成的有序的、有内在关联性的网状整体"[④]。在全责任创新中，行动者需要遵循的原则主要有以下七项。

一、遵纪守法

现代社会是法治社会，市场经济是法治经济。任何人、任何组织不得凌驾于法律之上，不但普通人要遵纪守法，管理者和当权者也必须遵纪守法；不但普通组织要遵纪守法，大型企业、政府和政党也必须遵纪守法。这是所有行为的底线性要求。也正因如此，学者才把遵纪守法作为实施全责任创新的第一步。[⑤]这里

---

① 徐梦秋. 规范通论. 北京：商务印书馆，2011：25.

② 徐梦秋. 规范通论. 北京：商务印书馆，2011：27.

③ 古祖雪. 国际造法：基本原则及其对国际法的意义. 中国社会科学，2012，（2）：127.

④ 甘绍平. 伦理学的当代建构. 北京：中国发展出版社，2015：201.

⑤ Pavie X，Scholten V，Carthy D. Responsible Innovation：from Concept to Practice. London：World Scientific Publishing，2014：68.

的遵纪守法是从客观上来说的，之所以如此，是因为法纪直接管束的是人的外显性行为，而非内隐性思想。即使一个人有不合法纪的动机，只要没有以行为的方式表现出来，法纪就不应干涉。

与其他原则相比，法律法规有两大优势。首先，"它只管住那些不管就无法建立正常社会合作的事情，而给生活留出很大的自由空间，使人们能够自由地发展人类的各种优点"①。通过一系列禁止性的负面清单，法律法规试图将人的行为收敛在不危害他人和社会的范围之内。但同时又保持着对其他行为保持开放，使之可以发散更具合理性的创新。其他规范的约束范围则明显要比法律更广。其次，法律法规是依靠国家暴力强制执行的规范类型，这意味着违反法律法规将受到切实的惩罚。这就有效地保证了法律法规的落实，其他原则则不具备这个条件。正如甘绍平教授所说，法律法规"一方面挟持着从民意基础中汲取的合法性，另一方面依靠理性设计出来的强制性效力，当代法律化了的道德在一个范围无限广阔和结构高度复杂的社会里，自然就显示出其比德性论所推崇的那种可以期望但不可指望的传统道德的运行模式强大得多的竞争力"②。对全责任创新来说，一方面要负责任，即遵守原则，与人类整体利益保持一致；另一方面又要创新，即实现突破常规的随机涨落。因此，法规就在其中扮演着重要角色："一方面，社会有底线设计，依法治国，不许作恶并惩处作恶。另一方面，这样的'底线设计'又只是'负面清单'，法无禁止皆可为，向上开放、发散，鼓励所有正能量的涨落。"③所以，当其他原则的具体要求变得极为紧迫时，比如禁止研发生化武器，就需要将其法规化，以保证原则的有效性。

二、无害于人

法律的保守性也使得它的规约范围有限，而且立法的程序比较复杂，这就容易使一些个体或组织利用法律的不完善之处打擦边球来对他者的正当权益进行"合法侵害"。而且，因其新颖性的本质特征，不但创新本身难以预料，其具体后果与影响更是无法充分预测，因此很可能给在以往经验基础上形成的伦理规范、道德律令甚至法律法规带来冲击。正如赵汀阳先生所说："事实上，伟大人物、伟大的事情和伟大的思想都是在某种程度上、在某些方面上是犯规的，不犯规就

---

① 赵汀阳. 论可能生活. 2 版. 北京：中国人民大学出版社，2010：235.
② 甘绍平. 伦理学的当代建构. 北京：中国发展出版社，2015：115.
③ 吕乃基. 科技创新，难在何处？科学家，2015，（1）：77.

没有任何辉煌，人类生活里就没有任何值得一提的事情。"①技术的发展历史也证明了这点，试管婴儿刚问世时也遭到铺天盖地的口诛笔伐，但现在这些伦理批判都烟消云散了。朱马教授研究发现，出于宗教、手抄本经济和社会对书法的崇敬等，奥斯曼帝国将印刷术禁用了近400年。②当我们回顾这段历史时可以发现，当时的规范对新兴信息技术的禁止是错误的，至少是失误的。

因此在创新时，不管创新行为是遵守还是违背了其他规范，都必须确保利益相关者在主观上无害于人。之所以要求"在主观上"无害于人，是因为创新产生的影响在客观的分叉效应，以及责任共同体的有限性，即我们不可能预测到某项创新的所有影响。全责任创新不是完美创新，人类也不可能创造出只有正价值而无负价值的技术。但只要坚持无害于人的动机和初衷，就能减少地沟油、三聚氰胺等人为性的有害创新。因此，除了客观上的遵纪守法外，还必须坚持主观上的无害于人，这点也是全责任创新的底线性原则。

三、相互尊重

所谓相互尊重，就是行动者彼此平等以待，承认彼此的利益，肯定彼此的权利，理解彼此的差异，重视彼此的尊严。全责任中的各利益相关者的价值理念、利益需求、情感取向以及所处时空等并不完全一致。即使一致，由于资源稀缺，也难免会引发利益矛盾甚至利益冲突。因此相处过程中必须相互尊重对方。尤其是强势一方，更要注意不能依仗优势强迫对方，做到"强不执弱，众不劫寡，富不侮贫，贵不傲贱，诈不欺愚"（《墨子·兼爱中》）。尊重是全责任创新中行动者和平共处的基本要求。正如梁漱溟先生所说："伦理社会所贵者，一言以蔽之曰：尊重对方。何谓好父亲？常以儿子为重的，就是好父亲。何谓好儿子？常以父亲为重的，就是好儿子。何谓好哥哥？常以弟弟为重的，就是好哥哥。何谓好弟弟？常以哥哥为重的，就是好弟弟。客人来了，能以客人为重的，就是好主人。客人又能顾念到主人，不为自己打算而为主人打算，就是好客人。一切都这样。所谓伦理者无他义，就是要人认清楚人生相关系之理，而于彼此相关系中，互以对方为重而已。"③如果不尊重对方，必然就会引发对方的不合作甚至破坏与反抗，最终也会危及自身的利益。当各个文明之间不能相互尊重时，就会引发"文明的冲

① 赵汀阳. 论可能生活. 2版. 北京：中国人民大学出版社，2010：224.

② Juma C. Innovation and Its Enemies：Why People Resist New Technologies. New York：Oxford University Press，2016：68.

③ 梁漱溟. 中国文化要义. 北京：商务印书馆，2021：96.

突"，将人类拖入征服与反抗的恶性循环中。

需要指出的是，相互尊重在如今的高科技时代具有特别的重要性。因为人与人之间即使做不到和谐共处，做不到友好共处，但只要可以做到和平共处，情况也不会太坏，至少不会相互伤害。要实现和平共处，就必须保证自己的行为具有"无报复性"。道理虽然如此，但现实中强者对弱者的侮辱、剥削、压迫、侵犯或伤害屡见不鲜，其根本原因在于强者拥有博弈优势。但威力巨大的高新技术使博弈格局发生改变，对他人的不尊重极有可能引发后果严重的报复。一方面，高度发达的技术增强了弱势群体的博弈能力，使其足以对任何强者造成致命威胁；另一方面，由于高新技术把社会系统变得更加复杂，其技术效应的传导也更为广泛和深远，更加不可预测，因此"在使社会和国家变得空前强大的同时也变得非常脆弱，以至于难以承受各种非理性的反抗势力的破坏"[1]。

四、契合价值

这里的价值指的是可以满足公共性、社会性需要的价值效应，以及为保障其实现而人为制定的价值规范。前者比如作为时代主题的"和平与发展"，社会主义核心价值观中的"富强、民主、文明、和谐、自由、平等、公正、法治"和欧盟"愿景2020"战略中的"智慧型、可持续性和包容性增长"等；后者比如我国传统文化中的"仁、义、礼、智、信"，社会主义核心价值观中的"爱国、敬业、诚信、友善"，党章中的"全心全意为人民服务"和《中华人民共和国公务员法》中的"清正廉洁，公道正派"等。

一方面，无论是遵纪守法、无害于人还是相互尊重，都是为了更好地实现共同体所追求的价值目标，所以，任何行为都应与这些价值规则相契合，而不能违背它们。需要注意的是，由于价值的主体性，不同的行动者对同一价值效应的评价和对同一价值规范的解读很可能不同，因此，就需要遵纪守法、无害于人、相互尊重等原则作为保障，以维护基本的和平秩序。另一方面，"个人的价值目标总是取决于社会所指向的价值理想，个人的价值取向总是'取向'某种社会的价值导向，个人的价值认同总是'认同'某种社会的价值规范"[2]。因此，这些社会关系层面的价值目标和价值规范就是将千差万别、各不相同的主观性、流变性、个体性价值追求统一起来以形成合力来减少内耗的不可或缺的必要条件，是全责任创新实现的基础和前提。

---

① 赵汀阳. 天下秩序的未来性. 探索与争鸣，2015，（11）：9.
② 孙正聿. 哲学：思想的前提批判. 北京：中国社会科学出版社，2016：221.

五、对症问题

这里所说的问题是指关乎利益相关者共同命运的两极分化、食品药品安全、环境污染、水资源匮乏等公共性问题，而不是个别组织或个人面临的问题。比如即使在经济形势大好的情况下，也难免会有企业破产，但只有整体性的经济衰退才关乎所有人的命运。再比如，每个人都会变老，但只有人口老龄化才是公共性的"巨挑战"。之所以说这些问题关乎所有利益相关者的命运，是因为这些问题的影响链几乎延伸到了社会的所有领域。

"巨挑战"是全责任创新的输入（input），由于各自的实力、利益、视角、动机、目标等的不同，利益相关者对"巨挑战"的界定及其解决方案可能不同。[1]比如，对于非洲来说，最重要的议题可能是温饱；对中国来说，最重要的议题可能是经济发展；对欧美来说，最重要的议题则可能是环境保护。这就需要根据"巨挑战"的轻重缓急做出排序，将有限的资源集中在共同体面临的最为紧迫的问题上。只有如此，才能有效提高资源的利用效率，少做无用功，并实现发展的可持续。如果着力点偏离了共同体当前的主要矛盾，不但无法解决"巨挑战"，还会造成资源的浪费，更增加了解决问题的难度。

六、匹配能力

可得才能获得。无论是目标的制定，还是解决方案的提出，都必须与责任共同体所拥有的经济实力、政治体制、文化传统、自然资源等能力相匹配，否则，再美好的主张也只有可能性，没有现实性。这里必须考虑"理论兑现问题"，"这个问题也很容易被忽视，人们往往只考虑到一个主张是不是'好的'，而没有考虑到所要求的或所承诺的事情是否是真实世界能够支付得起的。事实上，世界所能够支付的'好事情'远没有人们希望的那么多，而且，在很多情况下，人们的各种要求之间互相矛盾或者互相消解，从而减低了世界的支付能力"。[2]不过，共同体的能力并非一个恒定值，会随着其主观能动性发挥的科学性和充分性而变化。主观能动性最主要的体现就在于对条件限制的突破，即充分利用现有条件，通过自身的努力协调，使其发挥出"1+1>2"的功效。

---

① Blok V，Lemmens P. The emerging concept of responsible innovation. Three reasons why it is questionable and calls for a radical transformation of the concept of innovation//Koops B J，Oosterlaken I，Romijn H，et al. Responsible Innovation 2：Concepts，Approaches，and Applications. Cham：Springer，2015：21.

② 赵汀阳. "预付人权"：一种非西方的普遍人权理论. 中国社会科学，2006，(4)：20.

利益相关者彼此之间的关系也会极大地影响责任共同体的能力。团结就是力量，当各利益相关者众志成城、勠力同心时，其能力就较大。相反，如果各利益相关者既无价值共识，也无法实现价值共享，那么，必然会削弱其实践能力。这就需要通过无害于人、相互尊重、契合价值等原则来保证利益相关者之间可以形成最大的合力，进而为解决其共同面临的"巨挑战"创造必要条件。可见，这些原则并非孤立存在，而需要彼此配合才能发挥其应有的效用。

七、适度原则

全责任创新中的适度，就是坚持"如无必要，毋增实体"的奥卡姆剃刀定律，不能仅仅为了创新而创新，正如项飙教授所说，"创新是风格不是目标"，"创新本身不是目的，扎实的贡献才是目的"。[1]因此无论是创新的数量还是速度，都要适当。一方面，过快的速度不但容易遮蔽创新初期存在的问题，也使人难以察觉新技术是不是以合意的方式展开的。同时，也是试错法的敌人，因为发现错误和纠正错误都需要时间。[2]另一方面，这点对于物质主义、消费主义盛行的现代发展模式有着特别的重要性。"任何经济发展，都要有两大伦理观念作为文化支撑，一个是'勤'，让人们去创造财富；一个是'俭'，让人们去积累财富。'勤'和'俭'的结合才能使经济得以可持续发展。我们现在经济学上讲'高消费拉动高增长'，我经常说，这是经济学家们为那些政府官员出的馊主意。'高消费刺激高增长'的理论，可能在短时间内可以刺激高增长，但是从长期上来说，它肯定是有损于经济可持续发展的。"[3]以智能手机为例，新版本往往和上一版本之间并无实质性改进，但商家却利用广告不断对消费者进行轰炸，使其更新手中尚能很好使用的旧手机。这种产品过快升级换代的过度创新，不但浪费了宝贵的资源，制造了大量的电子垃圾，而且加剧了物质主义消费理念的传染，与全责任创新可持续性的要求背道而驰。近年来兴起的绿色消费、极简主义生活等就是适度原则的一种显现。

适度原则要求，对于某些风险巨大的创新，在尚未有应对之策的情况下，要暂停或中止。全责任创新特别注意到，迅猛发展的现代高新科技不但威力巨大，而且后果难测，不但以前所未有的速度和规模改变着人类当下的生存状态和生活

---

①　项飙. 为承认而挣扎：社会科学研究发表的现状与未来. 澳门理工学报，2021，（4）：118.

②　Woodhouse E J. Slowing the pace of technological change? Journal of Responsible Innovation，2016，3（3）：269.

③　樊浩. 文化与安身立命. 福州：福建教育出版社，2009：296.

理念，而且使整个世界和社会方方面面都更加紧密地联系在一起，使得行动者所有行为的结果都更加难以预测。因此，"在一个由科技发展所造成的对未来世代的人类生存具有巨大威胁的风险社会里，一种前瞻性的责任原则，一种长远的、整体性风险伦理的观念，一种体现着'避免最大的恶之准则'的所谓消极伦理学或'放弃之美德'，在国际社会继续坚守普遍人权价值立场的前提下，或许将共同构成未来人类道德思维核心要素及伦理考量的主导基调"①。

需要注意的是，一方面，原则并非是最高的标准，价值才是最终判定依据。原则应该为价值服务，而不是相反。诚如赵汀阳先生所言，"人的行为是为了构成某种有意义的生活而不是别的。但是随着社会机制日益发达，尤其是现代的生产、分配和传播制造了大量的表面目标和利益而掩盖了生活的真实意义，各种体制和标准把生活规划为盲目的机械行为，人们在利益的昏迷中失去了幸福，在社会规范中遗忘了生活，就好像行为仅仅是为实现体制的规范目标的行为，而不是为了达到某种生活意义"②。另一方面，所谓科技与社会的相互建构，其中的重要方面就是技术创新与原则规范的相互建构。技术创新不只是物质文化的创新，同时也是制度文化和理念文化的创新③，这难免会与现存的制度规章、组织形式、原则规范等产生矛盾，进而改变某些现存原则的具体含义。因此，在考虑原则对技术创新的影响的同时，还应考虑技术对这些原则的影响。

第四节　全责任创新行为

任何原则的落实和责任的实现都必须借助一定的行为，对于包含伦理道德诉求的全责任创新而言尤其如此，因为"道德主要不是知不知应该去做或不做，也不是知不知如何去做或不做，更不是愿不愿意去做或不做的问题，它不是知不知、会不会、愿不愿的问题，而是'做不做'的问题"④。只是其所需的行为与其他责任有所不同，必须包括参与、预测、反思和关怀这四类行为。

一、参与

所谓参与，就是让更多的异质性行动者加入创新过程之中，使其享有对创新

---

① 甘绍平. 伦理学的当代建构. 北京：中国发展出版社，2015：序言 5.
② 赵汀阳. 论可能生活. 2 版. 北京：中国人民大学出版社，2010：8.
③ 夏保华. 技术创新哲学研究. 北京：中国社会科学出版社，2004：136-143.
④ 李泽厚. 举孟旗　行荀学——为《伦理学纲要》一辩. 探索与争鸣，2017，（4）：58.

决策的发言权甚至决策权。因此，可以理解为民主在创新领域的扩散，是创新的民主化。参与之所以是全责任创新实现的首要行为，一是因为其他行为都是从主体自身出发的，难免容易引发责任过度；二是因为主体预测、反思与关怀也难超越其自身的局限，而异质行动者的共同参与一方面可以表达其利益诉求，另一方面则可以提供更多视角和知识等智力资源，使其预测更多可能，反思更多内容，关怀更多方面，进而更有效地负责任。学者通过对文献梳理也发现，参与是最能标识全责任创新的行为类型。[①]这与当今世界的发展潮流也是一致的，"现代国家治理的本质在于民主治理。良好的民主，能使自由和人权得到保障和发展"[②]。异质性行动者的充分参与是民主治理的基础和前提。

但一人一票式的民主型参与方式有着难以克服的局限。现代科技的知识含量越来越高，消费者对集成于内的科技知识和其他要素并不知晓，如同面对黑箱。[③]现代的分科式教育使得这种"隔行如隔山"的知识鸿沟越发扩大。知是评的前提，识是判的基础。在缺乏有效知识的情况下，非专家对科技创新的评价及其表达很可能是非理性的。不但在此类"涉专事务"上，民主可能犯错，而且由于彼时彼地利益相关者无法和在此时此地的人一样充分参与，民主也很可能在"涉远事务"和"涉外事务"上犯错。[④]因此，李光耀就提出，在专业性事务上，专家应该享有比其他人更多的决策权，即"精英加权制"，比如，每位专家可以享有一人三票的权利。因此必须破除对一人一票式民主的迷信，依据实际情况开创更合理的参与方式，比如协商民主或者加入最小伤害原则和最大兼容原则的"兼容民主"（compatible democracy）。[⑤]此外，在全责任创新的民主性参与中还应注意，绝不能以经济效益来为参与滞后辩护，绝不能仅仅满足于参与的理论上的优越性；参与不可能建立在不平等基础上，领导与群众的不平等是参与的主要障碍；参与的代表必须要名实相符，同时，代表不应是荣誉奖励，而是责任担当。[⑥]

需要注意的是，参与必须考虑不同行动者之间的利益协调，因为各方对具体技术发展的争论的实质是基于各自利益需求的一种博弈过程，如果无法理顺利益关系，以合作为目标的参与很可能演变成行动者之间的冲突。以"红肉蜜柚"品

①　Burget M，Bardone E，Pedaste M. Definitions and conceptual dimensions of responsible research and innovation：a literature review. Science and Engineering Ethics，2017，3（1）：10.

②　新华社国家高端智库. 全人类共同价值的追求与探索——民主自由人权的中国实践. https://article.xuexi.cn/articles/pdf/index.html?art_id=3470269878460017634[2021-12-07].

③　吕乃基. 论科技黑箱. 自然辩证法研究，2001，17（12）：23.

④　韩少功. 民主：抒情诗和施工图. 天涯，2008，（1）：6.

⑤　赵汀阳. 民主的最小伤害原则和最大兼容原则. 哲学研究，2008，（6）：64.

⑥　黄明理，李忆源. 论国家的政治核心价值观民主. 南京工业大学学报（社会科学版），2016，15（4）：73.

种权之争事件为例，导致合作双方对簿公堂的原因有科学家与果农在红肉蜜柚的选育及品种权申报过程中信息不对称、果农对权威科研机构和专家的"绝对信任"、缺乏法治观念和风险意识但品种权意识增强等，但"双方利益分配的不对称是导致这起争执事件发生的主要原因"。①因此，只有充分考量各方的利益诉求，才可能形成良好的互动参与。

另外，因为全责任创新对"行动者参与"极为重视，因此很多都将其视为创新的"民主化"过程。但需要注意的是，"民主不是装饰品，不是用来做摆设的，而是要用来解决人民需要解决的问题的"②。因此，全责任创新的"参与"指的是实质性参与，也即所有的参与者特别是弱势参与者必须有表达权、建议权、监督权甚至否决权，并遵循"实践原则"、"自主原则"、"时序原则"和"过程原则"。③

二、预测

所谓预测，简单来说就是人们利用所掌握的信息依据事物间的因果联系在思维中或借助虚拟现实等信息手段对事物的发展进行预演，并根据其结果修正当下的行动。对未来的预测是人类当前行动的依据之一，因此，预测行为始终都自觉或不自觉地渗透在人类的一切行为之中。实施全责任创新就更需要预测，因此不但有学者提出预测式伦理（anticipatory ethics）来应对新兴技术的挑战④，更有学者将预测式生命周期评价（anticipatory life-cycle assessment）作为全责任创新的实施工具⑤，甚至认为，预测式治理（anticipatory governance）某种程度就是全责任创新。⑥但这并不意味着所有的预测都是合理的。预测必须以理性的态度、科学的知识、事物本身的发展规律和客观、全面、准确、及时的信息为依据，只有这样才能形成正确的预测。但即使基于系统理念和未来视角，对行为的间接和长远性影响的预测更具科学性，却只是使预测变得更有效，而并不必然变得更"好"。要想使预测真正地造福于人，还必须考虑除经济责任、政治责任外的社会责任、

---

① 姜萍，阎莉. "新品种权"应该保护谁的利益——以"红肉蜜柚"品种权之争事件为例. 科技管理研究，2010，（19）：153.

② 习近平. 在中央人大工作会议上的讲话. 求是，2022，（5）：12.

③ 新华社国家高端智库课题组. 全人类共同价值的追求与探索——民主自由人权的中国实践. 求是，2021，（24）：76-77.

④ Brey P A E. Anticipatory ethics for emerging technologies. Nanoethics，2012，6（1）：1-13.

⑤ Wender B A，Foley R W，Hottle T A，et al. Anticipatory life-cycle assessment for responsible research and innovation. Journal of Responsible Innovation，2014，1（2）：200-207.

⑥ Guston D H. Understanding "anticipatory governance". Social Studies of Science，2014，44（2）：233.

环境责任等，并以公益作为决策目的。这就是全责任创新中预测的特殊之处。

对全责任创新而言，预测有着非同一般的意义，因为作为全责任创新的内在维度之一，伦理并"不是以事实作为问题，不是为了作出存在或不存在的判定，而是以存在的未来性为提问对象，并就接受不接受某种存在的未来性作出决定"①。但全责任创新的预测具有特殊性，既要在不抑制想要的潜在性创新的前提下，加强其对高新科技创新消极甚至有害性影响的预测②，同时也要避免充满未来主义色彩的"如果……那么……"式的"推测性伦理学"（speculative ethics）的进路③，以充分的理据来进行相关预测，以防止因为此类的"滑坡谬误"而将有限的资源浪费在错误甚至虚假的问题上。此外，还需加强对技术的"隐性影响"（soft impacts）的预测。所谓"隐性影响"是相对于效果可计量、原因可辨明的直接性表层化"显性影响"（hard impacts）而言的，比如技术对我们的关系、价值观、规范、愿望、情景和意义的改变。④目前的负责任创新只看到了文化对技术创新的影响，却忽略了技术对伦理道德等文化诸要素的影响，是一大局限，这也是全责任创新对其超越之处。

这里的预测从性质上讲，不只包括对创新正面影响的预测，亦包括对其负面影响的预测；从类型上讲，不只包括对创新经济、政治等方面影响的预测，亦包括对其社会、文化和生态等方面影响的预测；从时空上讲，不只包括对创新此时此地的直接、近期影响的预测，亦包括对其彼时彼地长远、间接影响的预测。"科技是发展的利器，也可能成为风险的源头"⑤，所以全责任创新尤其强调对创新负面影响的预测。究其原因：一是客观维度的"技术能力后果的善恶对价法则"，也即"技术有多大能力服务于善，就有多大能力服务于恶的目的，产生恶的后果"⑥，或者说"总会有想象不到的副作用"⑦。二是主观维度的"可预测性不对称"，也即"积极效应的可预见与消极后果的难预见之间的不对称"，"正面的积极效应本身就是技术的目的，且在效应的聚光灯下清晰可见，而负面的消极后果差不多都是未曾预见的，加之不被注意而愈显模糊"。⑧且不只从宏观上看如

① 赵汀阳. 论可能生活. 2 版. 北京：中国人民大学出版社，2010：7.

② Lubberink R，Blok V，van Ophem J，et al. Lessons for responsible innovation in the business context. Sustainability，2017，9：20.

③ 胡明艳. 纳米技术发展的伦理参与研究. 北京：中国社会科学出版社，2015：44.

④ Swierstra T. Nanotechnology and technomoral change. Ethics & Politics，2013，（1）：203.

⑤ 习近平. 在中国科学院第二十次院士大会、中国工程院第十五次院士大会、中国科协第十次全国代表大会上的讲话. 人民日报，2021-05-28（2）.

⑥ 李河. 从"代理"到"替代"的技术与正在"过时"的人类？中国社会科学，2020，（10）：126.

⑦ 殷登祥. 科学、技术与社会概论. 广州：广东教育出版社，2007：339.

⑧ 吕乃基. 科学技术之"双刃剑"辨析. 哲学研究，2011，（7）：107.

此①②，微观上亦然。比如，"新一轮科技革命和产业变革有力地推动了经济发展，也对就业和收入分配带来深刻影响，包括一些负面影响，需要有效应对和解决"。③这也是为什么全责任创新强调在创新初期即让所有的利益相关者充分参与进来，并对创新可能产生的多维影响进行科学预测。

三、反思

所谓反思，就是以现存的行为原则、行为规范、行为动机、行为目标、行为手段、行为方式等作为对象，追问其价值理念、评价标准、知识依据、可能影响等是否合理，是否符合公益。之所以需要反思，是因为人是实践系统中唯一能动的要素，只有改变人的思想进而改变人的行为，才能更好地实现行动所指向的目的。由于思想要基于基本信念、基本逻辑、基本方式、基本观念和哲学理念等，这些思想构成的根据和原则或者说逻辑支点具有"隐匿性"、"强制性"、"普遍性"和"难以批判性"，因此"只有通过哲学的'反思'，揭示出'隐匿'于思想之中的'前提'，并以哲学的批判方式'消解'已有'前提'的'逻辑强制性'，才能'构建'新的'前提'，并从而实现'思想解放'并展开新的实践活动"④。这里所谓的"新的实践活动"，就是能更好地实现合目的性与合规律性相统一的实践活动。

"熟知非真知"，人们往往被惯常的行为理念和行为方式等所遮蔽、麻痹，而看不出其中存在的问题和潜在的风险。但鲁迅先生说得好："从来如此，便对么？"一切事物都处于变化之中，都有着自己的特殊性。之前合理的行为现在不一定合理；在其他地方合理的规范在这一区域也未必合理。因此，没有反思，就意识不到现有行为的不合理之处，就会固化、盲目行动，自然也就无法依据实际情况做出改变。没有对 GDP 主义的反思，就没有发展方式的改变；没有对功利主义的反思，就不会有行为方式的改变；没有对工具理性的反思，就不会有生存方式的改变。没有改变，就会被时代的洪流所抛弃。因此，对创新的反思本身就是创新者的分内之责。⑤可反思的方面至少包括以下几个方面。

---

① Winston R. Bad Ideas？：An Arresting History of Our Inventions. London：Bantam Press，2011.

② 爱德华·特纳. 技术的报复：墨菲法则和事与愿违. 徐俊培，钟季康，姚时宗译. 上海：上海世纪出版集团，2012.

③ 习近平. 扎实推动共同富裕. 求是，2021，（20）：4.

④ 孙正聿. 哲学：思想的前提批判. 北京：中国社会科学出版社，2016：11.

⑤ Mills A. The Other Side of Growth：An Innovator's Responsibilities in an Emerging World. Grand Rapids：Global Innovation Institute，2020.

其一，对创新本身的反思。流行的创新研究普遍存在一种"创新的支持偏好"（pro-innovation bias），"无论是研究创新对长期经济增长的作用，还是关于创新环境的研究，又或是国家创新系统，典型的创新研究范式都是将创新作为因变量来考察"，也即默认创新带来的产出总是积极正面的，"于是将研究的视角集中于探寻创新发生的条件、创新如何能够更快地传播、创新的个体和组织有什么显著特征"等方面。[①]特别是，在经济型技术创新的范式之下，很多创新理念都将创新本身视为目的，忽略了其工具性特征。高汀将这种认为"创新是好的，一直是好的"的观念视为创新研究的"咒语"（mantra），指出其忽略了非计划的后果、破坏性、产品或实践的"召回"和对（某些）创新的禁止等很多重要的方面。[②]全责任创新之所以"关注技术创新引发的重大社会和环境问题"[③]，首先就是因为其对创新本身影响的双重性的反思。

其二，对 GDP 主义、功利主义和工具理性的反思，以寻求一种兼顾更多行动者和更多责任类型的存在方式，以避免阿伦特所谓的恶之平庸（the banality of evil），即仅仅将自己视为整个体系中一个微不足道的小齿轮（tiny cog），一切行为都只是照章办事，而对行为本身的合理性及其后果缺乏反思（thoughtlessness）[④]，从而犯下大错而不自知（或号称不自知）。这点在科层官僚制盛行、"有组织的不负责任"层出的今天尤为重要。具体到全责任创新，不只需要企业进行负责任的创新实践，也需要企业进行反思。不只需要对商业模式、行业、承诺和设想等进行初级反思，也需要反思其潜在的价值系统和信念如何影响创新和企业及其创新在宏观政治-社会-经济系统中扮演何种角色。不只需要反思实践，也需要对全责任创新理念本身进行反思，检验其是否符合自反性的要求。

四、关怀

所谓关怀，简单来说，就是在想问题办事情的时候将其他利益相关者的权益纳入考量范围，学会将心比心地换位思考，做到"眼中有他者"。"关怀意味着一种对他人福祉的承诺，其最基本的构成要素包含着对他人需要的满足。"[⑤]可见，

① 廖苗. 创新观念史与研究史中的"支持偏好". 中国科技论坛，2020，（3）：184.

② Godin B，Vinck D. Critical Studies of Innovation：Alternative Approaches to the Pro-Innovation Bias. Cheltenham：Edward Elgar Publishing，2017：319-320.

③ 王前，菲利普·布瑞. 负责任创新的理论与实践. 北京：科学出版社，2019：1.

④ Arendt H. Eichmann in Jerusalem：A Report on the Banality of Evil. New York：Viking Press，1963：219.

⑤ Spruit S L. Managing the uncertain risks of nanoparticles. Delft：Delft University of Technology，2017：65-66.

关怀不同其他行为的最大之处在于它主要是指向他者，而非指向自身。需要指出的是，这里的"他者"不只包括人类，也包括自然、动物等非人类行动者。无论参与、预测还是反思，如果仅仅以自我利益为出发点，就容易引发劣币驱逐良币、公地悲剧等问题，因此，在关心自己的同时，还需要做到关怀他者。否则，即使有了参与、预测和反思，依然可能产生恶的后果，因为行动者没有考虑他者。这点在全球性问题中表现得尤为明显。因为缺乏对他者的关怀，"虽然国际政治处理的是世界中的政治问题，却不是世界政治，因为国际政治不是为了世界利益，而是为了国家利益；不是为了世界的和平与合作（尽管和平与合作是国际政治的流行口号），而是为了压倒对手而实现利益最大化。甚至可以说，国际政治很少能够公正地或正当地解决国家之间的利益冲突，相反，国际政治往往加深了国家之间的矛盾，使国家之间的利益冲突复杂化"①。要解决这一困境以及当前面临的世界性严峻挑战，人类就必须超越偏执狭隘的本位主义，主动关怀他者。唯有如此，才可能构建一种为大家所认可的更为合理的世界秩序。也正是因为如此，帕维建议将负责任创新升级为关怀型创新（innovation-care），以弥补负责任创新过于关注过程和结果而对人本身存在的忽略②，而将利益相关者之间的相互依存考虑在内。可见，在此维度上，全责任创新也是超越负责任创新的。

第五节　全责任创新的语境与关系

历史时期、国家地区、所处环境等语境性要素和结构、规模、布局以及时序等关系性要素对全责任创新的实现有着不可忽视的作用，因此有必要对其进行阐释。

一、语境性要素

这里所指并非狭义上的语言活动所处的环境，而是广义上的社会语境。之所以选用"语境"这一概念，不仅是为了更直观地呈现情景要素对全责任创新实现的作用和意义，更是为了避免当前负责任创新研究存在的绝对主义和抽象主义倾向。根据语境论，同一句话甚至同一个词在不同的语境中会有不同的意义，对全

---

① 赵汀阳. 天下秩序的未来性. 探索与争鸣, 2015,（11）: 8.

② Pavie X. The importance of responsible innovation and the necessity of "Innovation-care". Philosophy of Management, 2014, 13（1）: 21.

责任创新及其相关的诸种原则来说，也是如此。

对于全责任创新而言，开放透明、公众参与、预测反思等规范"只是可选择的项目，而不是无可选择的事实。……因此，规范的不可置疑性永远是情景性的"①。其中的非嵌入编码知识是脱域性的，但嵌入性编码知识和意会知识则是语境性的。"技术在任何一种情景中都能在本质上保持同样的效率标准"②，但技术的具体后果及其影响却不可能保持不变。因此，全责任创新本身也是具有语境敏感性的（context-sensitive）。③之所以如此，乃是因为事物的系统性。不但不同的要素会产生不同的功能，同一事物在不同的环境中其功能也会不同。因此，历史时期、国家地区、行业门类等语境性要素对全责任创新的实现有着十分重要的影响。

1. 历史时期

历史时期不同，人类价值理念、实践能力、面临的矛盾等就会不同。比如，在古代，就没有今天这样的平等自由观念。因为当时人类的实践能力很有限，所面临的"巨挑战"主要来自天然自然的威胁。现在则不同，平等自由的观念已在全球范围内深入人心，人类的实践能力也得到了极大的提高，人类所面临的"巨挑战"也已转变为人工自然的威胁。未来人类的价值理念、实践能力和面临的矛盾等必然再次发生改变。这就需要我们超越抽象主义，用发展的眼光看待全责任创新，而不能刻舟求剑。以现在的眼光看，石油属于高污染的化石能源，因而没有生物能、风能等绿色能源环保。但以历史的眼光看，石油的大规模开采却是人类动力形式的巨大进步，在当时情形下是负责任的。

2. 国家地区

所处的空间不同，人类的价值理念、实践能力、面临的矛盾等也会不同，因为不同区域有着相异的自然环境、经济环境、社会环境和文化环境，而自然禀赋的丰歉、经济水平的高低、社会环境的治乱以及文化环境的宽紧都影响着全责任创新的实现。比如，在水资源相对丰沛的地区，人们的节水意识就不像水资源匮乏地区的人们那么强；整体来说，经济发达的欧美日韩等地区相对中国、俄罗斯、印度、巴西和南非等非洲国家地区就有着更强的科技实力；文化开放包容的地区

---

①　赵汀阳. 论可能生活. 2 版. 北京：中国人民大学出版社，2010：2.

②　安德鲁·芬伯格. 技术批判理论. 韩连庆，曹观法译. 北京：北京大学出版社，2005：5.

③　Koops B J. The concepts, approaches, and applications of responsible innovation: an introduction// Koops B J, Oosterlaken I, Romijn H, et al. Responsible Innovation 2: Concepts, Approaches, and Applications. Cham: Springer, 2015：8.

其创新能力也显著优于文化封闭排外的地区；战乱地区的人们面临的首要挑战是和平，而和平地区的人们所面临的首要问题则是发展。因此，我们必须克服对奉行原则的绝对主义理解，不能将其机械地从一地区复制到另一地区。比如，落后国家"移植民主既缺乏传统依托，也没有役奴和殖民等外部收益以作冲突的回旋余地，各方一较上劲就只能死嗑。一旦法制秩序、道德风尚、财政支持、教育基础等条件不到位，民主大跃进很可能加剧争夺而不是促进分享"。[①]因此，拉美、中东、非洲等地的国家才有那么多民主失败的案例。这是在进行全责任创新时不得不察的问题。

3. 行业门类

所处的行业门类不同，其创新的具体属性和影响就不同，因此，全责任创新实现的侧重点也会不一样。一般说来，农业和服务业天然地比工业带来的污染要少，正因如此，旅游、商贸、餐饮、培训、娱乐、住宿、通信、会展、广告、金融、传播等第三产业被称为"无烟工业"。同样是服务业，企业等营利型组织所履行的主要是经济性责任，而像环保组织、慈善机构、职业团体等非营利组织所履行的主要就是社会性责任。因此，在全责任创新时，也必须根据其所处的行业门类有针对性地建构不同的评价标准体系，而不能一概而论。比如，教育培训行业的排污要求就不能和钢铁行业相提并论。

二、关系性要素

这里的关系可理解为全责任创新要素的组合方式，类似于技术的构成要素的工艺，即"把工具、机器、设备等客体，与知识、经验、技能等主体要素相组合而形成的过程和方法"。[②]与全责任创新实现的其他要素不同，关系并不具备独立性，而是由责任共同体、责任对象、行为等共同组成的，是这些要素的结合及其方式。关系性要素主要有结构、规模、布局和时序四类。

所谓结构就是组成全责任创新的诸要素的相互关系与比例及其属性间的相互适应。结构决定功能，比如，各要素之间比例和谐、功能协调，全责任创新系统的整体功能就容易较好地发挥出来。如前文所述，全责任创新的要素至少包括行动者（包括独立研究者、研究组织、科学道德委员会及成员、研究与创新用户、民间社会组织成员、各层面政策制定者、专业机构、立法者、教育组织、公共机

① 韩少功. 民主：抒情诗与施工图. 天涯, 2008,（1）：4.
② 陈昌曙. 技术哲学引论. 北京：科学出版社, 2012：82.

构等）、行为（包括对研究与创新行为的风险评估、影响评估、技术评估、预测活动、敏感性设计、内部反馈、道德评估等）与规范（包括知识延伸符合道德与公众利益，确保创新得到理想与可接受结果，以体现参与、民主代表、民主治理、信息透明等）三类。[①]如果低素质行动者所占比重过大，必然会使责任共同体的预测、评估等行为的效能下降，进而影响规范的实施。同样，如果缺乏足够的禁止性规范，难以实现责任惩罚，也会影响到全责任创新的肯定性或授权性规范的实现。因此，结构优化也是全责任创新实现的一个重要途径。

所谓规模是指全责任创新各要素的数量及其规格。一定的规模是全责任创新实现的必要条件，因为规模意味着其他支撑要素的多寡、强弱和大小，没有这些要素的支持和辅助，行动者就无法履行任何责任。以技术创新为例，其并非单独存在，"而是生存于特定的技术创新群之中，没有这个群体，技术创新就失去了存在的根据，在这个群体之中，技术创新获得其存在所必需的各种技术支撑"[②]，进而实现其各种价值。而且，越是先进的技术所需要的技术规模越大，比如，大飞机产业链的规模就远远超过服装。一般而言，同等条件下，组织的规模越大，能力越强，其影响范围也更广。因此，对全责任创新的实现而言，国家和跨国公司等大型组织相比公民和中小企业来说，应该承担更多的责任。因为中小企业实力有限，设置与加强全责任创新政策的管理、负责任产品的研发和对法律、伦理等规范的遵从常常混合在一起，很难设立单独的预测部门、研发部门或法律部门。大企业则不然，不但具备管理、研发、法律、营销和企业社会责任等能力，而且这些职能部门也常常各自独立，更加专业化和高效化。

所谓布局指的是全责任创新的各要素的地理位置在空间层面的组合状态。全责任创新中的行动者和部分价值客体等实体性要素的存在必须占有一定的空间，一方面，这些要素的空间位置合理时，就可以发挥集群效应，产业创新基地、高新园区以及硅谷等特色区域之所以能发展壮大，所依赖的因素之一就是由相关行动者汇聚在一起所产生的集群效应。另一方面，核心因素位置的转换会直接影响整个全责任创新系统的运行，这方面的典型案例就是由产业转移引发的产业空心化。要素逐利润而居，如果原有区域责任成本上升，资本、技术、劳动力、原材料等产业要素必然向其他区域转移。随着个别产业要素的过度流失，该地区的发展必然受到影响，从而导致出现或缺资金，或缺技术，或缺人才等问题。其他要素由于得不到期望的回报，进而也开始转向其他区域，进而造成产业空心化。城

① Stahl B. Responsible research and innovation: the role of privacy in an emerging framework. Science and Public Policy, 2013, 40 (6): 710.

② 夏保华. 企业持续技术创新的结构. 沈阳：东北大学出版社, 2001: 28.

门失火，殃及池鱼。特定产业的空心化如果得不到有效遏制，必将波及关联产业，上游产业市场低迷，下游产业供应不足，关联产业没落，使整个产业和区域都受到重要影响，比如一些资源型城市和夕阳产业。

所谓时序是指全责任创新的各要素在时间维度的组合状态，包括其进入责任系统的时间、次序以及发挥作用的时长。作为对"科林格里奇困境"的应对，全责任创新强调公众、独立第三方、政府等行动者在创新初期就参与进来，强调事前的预测、预警、预防，而非到产品全面投入市场后再参与进来，更不是等问题出现后才进行事后的应对和弥补。因为到那时，对行动者利益的损害已经造成。此外，全责任创新反对过分的冒险，强调时机的重要性，因为"它直接关系到创新在什么时间投入市场并被消费者接受。如果投放市场过早，技术的不成熟和用户的不了解都会对创新不利；但如果投放市场过晚，机会窗口则已关闭"。[①]尤其是欲速则不达，全责任创新主张在没有合理的风险应对措施之前，应该暂停相关创新流程。

---

① Pavie X，Scholten V，Carthy D. Responsible Innovation：from Concept to Practice. London：World Scientific Publishing，2014：3-4.

第八章　全责任创新的实现困境及其应对

全责任创新的实现并不是一帆风顺的，而是面临责任过度、责任有限和"多手问题"（the problem of many hands）等三大困境。并且这三大困境之间相互关联，任何行动者都不是全知全能的，其责任能力有限，因此主体意志过度张扬的责任行为并不可取，甚至可能加剧人为性的责任有限。同时，责任过度和责任有限都会加剧多手问题的程度和范围。应对这三大困境需要社会角色视域下的责任协调。

第一节　责 任 过 度

汉斯·约纳斯将父母与政治家的责任作为杰出的范例（eminent paradigms），认为其兼具"全体性"、"连续性"和"未来性"三大特征，并将父母对小孩的责任作为"不受时间限制的所有责任的范型（archetype）"。[①]但责任主客体力量的不平衡以及父母对孩子炽烈的爱，往往容易引发父母以自身意志代替孩子的意志，或者溺爱孩子的现象，导致责任结果与责任初衷南辕北辙，引发责任过度下的"替代成长"。

一、责任过度内涵析义

可以从经济、政治、文化等多重视角对人类的行为进行描述，但责任描述与其他描述的不同之处在于，它始终包含以"应然"为标准的对现存之"实然"的评价，也正因如此，有学者把责任界定为"该做的事"。"应该"所依据的标准通常是某种规范，即"调控人们行为的、由某种精神力量或物质力量来支持的、具

[①]　Jonas H. The Imperative of Responsibility: In Search of an Ethics for the Technological Age. Chicago and London: The University of Chicago Press, 1984: 101.

有不同程度之普适性的指示或指示系统"。①

"度"是对系统不同质态之间分界点的一种描述,量变达到一定的"度"后,将催生质变,系统将进入另一个质态。根据量变质变规律,若想保持系统的现有状态,必须坚持适度原则。所谓过犹不及,即使动机为"善"(good)的事情,做过了头也会适得其反。过强的责任感也可能会导致"伪责任"对"真技术"的阻碍甚至扼杀。②

责任过度是指,责任主体的行为大幅超出了责任对象的需要或责任标准的要求,导致出现有损责任对象发展、责任结果与责任动机背道而驰的现象。任何责任都应该是共赢的,不仅有利于责任主体的发展,也应该有利于责任对象的发展。同时不仅在责任动机上应该是利他的,在责任效果上也应该有利于责任对象,至少无损于其利益,而责任过度则会造成效果与动机的事与愿违。

一方面,履行与承担责任是人的存在方式、发展方式。任何责任主体都不只有对他者的责任,也有对自身的责任,"对自我负责是主体性实现的目的性前提和结果"。③当责任超过对象的需要时,客观上就会造成对其自身责任的剥夺,进而对其全面自由发展造成损害。另一方面,责任有主体责任与附属责任之分④,当责任行为大幅超过责任标准的要求,便会由升华责任蜕变为过度责任,产生此主体责任与彼主体责任的交叉。比如,"百度血友病吧被卖"一事,确保贴吧切实为吧友服务而非让其沦为坑蒙拐骗之地本来就是百度的分内之责,而不能把甄别信息真假的主要责任推给吧友。"技术好比自己的孩子,生了,就要好好抚养和引导,决不能把管教的义务甩给旁人,再用'技术无罪'的口号逃避责任。"⑤否则,不但容易使社会对吧友产生过高的责任要求,错将其附属责任归为主体责任,也容易使百度等平台企业推卸其主体责任,将其偷换为附属责任。无论以上何种情况,都不利于责任的顺利实现。根据是否违背责任对象的意愿,可将责任过度分为主体性霸权和溺爱式关怀两种,下面分别详述之。

二、责任过度的表现

1. 主体性霸权

主体性是人类在对象性行为中表现出来的积极性、自主性和目的性等,是人

① 徐梦秋. 规范通论. 北京:商务印书馆,2011:1.
② 肖峰. 从元伦理看技术的责任与代价. 哲学动态,2006,(9):48.
③ 谢军. 责任论. 上海:上海人民出版社,2007:65.
④ 金安. 责任. 成都:四川大学出版社,2005:11-12.
⑤ 刘念. 贴吧如此招商是杀鸡取卵. 人民日报,2016-01-13(13).

类能动性的集中体现。但主体性的过度张扬则会导致主体性霸权，即责任主体以自身的主体性压抑甚至压制他者的主体性，违逆他者的意愿，将其意志或价值观强加给责任客体的现象。其原因在于，主体性具有"独断性"，其背后隐藏着控制欲望和特殊利益，极易导致对"他者"（既包括自然界也包括他人）的征服甚至宰制。①

在约纳斯的"父母—小孩"的责任范型中，由于小孩的辨别能力和自控能力有限，父母这样做有时是可取的，比如孩子迷恋网络游戏或不写家庭作业时。但由于父母在力量上处于绝对优势，当小孩的意志与父母的意志发生冲突时，难免会出现主体性霸权，即父母以己度人，以己心为子心，强令孩子听从自己的意见，最常见的就是父母替孩子规划甚至决定他们的人生，这点在家长制盛行的封建社会尤为突出，包办婚姻就是明显的例子，虽然父母的本意是对子女负责，但主体性霸权下难免造成《孔雀东南飞》和《钗头凤》之类的爱情悲剧。

主体性霸权在思想上的表现就是各式各样的"中心主义"，比如"GDP（中心）主义"和"生态中心主义"等。有些"中心主义"看似相互矛盾，但实际上都是一种唯我独尊的价值霸权。比如，"泛道德主义强调的伦理的普遍性和绝对性的主张，与正在流行的后现代主义不可同日而语。然而，泛道德主义最终也未能脱离后现代主义与唯科学主义之争的窠臼。正如唯科学主义以科技领域片面的工具理性为本位，后现代主义以艺术领域片面的自由情感为本位一样，泛道德主义以片面的伦理价值为本位，三者都是企图凌驾于现代文化的其他价值领域之上"②。秉承主次矛盾的思想，根据实际情况将某一思想作为"中心"加以弘扬倡导是应该的，但一旦形成"中心主义"，则会造成价值僭越。比如作为教育机构，高校本应以教书育人为"中心"，但在经济中心主义的错误诱导下，一些高校却把主要精力放在评比创收上，一些教师也丢弃"传道授业解惑"的本职，一心申课题、跑项目。长此以往，中国教育质量与世界先进水平的差距必然还会进一步拉大。

2. 溺爱式关怀

关怀是应用伦理学的基本准则之一，即主动对他者进行照顾、呵护或关爱。关怀准则虽然比不伤害、公正等其他准则更为积极，但其局限性也是明显的，表现之一就是关怀过度引发的溺爱式关怀。所谓溺爱式关怀，是指责任主体放弃理

---

① 贺来. "主体性"观念的反思与意识形态批判. 马克思主义与现实（双月刊），2007，（3）：22.

② 赵敦华. 关于普遍伦理的可能性条件的元伦理学考察. 北京大学学报（哲学社会科学版），2000，37（4）：111-112.

性反思，而对责任客体的意愿或要求唯命是从的现象。产生这种现象的原因之一在于，"主导着人们近距离关系的关怀准则浸润着善意、同情等复杂的情感因素，而过于依赖情感诉求则极易导致道德上的随意性及相对主义"①。

与主体性霸权式的责任过度不同，溺爱式关怀并没有忤逆责任对象的意愿，反而是迎合其意愿，对其有求必应，"饭来张口，衣来伸手"的小皇帝、小公主就是由这种责任过度造成的，这种现象在独生子女和由祖辈照看的留守儿童当中尤为普遍。长辈的这种关怀虽然也是因为对孩子的爱，但由于忽略了"父母之爱子，则为之计深远"的道理，结果好心办坏事，反而使爱变成了对孩子的一种伤害。

以某手机制造商为例，正是由于对塞班系统的"溺爱"拒绝了安卓系统，因此错过了具有革命意义的技术路线，最终导致了自身的衰落。再如某汽车公司的排气排放物造假事件，2005年，工程师因无法及时找到满足氮氧化物排放标准的解决方案，即在实验室测试中作弊，专门在柴油车辆上安装类似"失效保护器"的造假软件，用于识别车辆是在行驶还是在进行排气排放物检测，然后通过对发动机排放进行控制以使检测结果符合"高环保标准"。这一创新显然忽视了基本的伦理原则，属于典型的不负责任创新（irresponsible innovation）。②但为了赚取利润，在明知此举违反环境、社会和伦理规范，甚至在供应商及内部技术人员警告使用软件操纵尾气值属于违法的情况下，某公司非但没有对相关创新者的错误予以惩戒，反而资助了该项目的实施。这一行为被曝光后，不但导致公司的股票大跌，面临巨额罚款，更给公司的声誉带来了巨大的负面影响。

尚伯格认为，负责任创新应该努力满足"社会期望"（societal desirability），但众口难调，任何创新都不可能同时满足所有人的期望。市场经济条件下，创新多为商业活动，每一款产品都有其目标消费者，因此，现实中的创新多以满足目标消费者的期望为目标。一些企业正是以此理由，创新出了不少高票房、低口碑的电影和名实不符的送礼型产品。但是这些创新是"负责任"的吗？是否消费者的所有期望都应予以满足呢？答案显然是否定的。正如帕维所言，真正的全责任创新对唯顾客马首是瞻是持否定态度的，"发现一种尚未被满足的需求并不能成为判定一项创新正当的理由"③。

---

① 甘绍平，余涌. 应用伦理学教程. 北京：中国社会科学出版社，2008：21.

② von Schomberg R. A vision of responsible research and innovation//Owen R，Bessant J R，Heintz M. Responsible Innovation: Managing the Responsible Emergence of Science and Innovation in Society. Chichester: John Wiley & Sons Inc.，2013：60.

③ Pavie X. The importance of responsible innovation and the necessity of "Innovation-care". Philosophy of Management，2014，13（1）：27.

三、责任过度对全责任创新实现的启示

技术创新中的全责任作为进行价值选择的新标准，是对以往创新观和创新价值取向的反思与批判，强调将责任嵌入创新的主体、流程和成果之中，以对技术的社会角色负责，实现"技以致善"的目的。责任过度对全责任创新的实现有着重要启示。

1. 防止地方中心主义

作为欧盟"愿景2020"战略的重要内容，无论是负责任创新提出的背景，还是其所欲解决的问题，抑或是对其内涵的界定，无疑都是针对欧洲实际、基于欧洲的价值取向的。尚伯格将欧盟条约中的"科技进步、经济竞争力、可持续发展、社会公正、性别平等、团结、生活质量以及高水平的健康和环境保障等"作为负责任创新所追求的"正果"（right impacts），并认为这些规范可以运用到其他地区。[①]但创新如地方性知识一样无法"脱域"，在此情况下，如果把负责任创新原封不动地移植到其他地区，"可能带来文化帝国主义的风险"。[②]斯蒂尔戈、欧文（Richard Owen）和麦克纳顿（Phil Macnaghten）认为，尚伯格对负责任创新的界定"依据的是欧洲的政策流程与价值取向"，因而显得有些狭窄。[③]有美国学者甚至指出，其定义中"我们的社会"这一描述"某种程度上带有尚伯格本人没有意识到的民族中心主义色彩"。[④]

全球变暖、资源紧张、社会老龄化、公共健康和安全等"巨挑战"是负责任创新所要重点解决的问题，而利益关涉者对话（stakeholder dialogue）被认为是负责任创新的关键特征和解决这一问题的重要方法，但是，由于存在实力的不平衡，彼此的外部环境、价值排序、利益诉求、眼光视野、动机追求等也有差异，因此，"各利益关涉者对'巨挑战'的具体范围和创新过程的目标很难达成共识"。[⑤]在

①　von Schomberg R. A vision of responsible research and innovation//Owen R，Bessant J R，Heintz M. Responsible Innovation：Managing the Responsible Emergence of Science and Innovation in Society. Chichester：John Wiley & Sons Inc.，2013：57.

②　Wang X W. Responsible research and innovation & value imperialism. The International Conference of the Society for Philosophy and Technology. Shenyang，2015.

③　Stilgoe J，Owen R，Macnaghten P. Developing a framework for responsible innovation. Research Policy，2013，42（9）：1570.

④　Davis M，Laas K．"Broader impacts" or "Responsible research and innovation"? A comparison of two criteria for funding research in science and engineering. Science and Engineering Ethics，2014，20（1）：971.

⑤　Blok V，Lemmens P. The emerging concept of responsible innovation：three reasons why it is questionable and calls for a radical transformation of the concept of innovation//Koops B J，Oosterlaken I，Romijn H，et al. Responsible Innovation 2：Concepts，Approaches，and Applications. Cham：Springer，2015：23.

此情况下，将欧洲对相关问题的定义生搬硬套到其他地区，就是一种地方中心主义的表现。

这是因为一项创新负责任与否，首先，取决于其所处的具体时空。此时的负责任创新未来就不一定还是负责任创新，此地的负责任创新放到其他地区也未必依然合宜。比如，荷兰因其特殊的地理环境，自行车在交通工具中占了很大比重，这就大大减少了一氧化碳、氮氧化物、碳氢化合物、硫化物等有害物质的排放，但若将其复制到地广人稀的澳大利亚则恐怕会因水土不服而产生"南橘北枳"的现象。全责任创新必须防止类似的地方中心主义出现，做到因地制宜。

其次，取决于创新的类型及创新程度。比如，知识创新大多属于基础研究，周期长，一般短期内很难产生明显的经济效益。技术创新则不同，一般都有明确的应用目的，经济价值较为突出。创新类型还与行业特性有关，如前所述，文化、旅游等"无烟工业"的环保标准就不能与造纸、化工、钢铁等行业的一概而论。就创新程度而言，越是颠覆式创新，对其具体影响的可预测性越差，风险也越大，而常规型创新的未知性则相对较小，因此，评价两者是否负责任的标准也应该有所不同。

最后，还取决于创新主体所面临的问题以及所拥有的资源。发达国家、发展中国家与落后国家各自面临的问题有很大不同。以需求层次理论观之，发达国家基本处于尊重需求的层次，在美国、德国、日本等发达国家，大学教授的收入不比蓝领工人高，工作也并不轻松，很多人从事教育行业是因为教师职业良好的社会声望所带来的尊严感。发展中国家则大体处在安全需求或社会需求的层次。以中国为例，食品药品安全、职业安全、信息安全、环境安全等依然堪忧，公众的安全需求并未得到充分满足；同时，由于社会信用缺失，工作和生活的压力以及基本物质需求得到满足等原因，人们对爱与归属等情感的需求也很强烈。落后国家整体上则仍处于衣食住行等生理需求的层次。此外，三类国家所拥有的资源也很不相同，发达国家不仅拥有先进的科技和雄厚的资本，还拥有全球产业链顶端的优势地位，发展中国家和落后国家则根本不具备这样的条件，而只有自身资源支撑得起的创新战略才有现实性可言，因此，三者所实行的全责任创新应该因地制宜，而不是照抄照搬欧洲的标准强而为一。

2. 破除创新迷恋，适度创新

创新的重要性不言而喻。从根本上讲，资源有限，创造无限。缓解资源稀缺与需求无限的矛盾只能依靠创新。就技术发展而言，创新是技术是其所"是"的关键[1]，

---

[1] 夏保华. 技术创新哲学研究. 北京：中国社会科学出版社，2004：32.

没有创新，就没有技术的存在，更不可能有技术的发展。鉴于此，创新本身就是一种责任，也是人类主观能动性的最大体现。但是，不能因此而过度创新，产生所谓的创新迷恋（innovation obsession）①。其表现就是将创新视为"现代社会的象征和解决很多问题的灵丹妙药"。②温纳对此批评道，"创新"已经成为这个时代的"神术语"（god term），人们对一切"新"事物都抱有愚蠢的热情。③

之所以要破除创新迷恋，是因为创新并不总是好的。首先，创新的风险性会让人产生技术恐惧，"在现代话语系统中，技术恐惧者恐惧的并不仅仅是技术的危险和有害后果，技术本身的快速发展，使得用户感到应接不暇、无能为力、无所适从、勉为其难、焦虑疲惫，担心技术失控、担忧技术对人类的控制等都是技术恐惧的现实表现"。④其次，即使知道创新出来的任何技术都难免会产生预想不到的副作用，人类也无法预测到一项创新产生的所有影响。比如双对氯苯基三氯乙烷（DDT）、氯氟烃、塑料袋等，创新初期很难预测到这些技术会在未来对人类产生如此之大的负效用。再比如无纸办公，本来是为减少纸张的使用进而保护环境，结果却因其便捷易用，人们的打印次数反而比以前更多了。⑤最后，在缺乏有效的制度约束与伦理约束的情况下，甚至还会出现地沟油、假鸡蛋等有毒创新。这些创新不但不能提高社会的福利水平，反而会降低人们的生活质量，甚至威胁到人的生命安全。而且，任何后果都是多种因素交互作用的结果，技术创新并非是造成"巨挑战"的唯一原因，仅靠技术手段也不可能解决这些问题。⑥

在负责任创新这个合成概念中，创新是从属于责任的，而不是相反关系。因此，当预见到某些创新可能带来严重后果时，就应该立即中止。期刊《负责任创新》的主编贾斯顿教授就认为，有时低程度的创新反而更负责任（图8.1）。比如"如果已经存在的法律、风俗习惯、流行的道德观及生活秩序等被证明是好的、行之有效的，我们就要继承并维护它们，就没有必要单为了创新而创新"。⑦丁飞和孔燕两位学者也指出，"在以负责任为前提的停滞下，它将人类对创新的认识

① Ben-Horin D. Innovation obsession disorder. http://ssir.org/articles/entry/innovation_obsession_disorder[2012-04-11].

② Godin B. Innovation Contested：The Idea of Innovation Over the Centuries. London：Routledge，2015：1.

③ Winner L，Ishmael-Perkins N. Q & A：how the ideology of innovation harms development. http://www.scidev.net/global/innovation/feature/langdon-winner-tyranny-new.html[2014-12-17].

④ 赵磊，夏保华. 技术恐惧的结构和生成模型. 自然辩证法通讯，2014，36（3）：72.

⑤ Tenner E. Why Things Bite Back：Technology and the Revenge of Unintended Consequences. New York：Vintage Books，1997：4.

⑥ Huesemann M，Huesemann J. Techno-Fix：Why Technology Won't Save Us or the Environment. Gabriola Island：New Society Publishers，2011.

⑦ C. 胡比希，王国豫. 作为权宜道德的技术伦理. 世界哲学，2005，（4）：74.

从外部形态的观察引向对内部运动机理的洞察，使治理的过程和目标变得更加完整和贴合实际"。①

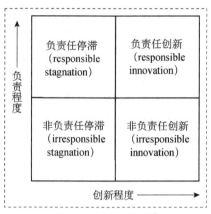

图 8.1　创新与责任②

再者，全责任创新力求用法律、伦理、道德等社会技术规约自然技术，但当社会技术的供给超前于自然技术的创新能力时，就会因缺乏激活自然技术创新、扩散与传播的有效性的能力而阻碍其发展。因此两者的良性互动必须遵循功能匹配性原则，任何一方都不应单兵突进。

全责任创新的本质在于用价值理性约束工具理性，用伦理道德规范科技发展。在此过程中，既要防止强势群体或强势价值恃强凌弱，又要充分意识到创新的风险性和人类责任能力的有限性，适度创新，防止对创新爱非其道。

第二节　责任有限

负责任在创新语境下可作两种理解，积极意义上是指做创新主体及创新共同体该做的事，消极意义上则是指做不好后对后果的承担。全责任创新得以可能的前提之一在于，创新共同体有能力担负起、履行好社会所期望的那些责任，并确保创新产生"正确的影响"。但在责任有限（responsibility finitude）的现实下，这一前提并得不到绝对保证。比如，由于技术的利润本性及其结果的不确定性、技术伦理的滞后性及相关伦理理论之间存在的冲突，人们"期望技术伦理成为技术

---

① 丁飞，孔燕. 负责任停滞及其启示. 自然辩证法研究，2022，38（2）：49.

② Guston D H. Responsible innovation: who could be against that? Journal of Responsible Innovation，2013，1（2）：2.

的'伦理剃刀'仅仅是一种奢望,对技术'匡正'效应的极其有限性是技术伦理的'宿命'"。①

一、责任有限内涵释义

责任是指"某行为主体、为了某事、在某一'主管'(包括良心、上级、权威、组织、国家、上帝等)面前、根据某项标准、在某一行为范围内负责"。②依此定义,全责任创新对原有责任系统的每一个要素都进行了扩充。从主体维度,创新者之外的决策者、生产者、销售者、消费者、服务者等都是责任主体;从对象维度,除经济责任、政治责任外,伦理责任、文化责任、生态责任、环境责任等亦为责任对象;从主管维度,除上司、股东、法庭之外,社会公众、后代人类甚至自然界均为责任主管;从标准维度,除技术标准、经济标准外,也需将环境标准、伦理标准等纳入其中;从范围维度,空间上将责任范围扩展到了整个社会甚至全球,时间上向前延伸至创新的初始阶段,向后则延伸到未来。但是,全责任创新对责任系统的扩充并不是任意的,在具体的创新实践中,只有有限的个人或组织可作为责任主体,其所需负责的对象、所面对的责任主管、所遵循的责任标准及所能负责任的范围都是有限的,这就是责任有限。其实质是责任需求大于责任供给所带来的责任不平衡和责任的现实性与可能性之间的矛盾。

责任有限与有限责任(limited liability)不同。前者是对责任系统有限性的一种客观描述,后者则是一个经济法概念,"指商业企业参与者的责任限于其在企业中的投资额,并且在企业亏损时不能扩及至他的其他财产的一种状况"。③前者中的"责任"更多的是指关怀性的积极责任、事先预防型责任,而后者中的"责任"更多的则是指承担性的消极责任、事后追究型责任。可以说,责任有限是有限责任的原因,但这里的责任有限是一种特殊的有限责任,即责任主体仅限公司的股东,其责任大小也是约定的,并非是主体客观责任能力的实际限度。

责任有限是一个客观存在的事实,是全责任创新的给定条件,创新主体只能缓解其对全责任创新的限制,而不可能彻底地突破它。责任有限不是凭空产生的,而是多种因素非线性交互作用合力的结果。

① 尚东涛. 技术伦理的效应限度因试解. 自然辩证法研究,2007,23(5):56.
② 甘绍平,余涌. 应用伦理学教程. 北京:中国社会科学出版社,2008:24.
③ 戴维·M. 沃克. 牛津法律大辞典. 李双元,郭玉军,张茂,等译. 北京:法律出版社,2003:701.

二、责任有限原因探究

责任行为即建构行为，责任有限意味着建构有限，我们只能在客观规律限定的边界内，在客观条件的基础上对事物进行建构。合力造成责任有限的原因，主要有以下几点。

1. 客观规律的制约

规律是事物之间客观而必然的联系，无论是运行还是作用的发挥，都不以人的意志为转移。规律提供了一个扇面，在向可能性敞开的同时也划定了不可能的范围，人类只能在规律圈定的边界之内活动，而无法超越其外。以技术规律和市场规律为例。

第一，技术规律。技术的进化发展即使有着自身的逻辑，也无法脱离人而独立展开，技术须由人造，这点毋庸置疑。但人在创造技术的过程中涉及不同的创新主体、不同的价值追求和不同的利益指向，各要素之间复杂纠缠、此消彼长，创新主体多受掣肘，不可能在所有层面都达到最优，而只能弱化甚至牺牲部分责任要求，在"折衷兼容"中做出一个次优的选择。[①]

第二，市场规律。环境责任、伦理责任等属于典型的公共产品，具有明显的外部性，但市场经济中的创新者以追求利润为目标，很容易导致该类创新责任实现的动力不足，产生"公地悲剧"。因此，外部性很可能会导致全责任创新的市场失败。[②]此外，信息不对称也会导致市场失灵。一方面，创新主体可能为了自身利益而隐瞒部分信息；另一方面，即使已公开的信息，由于"观察负载理论"，公众（至少是部分公众）可能由于缺乏必要的知识基础而无法对其进行有效解读。因此，信息不对称是全责任创新的包容性所面临的主要难题。[③]

2. 外在条件的限制

就客体维度而言，技术发展是受经济、政治、文化乃至纳入社会的自然条件制约的。创新并非人类的独角戏，而是人类借助外部条件，使一部分物质作用于另一部分物质，以求得合意的结果。所谓"巧妇难为无米之炊"，即使发现了相应的技术机理，在人才、资金、制度等外部条件缺失或不足的情况下，也难以创

① 陈昌曙. 技术哲学引论. 北京：科学出版社，2012：115-119.

② Pavie X，Scholten V，Carthy D. Responsible Innovation：from Concept to Practice. London：World Scientific Publishing，2014：101.

③ de Bakker E，de Lauwere C，Hoes A C，et al. Responsible research and innovation in miniature：information asymmetries hindering a more inclusive "nanofood" development. Science and Public Policy，2014，41：294.

造出现实的技术。就主体维度来说，人应负责任的大小也受到多种外部条件的限制，比如可替代选择的数量、选项的强制性以及社会赋予创新主体的社会角色和社会义务等都是重要的影响因素。[①]不只是社会条件，自然条件也会对责任的实现产生限制。相对于资源丰沛的地区，资源贫瘠地区的物质生产条件更加不足，技术创新也容易受到更大的限制。

3. 人自身的局限

首先，人的理性与感性都有局限。近代以来，人类高举理性的大旗，突破了神学对人的限制，但无论是培根提出的"四假相"，还是现代学者提出的理性的无知（rational ignorance）和理性的非理性（rational irrationality），都证明了理性自身存在的盲区和局限。作为对工具理性的反叛和拒斥，情感可持续（emotional sustainability）理念强调感性因素的作用，指出创新决策必须充分考虑公众的情绪反应[②]，情感化设计（emotional design）也逐渐成为新的设计理念和设计方式。但尽管可以通过扩大公众参与来提高创新的合理性，"乌合之众"的问题依然存在，依然会影响参与的有效性。其次，现代人日益变得"单向度"。技术不仅是经济利润的来源，也是政治合法性的来源，在资本与权力的合谋之下，消费主义成为意识形态，主流价值观变得单一，人们不再想象另一种生活方式，而是想象同一生活方式的不同类型或畸形，他们是对已确立制度的肯定而不是否定[③]，满足于"虚假需要"，丧失了批判性和超越性。最后，对于现代系统性、集体性创新而言，集团成为比个人作用更大的责任主体，不但是战争掠夺和生态危机等严重后果的直接责任人，而且也是个体责任行为的直接的"社会环境"[④]，对个人和团体都形成了制约。总之，虽然人类可以借助技术不断突破自身的种种局限，但是终究只能使人类"更像人（在有助于阿伦特所谓'人的条件'之进化的意义上）而不是更像超人"[⑤]，具体的局限可以突破，绝对意义的局限永远存在。

---

① 韩东屏. 人本伦理学. 武汉：华中科技大学出版社，2012：203-204.

② 赵迎欢. 荷兰技术伦理学理论及负责任的科技创新研究. 武汉科技大学学报（社会科学版），2011，（5）：516.

③ 赫伯特·马尔库塞. 单向度的人：发达工业社会意识形态研究. 刘继译. 上海：上海译文出版社，2006：55.

④ 樊浩，等. 中国伦理道德报告. 北京：中国社会科学出版社，2012：27.

⑤ Grinbaum A，Groves C. What is "responsible" about responsible innovation? Understanding the ethical issues//Owen R，Bessant J R，Heintz M. Responsible Innovation: Managing the Responsible Emergence of Science and Innovation in Society. Chichester: John Wiley & Sons Inc.，2013：125.

4. 道德运气

道德运气（moral luck）由英国哲学家威廉姆斯（Bernard Williams）于 1976 年提出，强调偶然性的运气对道德生活的重要意义。[①]内格尔把道德运气分为四类，分别是：生成的运气——行动主体是哪类人，与其爱好、能力、性格相关；环境的运气——主体所面对的问题与环境；行为原因的运气——先前环境所决定的运气；行为结果的运气——主体的行为和规划的结果带来的运气。[②]这些运气因素无论在类别上还是在数量上，都是无限的。在这些因素的影响下，相同的行为可能导致完全不同的结果。在内格尔所举的"酒驾司机"案例中，尽管两名司机都喝醉了酒，闯了红灯，违犯了交通规则，但由于偶然性的因素，一个突然过马路的小孩恰好被其中一名司机车撞身亡，而另一名司机则安然无恙地回到了家。由于人们对行为的辩护是威廉姆斯所说的"回顾式"的，因此，尽管两人行为相同（酒驾），却因为偶然性的运气（突然横过马路的小孩），导致了完全不同的结果，一人承担刑事责任，一人则平安无事。尽管运气因素的存在不应成为不负责任的托词，毕竟相对于运气，人的行为更直接地决定人自身的自由选择。但道德运气的存在确实突显了责任的有限性。具体到技术创新，由于现实中总有难预测的、不可控的偶然性因素存在，相同的创新行为及其成果可能会产生极不相同的影响，创新主体并不能完全控制其行为所造成的结果。

5. 创新的实验性

创新的根本特征即创造性和新颖性，越是原始创新其创造性和新颖性越强，创新成果究竟会与其他社会要素发生怎样的耦合连锁反应就越难预测。即使我们可以通过价值敏感性设计、劝导型技术创新等方式实现技术的道德化（moralizing technology）[③]，但由于各因子相互作用的非线性，分叉效应和蝴蝶效应必然会造成变动的技术与稳定的道德之间的紧张，创新中的"科林格里奇困境"也就无法避免。创新初期，创新者在选择具体的实体性要素时，设计其相互作用的方式，并对其效果进行检验和调整，这一过程无疑是尝试性的。在商业化和社会化的阶段，创新成果又在更大的时空内与更多的社会要素相互作用，实验室就变成了整个社会。[④]此外，这一环节的作用要素及其作用方式也都不可能像前一环节那样

[①] 伯纳德·威廉斯. 道德运气. 徐向东译. 上海：上海译文出版社，2007：57.

[②] Nagel T. Mortal Questions. Cambridge：Cambridge University Press，1991：28.

[③] Verbeek P P. Moralizing Technology：Understanding and Designing the Morality of Things. Chicago：University of Chicago Press，2011.

[④] Krohn W，Weyer J. Society as a laboratory：the social risks of experimental research. Science and Public Policy，1994，21（3）：173-183.

自由选择，再加上其作用效果的时空不对称，即创新的积极效应的当下性与消极后果的滞后性及长期性之间的不对称及其受益者和受害者的不一致①，使得创新主体对创新的实际效果更加难以预料和掌控。

三、责任有限对全责任创新实现的启示

全责任创新的初衷无疑是好的，但鉴于责任有限的客观存在，进行全责任创新时需要注意以下两点。

1. 消除负责任创新的空想性

负责任创新的兴起与欧盟相关的政策议题紧密相关。2011 年 5 月欧盟召开的两次重要会议都是为了请相关学者和政策制定者"帮助界定负责任创新"。②因此学者的研究大体上属于"命题作文"，意在为欧盟的科技政策进行理论阐发、解释与论证。这种进路是一种建基于理性原则之上的"发明"，而非通过对现实案例的归纳分析后的"发现"③，这种"立场—观点—方法"的逻辑进路具有主观性和危险性，特别容易使学者们"充满偏见和过于热心肠地为自己的价值偏好辩护"。④因而，在伦理中心主义或自然中心主义的诱导之下，负责任创新便难免具有空想的性质。正如恩格斯所说，当"社会所表现出来的只是弊病，消除这些弊病是思维着的理性的任务。于是，就需要发明一套新的更完善的社会制度，并且通过宣传，可能时通过典型示范，从外面强加于社会。这种新的社会制度是一开始就注定要成为空想的，它越是制定得详尽周密，就越是要陷入纯粹的幻想"。⑤功利主义虽然有着诸多弊端，但客观而言，却是最真实的人类图景，尤其在市场经济时代。我们不可能突破人类中心主义，保护环境和维护生态归根到底也还是为了人类自己，而不是为了自然和生态本身。但一些伦理学者不但常常看不到这点，而且也意识不到伦理本身的局限性，"对一些伦理立场的推广在社会上也许是有害的，甚至我们对事物贴上'伦理'标签的决策，也会有意想不到的、潜在

① 吕乃基. 科学技术之"双刃剑"辨析. 哲学研究，2011，（7）：106.

② Owen R，Macnaghten P，Stilgoe J. Responsible research and innovation：from science in society to science for society，with society. Science and Public Policy，2012，39（6）：752.

③ Szmatula E. What is responsible innovation？Consultation for Liu Zhanxiong. http://www.soscience. org/blog/eng-what-is-responsible-innovation-consultation-for-liu-zhan[2015-02-16].

④ 赵汀阳. 没有世界观的世界. 2 版. 北京：中国人民大学出版社，2005：3.

⑤ 马克思，恩格斯. 马克思恩格斯选集（第三卷）. 中共中央马克思恩格斯列宁斯大林著作编译局编译. 北京：人民出版社，2012：781.

的有害性社会后果"。①

负责任创新所要解决的主要难题就是"道德过载"(moral overload)。②所谓道德过载是指"现有物质和资金条件所无法满足某种价值实现的状态"。③可见，无视责任有限，是造成"道德过载"的重要原因。尽管我们可以通过技术创新来实现技术解决，进而增强人的责任能力，改善人的责任条件，但是依然会有义务或价值承诺无法实现，即总会存在"道德余差"(moral residue)。④从内容上讲，价值类型和责任类型是相通的，选择某种责任即是选择某种价值，因此价值冲突和道德过载在实质上是一样的，所以尽管我们可以对价值冲突进行协调⑤，但始终还是会存在和"道德余差"类似的"价值余差"(value residue)。因此，试图通过负责任创新彻底解决道德过载或价值冲突是不可能的。

此外，负责任创新力图通过改进创新范式，完善创新行为，进而优化创新成果，削弱技术异化的负效应给人类造成的损害。但是，技术异化是由主体性因素、客体性因素、环境性因素和关系性因素共同造成的，只是改变技术，恐怕力有不逮，难济于事。因此，全责任创新研究应充分认识到责任有限的客观性，吸收全责任的思想，消除负责任创新的空想性。

2. 更新创新观

现行负责任创新研究中的创新观过于狭窄，这就造成了对创新的种种限定，这些限定制造了人为性的责任有限，只有更新创新观，破除这些限定，才能真正实现全责任创新所追求的目标。

首先，须破除对负责任创新的伦理性限定。技术之所以为技术，而非艺术，关键在其效用，即其功能或曰使用价值，这是技术的内在价值，也是其一切外在价值的基础。因此，技术所首要解决的是技术难题，而非伦理难题。在道德价值之外，技术还有文化价值、社会价值、政治价值、经济价值、生态价值和个人价值⑥，

① Hansson S O. The ethics of doing ethics. Science and Engineering Ethics，2017，23：105.

② van den Hoven J. Value sensitive design and responsible innovation//Owen R，Bessant J R，Heintz M. Responsible Innovation：Managing the Responsible Emergence of Science and Innovation in Society. Chichester：John Wiley & Sons Inc.，2013：77-82.

③ Kuran T. Moral overload and its alleviation//Ben-Ner A，Putterman L. Economics，Values，and Organization. New York：Cambridge University Press，1998：233.

④ van den Hoven J，Lokhorst G J，van de Poel I. Engineering and the problem of moral overload. Science and Engineering Ethics，2012，18（1）：146.

⑤ Ravesteijn W，He J，Chen C H. Responsible innovation and stakeholder management in infrastructures：The Nansha Port Railway Project. Ocean & Coastal Management，2014，100：3.

⑥ Brey P. Philosophy of technology after the empirical turn. Techné：Research in Philosophy and Technology，2010，14（1）：43.

道德价值在这些技术的外在价值中并不具有也不应具有唯我独尊的霸权地位，而是应该在为人类服务的统摄下，与其他价值相互协调配合，一起为增进人类福祉、实现人类解放的总战略发挥自己的作用。

其次，应破除对负责任创新的技术性限定。创新具有多种类型，比如技术创新、制度创新、理论创新、模式创新和品牌创新等，不同类型的创新其性质、特征与规律并不相同。但现行的负责任创新研究却不自觉地将其限定为技术创新，尤其为自然技术创新，使其无法充分区别不同的创新类型并切实指导创新实践。

最后，尤其要破除对负责任创新的经济性限定。长期以来，人们对"创新"的界定一直局限于"技术的（首次）商业化应用"，这必然使"利润最大化"成为创新的首要追求，难免对其他价值类型造成损害。这是因为人们界定创新时"忽视了两个极为重要的问题：其一，概念必须（和只能）在概念的特定框架中获得意义；其二，在不同层次概念框架中，概念具有不同的性质"。[①]将创新限定于经济型创新的情况下，市场经济功利主义至上的思维必然传染到其他非经济领域，贫富分化、精神失落、资源紧张、环境污染和生态破坏也就不可避免了。

由于"在各方面，在经济、道德和精神方面都还带着它脱胎出来的那个旧社会的痕迹"[②]，负责任创新依然还存有技术决定论和物质主义色彩，暗含技术可以解决所有问题并给人类带来幸福的价值判断。这一"开源"进路固然可以提高人类的生活质量，但若要真正缓解人类社会欲望无限与资源稀缺的矛盾，满足人类日益增长的物质文化需要，使人类获得幸福，在"开源"的同时还需"节流"，即改进认知，规范欲望，进而重塑价值观。因此，除非我们超越"实体"思维，突破对创新的经济学限定，走向"关系"思维和"过程"思维，打破工具理性和经济价值的霸权与独裁，追求创新的技术价值、社会价值和自然生态价值的统一，否则负责任创新所追求的美好愿景就不可能实现。

负责任创新对消减技术异化、增进人类福祉的积极意义是有目共睹、毋庸置疑的，以上所述并不是要否认这点，更不是求全责备、吹毛求疵。恰恰相反，我们力图通过建设性反思与批判，将负责任创新发展为全责任创新，以使其更好地发挥作用。人类的历史是一部不断超越自我、突破有限的历史，但现代技术造成的严重后果和当今高科技带来的巨大风险使我们必须由高扬人的主体性转向规范人的主体性，更加负责任地设计人类的未来。在此过程中，责任有限作为无可选择的前定条件必将伴随始终，因为绝对的"确定性"也不可能被寻求到，我们

---

① 孙正聿. 哲学通论. 上海：复旦大学出版社，2007：59.

② 马克思，恩格斯. 马克思恩格斯选集（第三卷）. 中共中央马克思恩格斯列宁斯大林著作局编译. 北京：人民出版社，2012：363.

必须学会与风险共舞，与恐惧同行。

第三节 多手问题

现代社会是一个高度系统化、复杂化的社会，各个领域各个方面的联系日益紧密和多样化，全责任主体也随之越来越多元化，其行为的间接影响和长远影响愈发难以预测。在此情况下，一旦出现负效应或恶效应，责任归因（attribution）与责任分配（apportion）就容易成为难题。

一、多手问题概念释析

"多手问题"（the problem of many hands，亦译为"多只手问题"）本来是行政管理领域的一个概念，由哈佛大学肯尼迪学院政治哲学教授汤普森（Dennis F. Thompson）提出，指的是"因为有很多不同的行政人员以很多不同的方式对政府的决定和政策产生影响，因此原则上就很难判定具体由谁对政策的后果负责"。[①]汤普森同时认为，传统意义的层级性方式和集体性方式都不足以应对多手问题。从层级性方式来说，责任往往被归咎在相应政府中级别最高的官员，但政府的实际运作并不是在每个层级每个环节都有特别明确的责任分工和命令-服从关系，行政人员实际处在一个交叉重叠的网络当中，其身份并不固定并会受到外界力量的影响。因此，责任归因并非如人们想的那般容易。从集体性方式来说，既然每个人都以各自独立的但又彼此相互影响的方式成为有害后果的施力者，那么就没有人认为自己制造了后果，因此必然会产生两种结果：要么和稀泥式地认为每个人都要负责，这不但是一种智力的懒惰，更有违公平；要么认为只有集体为后果负责，这同样是一种智力的懒惰和对公平的侵害。这两种看似相反，实则相通。因为无论哪种都没有针对个体具体责任的性质和范围等进行归责。

荷兰乌特勒支大学公共管理学教授博文斯（Mark Bovens）则将多手问题扩展到普通的管理领域，他认为，所谓多手问题，就是指"在复杂组织中，很多雇员常常在各个层级上以各种方式对组织的决策发挥作用，这就使得非常难以确认

---

① Thompson D F. Moral responsibility of public officials: the problem of many hands. American Political Science Review，1980，74（4）：905.

最终哪个雇员为组织的行为负责"。①并指出，多手问题其实有三个维度。首先，这是一个实践问题（practical problem）。复杂组织往往被各种规章制度和文件环绕，组织决策在正式实施前已经由多人讨论，这就使得牵涉其中的人更多，而个人在决策流程的作用往往不具备持续性，比如制定决策的人并不参与决策的执行，或者相反，执行决策的人无权参与决策。因此，对局外人而言，很难分辨究竟是谁以何种方式对复杂组织的决策发挥了作用，又具体发挥什么作用，所以也就无法确定谁在何种程度上对组织行为的后果负责，负何责。因此，一旦出现组织决策失误或行动错误的情况，责任归因就难以完成。其次，多手问题也是一个规范问题（normative problem）。有些时候独立地看，每个个体的行为都是正确的，但这些个体性行为的集合却是错误的；或者说在个体层次无人触犯规范，但从组织层级看却不然。在此情况下，每个人都有责任，但又不承担所有责任，而且组织作为整体则明显犯有错误。此时，不只是组织也不只是雇员违反了道德的、社会的或法律的规范，我们能否将组织应该承担的责任合理地分配到其离散的个体成员身上？最后，多手问题还是一个控制问题（control problem）。因为事后无法准确确认责任归属，就容易造成事前没人觉得自己有责，如此一来，社会或管理层就很难防止组织性的错误行为的发生。如此一来，复杂组织中的谁应该肩负阻止类似错误行为在将来再次发生的责任，谁应该从不合理的责任归因流程中吸取教训尚不确定。

普尔等学者认为，博文斯的定义存在不足，一方面，未能说明集体究竟是否可作为责任主体对后果负责，另一方面其定义基于回溯性视角，意在找出需要为后果负责的过错方，忽略了基于前瞻性视角的、侧重确定谁应该为做些什么负责的多手问题。他们认为，多手问题存在的范围很广泛，"当集体环境中的责任分配出现缺口而产生道德问题时就会发生多手问题"。②后来又给出了一个更加形式化的定义，"当某一集体在道德上对事件或状态 φ 负责而无组成该集体的个体在道德上对 φ 负责时即产生多手问题"。③

但是戴维斯认为，前几者对多手问题的界定都是从局外人（outsider）视角出发的，其关键假设在"让他人负责"（holding others responsible）而忽略很多问题是要"自己为之负责"（holding oneself responsible）。因此对于决策者而言，与其

① Bovens M. The Quest for Responsibility: Accountability and Citizenship in Complex Organizations. Cambridge: Cambridge University Press, 1998: 4.

② van de Poel I, Fahlquist J N, Doorn N, et al. The problem of many hands: climate change as an example. Science and Engineering Ethics, 2012, 18 (1): 63.

③ van de Poel I, Royakkers L, Zwart D Z. Moral Responsibility and the Problem of Many Hands. Oxon: Routledge, 2015: 52.

说是多手，不如说是"多因"（many causes）。①的确如此。以谷歌自动驾驶汽车为例，一旦出现交通事故，应该由谁对后果负责？乍看之下，的确难以合理归责，因为用户对汽车的掌控程度大不如前，所以不满足责任归因的能力要求。汽车公司又未直接造成事故的发生，所以不满足责任归因的因果要求。但其实并非如此。因为通过分析造成事故的具体原因，总能找出相对合理的归责方案。比如，如果是因为操作问题，那么就应由用户负责；如果是因为设计缺陷，则应由谷歌负责；而如果是因为制造不合格，则应由厂商负责。比如 2016 年 5 月 7 日美国公民 Joshua Brown 驾驶特斯拉 Model S 轿车时在自动驾驶（Autopilot）模式下发生车祸并死亡，但美国国家公路交通安全管理局（National Highway Traffic Safety Adminstration，NHTSA）经过调查后认为：①事发时特斯拉的自动驾驶系统并非出现故障；②特斯拉配备的自动紧急刹车系统（ABE）和自动驾驶系统都有限制条件，事发时的状况已经超出了系统设计的适用范围；③自动驾驶系统仍然需要人类驾驶员全神贯注。因此，特斯拉的半自动驾驶系统并无功能缺陷，也无须安全召回。

我们认为，多手问题产生的根本原因在于人的社会性，即人存在于社会网络之中，每个人都是这张巨大网络的节点，都与其他节点相连，其任何行为都不可能是完全独立完成的，因此，任何决定、任何行为都受到他者的影响。但并不能因此就让他者为自己犯下的所有错误分担罪责，这显然是不公平的。多手问题的实质在于，当某人感觉到自己被不合理地归责时，他能否提出足够强劲的反驳理由。或者相反，当某人觉得可以将责任分摊给他人时，他是否有足够有力的辩护理由。恐怕都很难。因为道理很多，每个人都可以找到理由来拒绝甚至违规地逃避责任。但这种情况常常发生在相关各方尚未就责任归因达成共识的时候，一旦行动者在维护各自利益动机下多次博弈之后，慢慢就会形成一个相对稳定的归责方案。

二、多手问题的危害

对于所有异质行动者全面参与其中的全责任创新而言，多手问题是其面临的最严重挑战之一，因为它影响行动者之间的合作。

1. 诱发责任推诿

多手问题常常诱发责任推诿现象，因为人总是倾向于逃避消极责任。由于任

---

① Davis M. "Ain't no one here but us social forces"：constructing the professional responsibility of engineers. Science and Engineering Ethics，2012，18（1）：22.

何责任都处于相互联结的系统之中，而行动者的能力总是有限的，因此，人们总是可以借机推卸责任。比如，甲是决策者，负责筛选方案；乙是参谋，负责提供方案；而丙是基层员工，负责执行方案。当出现负面后果时，甲很可能认为是因为乙提供的方案不合理或丙执行不到位；乙很可能认为是因为甲没有选择最好的方案或丙执行不到位；而丙则可能认为是方案本身有问题，而自己并未参与方案的拟定和筛选。具体再以计算系统为例，程序员常常抱怨他们无法控制用户的使用行动，设计者则责怪用户提供了不恰当的规范，而用户则希望程序员和设计者在系统出现问题时承担责任。①

问责是负责的前提，追责是尽责的基础。但多手问题的存在，使得归责难以明晰。"如果我们将责任归咎于个人，那么，就会使无力阻止事件发生的个体遭到不公正的对待，或者只是名义上负责，而没有受到任何惩罚；但如果我们将责任归咎于组织，则将会使组织的成员遭到同等的惩戒或者在法不责众的情况下都被免责，而忽略了他们之间责任性质和责任大小的区别。"②这将使责任赏罚机制变得低效甚至无效。但因为"社会赏罚是责任实现的根本调节机制"③，因此，当赏罚特别是惩罚不力的时候，行动者履行责任的动力就更多地来自内在的良心与道德动机和态度，但与现实的利益相比，道德自觉总是脆弱的。人之所以犯错，并非因为不知道其行为触犯了法律、道德、风俗、传统等规则，而是因为人性："人们表面上要求公正，实际上真正想要的是利益重新分配，人们想要的就是个坏世界，想要成为坏世界中的既得利益者。"④

并且，这种相互推诿的情况在参与者越多时越容易发生。因为参与者越多，责任链就越长，人们更容易将责任向上游追溯，但同时对处于责任间隔较远的行动者也更缺乏影响力。比如，在"消费者—经销商—制造商—供应商"的链条中，如果最终产品出现问题，消费者易指责经销商质次价高，经销商易指责制造商粗制滥造，制造商则易指责供应商偷工减料。当然，也可能反过来，经销商埋怨消费者使用不当。而且，除了直接相邻的环节，消费者对制造商、供应商和经销商都缺乏足够的影响力。这将给全责任创新的实现带来阻碍，因为全责任创新强调所有利益相关者的共同参与，以发挥联合协作的优势，进而形成治理合力和凝聚力，但是在多手问题情况下，客观上容易造成"治理行动的责任模糊不清、互相

① Coleman K G. Computing and moral responsibility. https://stanford.library.sydney.edu.au/archives/spr2007/entries/computing-responsibility/［2004-08-10］.

② Thompson D F. Designing responsibility: the problem of many hands in complex organizations//van den Hoven J，Seumas M，Thomas P. Designing in Ethics. New York: Cambridge University Press，2017: 32-33.

③ 谢军. 责任论. 上海：上海人民出版社，2007：217.

④ 赵汀阳. "坏世界"：人人共谋. 上海采风，2012，（1）：94-95.

推诿，对绩效考核和利益分配形成阻碍，导致治理执行阻滞和执行碎片化"。[①]

2. 损害责任公正

公正是全责任创新所遵从的重要价值理念，也是判定某项创新负责任的重要标准。按照公正原则，应该依据各个利益相关者的行为对后果所产生的具体影响进行责任归因和责任分配，每个利益相关者都得其应得，但在多手问题情况下，这一目标的实现也将变得困难。

A. 多手问题与责任条件紧密相关，在多恩（Neelke Doorn）看来，根据道德责任的公正标准，某人为某消极后果负责，必须满足五个条件：道德行动者，也可称之为动机条件，即行动者必须具备足够的智力条件，对其行为有清晰的意识，儿童和智力受伤的人不应对其行为负责，但因饮酒或吸毒等情况造成的智力受损不在此列。

B. 造成后果的行为必须是基于自由意志做出的，行动者无须对因强迫、外在压力或不可抗力而做出的行为负责。

C. 对后果的认知能力，但因粗心疏忽造成的后果不在此列。

D. 因果性，也即行动者的行为必须与后果之间存在因果关系。

E. 行动者的行为触犯了某种规则，即这一行为是"错的"。[②]

但集体中的行动者常常只符合其中一条或几条标准，比如普尔等所举的气候变化的例子。一名周末开车出去旅行的人是否应该对气候变化负责呢？好像不应该。首先，人类迄今并无关于气候变化之原因的确切知识，有科学家认为全球变暖主要是由于地质周期，而非人类活动，但有的科学家却持完全相反的意见，因此不满足条件 C。其次，他一个人显然无法造成气候变化，因此不满足条件 D；并且他也不是故意排放温室气体，因此也不满足条件 E。照此来说，似乎没有任何个人应该对气候变化负道德责任（moral obligation）。但这显然与我们的道德直观不符，不过多手问题并不在于此，而在于即使我们同意依据道德直观所得出的结论，依然无法合理地（reasonably）进行责任归因。因为如果归责是合理的，就必须具体确定责任的多少和大小。

但是根据"责任不灭定律"，"社会中不管是任何人或任何原因产生的责任，虽然表现形式多种多样，但都必须要个人或多人以及家庭、单位或政府等来承担，

① 王余生，陈越. 机理探析与理性调适：公共治理理论及其对我国治理实践的启示. 武汉科技大学学报（社会科学版），2016，（4）：393.

② Doorn N. Moral responsibility in R & D networks：a procedural approach to distributing responsibilities. Delft：Delft University of Technology，2011：41-42.

责任才会结束"。[①]也就是说，责任永远都不会自动消失，一旦出现某种意想不到的消极后果，不管是被迫还是自愿的，也不论是有心还是无意的，总要有行动者为此承担责任，客观上责任归因和责任分配最终必然会被完成。但由于存在多手问题，总有行动者会觉得自己承担了过多的责任，认为责任分配方案不公平，并由此引发对责任的抵抗或拒绝，阻碍全责任创新的实现。比如雾霾问题，无论是致霾还是治霾，城市都应该比乡村承担更多的责任。就致霾而言，城市的第二、第三产业，交通及其生活方式显然比农村的第一产业、交通及其生活方式所排放的废气更多；就治霾来说，城市具有比乡村更强大的经济、政治与知识能力。但现实却是城市居民不但享有更好的医疗和社会保障条件，也更具迁徙移民能力，尤其是社会经济地位高的居民更是如此。因此，弱势群体客观上就承担了过多的责任，这样必然会引发其不公平感。更严重的是，这增加了逃避责任和寻找"替罪羊"的概率，"那些处于解释并引领公共舆论位置并因而握有话语权的人常常能够把失败或困难的责任推给他人，且往往能取得很大成效"。[②]这显然都是在破坏公平。

与此类将责任推卸给无辜者，寻找"挡箭牌"或"替罪羊"的不公相比，还有一种不公则是寻找"替罪狼"。与无罪甚至无错的"替罪羊"不同，"'替罪狼'的确是做了许多坏事的。但是，具体到个人，在强大的'公意'——准确地说是部分群体意志——面前，他亦不过是一个行刑者——独裁者所拥有的权力，从来都是那些甘心放弃自己权力或者权利的人聚沙成塔授予的。而在他行刑之当年，台下曾经有多少热闹的喧哗，多少幸福与狂欢的掌声！许多旁观者甚至还捐赠过磨刀石，亲手捧接了行刑者递过来的血和肉"。[③]尽管这些掌权者理应承担更多责任，但并不意味着他们要承担所有责任。灾难发生后，在道义上将所有责任都一股脑地完全推给这些人，尽管可以换得一时的心安理得，但其实并没有做到合理地归责。普通人免除对自己错误的反省和思想的清算，也无法真正防止悲剧的重演。

三、多手问题对全责任创新实现的启示

多手问题之所以重要，乃是因为"错误的归罪与替罪，只是对过去的蹩脚的

①　金安. 责任. 成都：四川大学出版社，2005：42.

②　Stoker，G. Governance as theory：five propositions. International Social Science Journal，1998，50（155）：22.

③　熊培云. 重新发现社会（修订本）. 北京：新星出版社，2012：6-7.

清算，它并不能消除将来甚至当下的罪恶之源"。①因此，必须严肃对待。具体对全责任创新的实现而言，消减多手问题的进路主要有以下两种。

1. 采取无立场的分析方法，区分"责任"的不同内涵

之所以要采取无立场的分析方法，是因为"一个立场就是一种主观观点，一个主观观点不仅是关于各种事情的一种描述和解释，而且同时充当着关于描述和解释的标准。问题就出在这里，当我们坚持某种立场或观点时，我们就以这种观点本身作为思想标准，于是，按照这种标准，其它观点处处都被'解释为'错误的"。②因此，我们不能把立场当作论据，不能让某种价值对其他价值领域的事情造成僭越。但这并不意味着可以随便胡思乱想，而是说任何观点都有着一定的应用域，在满足一系列前提条件的情况下才可能是真理，超出其适用范围则很可能蜕变为谬误。因此，合适的态度就是根据实际情况为问题分配不同的观点，或者说为观点分配不同的问题。

学者们对多手问题的定位并不一致，汤普森和博文斯更倾向于将其归属到管理领域和法律领域，但普尔等学者则认为"多手"之所以是"问题"乃是因为其在道德上是有问题的（morally problematic）。多手问题的责任多是归咎性的消极责任、法律责任，而非行动性的积极责任、道德责任。法律责任不等于道德责任，尽管两者存在交叉，但法律更多的是问责他人，而道德责任则强调归责于己，强调在事前积极主动地去做什么以避免后果的产生，而非在事后去惩罚、去责备或去补偿，也不意味着归责后就万事大吉。"往者不可谏，来者犹可追。"比归责更重要的是从事故中吸取教训，采取措施防止类似事故再发。所以有学者指出，"作为德性的责任"可在一定程度上避免"多手问题"。③总而言之，道德责任系统比法律责任系统主动性更强，而且参与者更多，责任时空也更广。如果针对不同的角色、不同的情况分配不同的责任，就可以在很大程度上避免多手问题。

仍以特斯拉 Model S 交通事故为例，虽然官方给出了法律责任分配方案，法律责任意义上的多手问题即宣告得到解决，但并不意味着这一方案完全公平合理，更不意味着事情就此结束了，从道德责任角度，仍然存在以下问题：A. 特斯拉既然将其系统命名为"自动驾驶"（Autopilot），是否会给驾驶员带来可完全由汽车自行处理相关操作的暗示？究竟该如何界定"自动驾驶"？B. 汽车的购

---

① 熊培云. 这个社会会好吗. 北京：群言出版社，桂林：广西师范大学出版社，2013：180.

② 赵汀阳. 一个或所有问题. 南昌：江西教育出版社，1998：92.

③ 荆珊，王珏. 工程共同体"多手问题"及其伦理超越. 东北大学学报（社会科学版），2020，22（6）：17.

买、使用、保养决策乃至事故发生时的具体操作行为都是用户"自由"做出的，是否意味着用户"本来应该"知晓其决策和行为蕴含的风险及其可能的后果？如何判定情况属于"本来可以"（should have）？C. 出现交通事故后，能否让自动驾驶汽车来担责？它是否具备担责条件？只有把汽车销毁就可以被认为是对后果负责了？进而，除了通常所说的担责条件外，是否还必须要求担责主体具备基本的担责能力，比如是否可以切实弥补对受害者造成的损失？但如果这样，会不会造成无力担责（比如无力偿还贷款）则无须负责的问题？那么，是否应该就人类和高度智能的技术之间的责任归因做出区别性规定？如果答案是肯定的，怎样区别才是合理的？D. 面对这种新型汽车，交通管理部门是否应该对相关法规进行更新或制定新的更具针对性的法规？E. 进而言之，公众、政府、企业等应该对自动驾驶技术持何态度？做何选择？可见，该事件中的利益相关者所应承担的责任类型并不完全相同，如果将其混为一谈，自然会引发多手问题。正因如此，有学者提出了依据不同责任角色、责任条件和责任类型的归责方案：管理职责（executive task）与因果条件（causal condition）对应，赋能职责（enabling task）与能力条件（ability condition）对应，信息职责（informing task）与知识条件（knowledge condition）对应，而保障职责（ensuring task）与意愿条件（intentionality condition）对应。[①]比如在公司中，董事长的职责是确保企业的战略是正确的，总经理的职责是让员工具备履行相应责任的权利，秘书的职责是告知员工其所应知道的信息，而车间主任的职责则是确保员工保质保量地完成任务。国务院法制办公室发布的《重大行政决策程序暂行条例》就依据决策角色的不同，分别就决策机关、决策承办单位、决策执行单位和专家、专业机构、社会组织等决策参与者所应承担的责任做了说明。[②]

2. 完善组织架构，增加透明度

多手问题的解决当然有赖于个人道德觉悟的提升，依赖于梭罗的"我首先是人，其次才是公民"。正如汤普森所说，"个人责任（personal responsibility）可以为理解人类行动者在好政府或坏政府中所扮演的角色提供良好的基础"。[③]但在高度组织化、系统化的现代社会，个人的影响常常很有限。对集体性违规行为而言，

① Mastop R. Characterising responsibility in organisational structures: the problem of many hands// Governatori G，Giovanni S. Deontic Logic in Computer Science. Berlin：Springer，2010：284.

② 重大行政决策程序暂行条例. http://www.gov.cn/zhengce/2020-12/27/content_5574197.htm[2020-12-27].

③ Thompson D F. Moral responsibility of public officials: the problem of many hands. American Political Science Review，1980，74（4）：915.

技术创新实践哲学论纲

往往多人参与其中，某一个体即使是领导层也很难有能力完全掌控事态的发展。比如，美国富国银行（Wells Fargo）曾在客户不知情的情况下秘密开设了约200万个未经授权的储蓄账户，并因此被处以1.85亿美金的罚款，董事长兼首席执行官John Stumpf离职，同时有5300名涉案员工被开除。如果只有个别员工参与，我们可以指责这些员工道德败坏。但这么多人参与其中，则是因为公司的架构出现了问题。当我们要求个体对后果负责的时候不应忘记，有着组织目标、组织结构和组织文化的组织具有"自觉自控的自由品格"，作为实现社会目的的社会实体，其本性也决定了"组织行为具有社会影响力"，因此，组织也是道德主体。①所以，消减多手问题，除了对个人加强道德教育外，还必须强化组织的道德属性。

首先，设立独立的监督部门。这里所说的监督不只包括对个体性责任行动的审查和制约，也包括汤普森所说的对组织本身的体系架构的检视和改进，以使其责任流程更加顺畅、透明。②由于自我监督需要很高的道德觉悟，而多手问题牵涉的范围一般又很广，所以监督部门必须独立于其他部门，以防因为利益冲突而在责任归因和责任分配时有所偏袒而使归责方案有违公平。这样一个独立的监督部门不但可以在事发后凭借旁观者清的优势来分析辨别个体的具体行为及其影响，对组织本身发挥的作用进行审视，还可以在事发前凭借自己独特的角色的权威，对个体和组织形成压力，防止其做出违规的行为。这样就可以从源头上减少消极性多手问题的产生。特别是对于位高权重的管理层和相应部门，更应加强监督。因为这些人员和部门的行动自由度更大，其行为的影响范围也更广，并具有利用权力寻找"替罪羊"的可能。正是因为看到了独立监督的重大作用，普尔等学者才将其作为减少制度设置中多手问题的措施之一。③

其次，增加组织运行的透明度。组织运行的公开透明对减少多手问题至关重要，如果组织的决策机制和责任分工不明确或不透明，一旦发生意想不到的后果，就更加难以合理地确认具体的责任归因和责任分配，也更方便某些个体或部门为推卸责任制造借口。因此，不但应制定详尽的岗位说明，明确每一个体和部门的责任关系，不涉及机密的工作流程、管理机制等有关内部信息也应对外公开。比如，针对行政中存在的多手问题，就必须"让权力在阳光下运行"，杜绝暗箱操作，可"设立重大决策'台账'，记录集体决策由谁主持、谁动议、谁赞成、谁

① 王珏. 组织伦理：现代性文明的道德哲学悖论及其转向. 北京：中国社会科学出版社, 2008：12-14.
② Thompson D F. Responsibility for failures of government: the problem of many hands. American Journal of Public Administration, 2014, 9（2）: 261.
③ van de Poel I, Royakkers L, Zwart D Z. Moral Responsibility and the Problem of Many Hands. Oxon: Routledge, 2015: 217.

反对和谁弃权等关键信息，做到集体责任追究时'有账可查'"。①

但无论我们怎样努力，总是会有难以明确归责的部分。正如学者所说，"尽管任务分工可以减少多手问题，但却无法彻底消除。我们必须承认，仅仅道德责任并不足以保证道德规范的实现"。②但即使是无法归责的部分，只要行动者秉持相互尊重和关怀他者的理念，在自己力所能及的范围之内积极行动，仍然可以弥补后果造成的损失。普尔等学者就认为，"存在于关怀、道德想象和实践智慧中的作为美德的责任（responsibility-as-virtue）是解决多手问题的良方"。③因此，即使那些并非由自身所造成的损害，我们也应该主动去履行一种附属性、升华性的剩余责任（residual responsibility），"剩余责任的分配是实现损害正义的关键"④，可以有效减少责任赤字。

第四节　责 任 协 调

责任过度容易造成责任付出与责任收获的不平衡，而责任有限则会使行动者面临无法同时满足所有责任要求的情况。此外，还有多手问题，即在多人参与的行为所产生的结果中，很难定位或识别具体由谁对什么负责，"特别是指当集体环境（collective setting）产生不良后果时，很难甚至不可能让具体的某一个体或某一组织（比如企业或政府）对其负责"。⑤这些都不利于全责任创新的实现。因此，必须进行责任协调，以使利益相关者各得其所，既不缺位，亦不越位，更不错位，实现协同效应的最大化。所谓责任协调，简单来说就是明确责任系统的每一个要素，即谁应该在何范围内对什么负有何种责任。行动者的社会角色是进行责任协调的重要依据，比如"了解自身局限性，明确各成员扮演的角色、所承担的期望和责任，不超过网络的边界"就是解决政策网络中"多手问题"的方案之一。⑥

———————

① 赖先进. 集体责任如何追究. 学习时报，2015-03-16（6）.

② Mastop R. Characterising responsibility in organisational structures：the problem of many hands// Governatori G，Giovanni S. Deontic Logic in Computer Science. Berlin：Springer，2010：286.

③ van de Poel I，Royakkers L，Zwart D Z. Moral Responsibility and the Problem of Many Hands. Oxon：Routledge，2015：9.

④ 张乾友. 损害正义与剩余责任——损害性事件中的责任分配. 道德与文明，2017，（1）：50.

⑤ van de Poel I，Royakkers L，Zwart D Z. Moral Responsibility and the Problem of Many Hands. Oxon：Routledge，2015：4.

⑥ R. A. W. 罗茨. 如何管理政策网络. 王宇颖译. 中国行政管理，2015，（11）：142.

一、社会角色

所谓社会角色，是指个人、组织或其他社会事物在一定的社会关系中完成其由社会需要所规定的责任及行为模式。马克思曾深刻指出，"人的本质并不是单个人所固有的抽象物，在其现实性上，它是一切社会关系的总和"。[①]社会角色就是对社会关系的命名或者说人格化，因此，这里的角色责任（responsibility as role）是广义上的，与传统意义上的角色责任（role responsibility）不同，包含一切类型的责任。每个社会角色都承担着一定的社会功能，实现这些角色的社会功能就是人的责任，而与社会角色紧密相关的角色责任则是创建、维护、巩固和消除社会关系的实质性内容（表 8.1）。

表 8.1　企业全责任创新中的角色及其责任

角色	责任	详解
管理层	全责任创新文化	（1）确立全责任创新愿景； （2）确保组织责任的履行； （3）在员工中打造全责任创新文化； （4）将全责任创新视为投资，而非成本； （5）使企业所有的投资战略与行为以全责任创新原则为基准； （6）对全责任创新实施工具进行评价； （7）确保全责任创新在整个价值链的实施； （8）成立专门的伦理监督委员会处理价值冲突； （9）设立专门职能人员协调企业的全责任创新行动； （10）明确将伦理与社会风险列入企业风险评估年鉴； （11）支持对产品影响的前瞻性分析； （12）将用户反馈纳入决策考量。
研发部	全责任创新实施	（1）与其他相关者一起预测新产品的影响并避免社会、伦理风险； （2）识别可消除、可减少伦理/社会风险的可行性技术方案； （3）定义并提供严格的数据保护措施，严防信息泄漏； （4）就新技术研发与利益相关者保持全程合作； （5）与最终用户一起测试样品； （6）推进开放式创新； （7）与其他部门一起合作。
人力部	全责任创新监督	（1）确保选聘认同并执行全责任创新的员工； （2）为员工组织全责任创新培训； （3）促进部门间的交流与合作。
法律部	全责任创新监督	（1）确保企业的一切行为符合国内、国际法律法规； （2）为其他部门提供法律支持； （3）确保投诉程序到位； （4）确保供应商和客户的资质符合全责任创新原则； （5）保持企业规章制度的更新，预测可能的规章变化。

---

① 马克思，恩格斯. 马克思恩格斯选集（第一卷）. 中共中央马克思恩格斯列宁斯大林著作编译局编译. 北京：人民出版社，2012：139.

续表

角色	责任	详解
企业社会责任部	全责任创新监督	（1）加强与管理层在法律、社会和伦理议题上的合作； （2）与研发部和人力部合作确保企业社会责任的实现。
市场部	全责任创新反馈	（1）征询和收集用户关于新产品的社会和伦理方面的意见建议； （2）监测全责任创新对最终产品、市场占有率和用户满意度的影响； （3）留心观察新的社会现象和趋势以向公司报告关于产品的社会可欲性和可接受性； （4）推动关于产品的交流与信息透明，特别是关于成本包括隐形成本的信息。

资料来源：Responsible-Industry 项目组研究报告 A Framework for Implementing RRI in ICT for an Ageing Society

程东峰教授就认为，社会角色是责任的逻辑起点，因为社会角色只是社会关系的确立和认证，只有履行了与角色相对应的责任才能说是扮演了该角色。正如赵汀阳先生所说，"自然存在的实质是 to be，生物存在的实质也还是 to be，当然它表现为生存（to survive），而人的存在的实质则表现为作为 to do 或者 to create（创造）的 to be。显然，创造是人的存在实质中具有唯一性特色的目的，它把存在事业化，把生命责任化"，因此，人类所特有的"生活的存在论句型便是 to be meant to be，或者说，to be is to do"。[①]医生不是生成的，而是做成的，其他角色亦是如此。当然，我们不难发现现实中存在的一些名实不符甚至名存实亡的现象，其原因就在于行动者未能很好地履行其角色责任。所以"角色和责任的关系，是名和实的关系，是表和里的关系，是形式和内容的关系。……角色只是符号，只是名誉，只是头衔，角色的实质是履行责任"。[②]因此，没有无责任的角色，也不存在无角色的责任。也正是在此意义上，荷兰代尔夫特理工大学（Technische Universiteit Delft）哲学系的斯普兰特（Shannon Lydia Spruit）博士才将社会联系（social contract）或社会关系（social relationship）作为责任分配的依据，认为这一视角比集体责任和建立在差异性基础上的负责任创新更能精致地理解科技后果所产生的责任。[③]

没有谁的社会角色是单一的，相反，人所承担的社会角色会因为其社会关系的不同而出现变化。比如，科学家所扮演的社会角色就有着发明者、预测者、阐释者、综合者、批判者、评价者、传播者、教育者、组织者、管理者和实践者多

① 赵汀阳. 论可能生活. 2 版. 北京：中国人民大学出版社，2010：19，18.

② 程东峰. 责任伦理导论. 北京：人民出版社，2010：26-28.

③ Spruit S L. Managing the uncertain risks of nanoparticles. Delft: Delft University of Technology, 2017: 10.

种。①但社会角色既不是完全由社会所赋予的，也不是行动者可以随意选择的，而是两者的统一。比如，技术的社会角色的实质就是"技术在社会中的地位、作用和社会的要求、期待的统一"。②社会对各个角色的责任要求不同，甚至不同群体对同一角色的责任要求也有差异，而行动者又同时承担着多种角色，因此就难免会出现不同角色的责任之间的矛盾或冲突，所以，就需要通过增强角色认同、提升角色能力和优化社会制度来进行责任协调。

二、增强角色认同

行动者每个特定的社会关系，都是为了通过其功能满足其自身和社会的某种需要，因此，对这种关系所产生的角色责任的履行就成为功能实现和需要满足的必要条件。角色认同则是履行角色责任的必要条件，因为只有社会分配了角色责任是不够的，如果没有角色认同，行动者就会通过各种方式来逃避责任，使角色的社会功能无法充分得到实现。

增强角色认同，首先，要明晰角色定位。所谓角色定位，简单来说就是为角色在社会关系的坐标系中找一个差异化的位置，包括社会定位、他人定位和自我定位。这一角色应该满足哪些需要？具备哪些功能？与其他角色是何关系？只有想清楚这些问题，才能找准角色的定位，否则行动者的角色认同就会发生混乱。此外，对技术的角色定位也会出现混乱。比如，智能手机本来只是一个信息交流的工具，但很多使用者却模糊了智能手机的这一角色，将其变成了须臾不离的无机器官，而自己成为患有严重手机依赖症的低头族。

其次，需要平衡社会定位、他人定位与自我定位三者之间的差异。很多时候，社会、他人和行动者自身对同一角色的定位并不完全相同，一般情况下这是没有问题的，也难以杜绝，但如果三者之间差异过大，就会引发认同危机。因此，必须平衡不同角色定位之间的差异，使之保持在合理的范围内，以防引发严重的角色认同危机。

三、提升角色能力

正如"匹配能力"部分所说，可得才能获得。承担任何角色都需要一定的能力，能力是承担责任的前提和基础。不管承担某种角色的愿望如何强烈，如果不

---

① 李醒民. 科学家及其角色特点. 山东科技大学学报（社会科学版），2009，11（3）：1.
② 王秀华. 技术社会角色引论. 北京：中国社会科学出版社，2005：4.

具备承担该角色的相应能力，也只能望洋兴叹。古人所言的"陈力就列，不能者止"表达的就是能力对角色的重要意义。这里的角色主要指的是设计者、工程师、科学家等获得性角色，而非父母、子女、乡亲等先赋性角色。因为获得性角色归根到底需要社会和他人的承认，而并不完全是由行动者自身决定的。否则，即使具备了相应的能力，也无法承担角色。比如，没有企业或股东大会的任命，再优秀的员工也无法成为经理，自然也就没有与经理这一角色相配套的责任。这里的能力不只包括做事的能力，也包括做人和处世的能力，因为"人所从事的每一个现实活动，都是自然科技（'如何做事'）、人文科技（'如何做人'）和社会科技（'如何处世'）融汇于一身并产生的'集成'效应"。①心理学对人的能力的认识也反映了这一点，一开始心理学家认为智商是人类能力的代表，后来又意识到情商的巨大作用，现在则发展出了德商（MQ）、志商（WQ）、心商（MQ）、灵商（SQ）、胆商（DQ）、逆商（AQ）、健商（GQ）和财商（FQ）等概念，用以扩充对人类能力的理解。正如肖玲教授所说："作为进入 21 世纪的现代人，不仅要提高智商（智慧能力），还要提高情商（情感、心理能力）、德商（道德能力）。否则，一味偏重智力教育，只能培养经济动物、科技奴隶（或信徒）、智慧强盗。"②

角色学习是提升角色能力的基本方式。所谓角色学习，是指作为角色承担者的个人或组织通过各种途径了解、认识、领悟与掌握角色责任的内容，包括作为"本然之责"的角色权利和角色义务、作为"应然之责"的角色伦理责任以及作为"实然之责"的角色集的多重责任。③

角色学习的方式主要有三种。第一种是通过与人互动学习，最典型的就是工厂中的师徒制，"所谓师徒制，是一种在实际生产过程中以口传身授为主要形式的技能传授方式，其特点是寓技能学习于实际生产劳动之中，通过完成工作任务获得技能经验"。④徒弟不但要跟随师傅学习相关角色所要求的技术，也要学习相关角色所要求的认真、精细、敬业等角色精神，还要学习该角色与其他相关角色的互动方式。除了这种正式的专门性的互动外，生活中还存在大量非正式的互动，行动者通过依葫芦画瓢式的模仿来习得某角色所含的责任及其履行方式。但这种形式主要是以经验性能力为主。第二种是通过阅读学习。与人互动的学习方式主要适用于经验性角色或角色的经验性责任，但人能经验的事物总是有限的，面对

① 陈文化. 陈文化全面科技哲学文集. 沈阳：东北大学出版社，2010：303.
② 肖玲. 从分化到汇合：科学与人文的历史走向. 自然辩证法通讯，2003，25（5）：2.
③ 田秀云. 角色伦理——构建和谐社会的伦理基础. 北京：人民出版社，2014：138-139.
④ 王星. 技能形成的社会建构：中国工厂师徒制变迁历程的社会学分析. 北京：社会科学文献出版社，2014：9.

那些我们无法经验的事物，就可以通过阅读学习。客观知识世界作为人类精神财富的凝聚地，汇集了全人类的经验和知识，通过阅读，行动者打开了通往其他世界的入口，得以学习自身角色所需的其他责任及其履行方式或者甚至学习其他角色。第三种则是创造性地学习。生活中总是存在无法预料的事件，社会也不断产生一些正式的或非正式的新角色，在这些情况下，不但没有角色先例可以模仿，在行动者可接触的范围内，也没有相应的知识可供学习，因此，必须创造性地思考究竟该如何做。比如，第一个面临脑死亡的或第一个面临救星同胞（savior sibling）的人，到底怎样的行为才是履行角色责任的合理方式？是否应该让脑死亡患者安乐死？是否应该为了治疗另一个孩子的疾病而"制造"一个孩子？在没有惯例、没有范例甚至没有先例之前，这些问题只能创造性地进行回答。高新技术的发展必将制造越来越多的新角色或新责任，无论人们如何进行责任选择，都应无害于人并充分尊重相关者的自由意志，这就是全责任创新的题中之意。

四、优化社会制度

社会制度对责任协调有着非同一般的意义。一方面，社会制度决定了基本的角色类型与责任分工，比如，计划经济的制度框架下，政府是包办一切的全能政府，工厂是包办一切的全能工厂，但在市场经济的制度环境中，政府的角色就转变为"守夜人"，而工厂也卸去了为员工建造住宅、医院、商店甚至为员工解决个人问题的责任。另一方面，角色责任的履行除了需要行动者内在的主动性之外，还需要外在的制度的引导与规约。作为结构化、组织化的规则，社会制度不仅为行动者履行角色责任的实践提供可参考的框架模式，"也往往成为人们被迫服从的力量，规则总意味着既存组织力量对个体的显性或隐性的强制"。[①]

之所以需要优化社会制度，一是因为不合理的制度会直接造成不合理的责任分配格局，影响全责任创新的实现。二是因为社会角色的公私二重性，即任何角色都同时承担着满足社会需要和满足个体需要的双重功能。处理这一矛盾的基本原则本应该是公私兼济、先公后私甚至公而忘私的，但现实中却有不少因为角色认知偏差和角色权利过多造成的因私害公、徇私废公甚至损公肥私的现象。在此情况下，就必须通过制度性的强制措施迫使其合格地履行角色责任，或者取消其角色资格。

---

① 陈忠. 规则论——研究视阈与核心问题. 北京：人民出版社，2008：145.

实践个案篇

电脑游戏设计创新的实践哲学研究

电脑游戏正日益成为人们重要的现代休闲娱乐方式，对实现人类美好生活有重要意义。本篇力图将全责任创新理念具体落实在电脑游戏设计中，从实践哲学上探究如何设计好电脑游戏。

首先，提出电脑游戏的四元架构模型"技术—规则—游玩—文化"，这一模型区分了四类设计类型"技术设计—规则设计—游玩设计—文化设计"以及对应的四大功能"道德功能—娱乐功能—严肃功能—社交功能"。其次，再分别以四个子架构为切入点，从哲学上考察这四类游戏设计是如何利用计算机技术有侧重地实现各自的功能的。

在"技术"架构下，重点研究如何设计电脑游戏技术从而实现其道德功能。利用道德物化思想的"技术调节论"分析了电脑游戏"玩家-设备-游戏世界"的复杂关系，并探究了电脑游戏对玩家体验、行为和参与世界方式的技术调节及其具体表现。再根据"技术的道德化"中的非人本主义论证逻辑，从三方面（意向性、自由和道德施动者）证明了电脑游戏及其设计的道德相关性，明确了设计师所应肩负起的"预测"、"评估"和"铭刻"价值的责任。

在"规则"架构下，重点研究如何设计电脑游戏规则从而实现其娱乐功能。根据维特根斯坦（Ludwig Josef Johann Wittgenstein）的相关论述，提出了电脑游戏版本的遵守规则悖论。通过引入该悖论，设计师增加了行为符合规则的不确定性及其所派生出来的趣味性，从而实现了游戏的娱乐功能。

在"游玩"架构下，重点研究如何把电脑游戏世界设计成严肃游戏（serious game），以此实现除娱乐外的更多功能。严肃游戏的本质是通过仿真技术模拟出一个高度人工可控的虚拟实验室，利用游戏的娱乐功能吸引玩家自愿参与到实验中，在此过程中玩家被"传授"相关的知识和技能，最终通过"评分概念"和标准来判断是否实现了预期目标。基于信息与计算机伦理学的相关理论，从对"精确度标准"、"虚拟的真实体验"及其"等效原则"（the equivalence principle）三方面的反思来看，在这一建构过程中严肃游戏也是一间有关伦理的实验室。

在"文化"架构下，重点研究如何设计电脑游戏文化从而实现社交功能。对作为"文化文本"的电脑游戏进行了七种解读，揭示了电脑游戏不仅反映文化，而且也重塑文化。特别是，玩家的"创造性玩法"形成了"文化阻力"，从而"重塑"了既存的文化观念和行为惯例。

通过对上述电脑游戏设计几方面的研究，本篇就从哲学上初步解释了一些由电脑游戏引起的现象，揭示了电脑游戏设计实现各个功能的原理和机制，为电脑游戏设计创新提供了实践哲学方法论的启示。

应该说，我们的研究是尝试性的。如果建构不同的模型，或者在该模型的同一抽象梯度（即架构）下选取了不同的理论视角，很可能会得到不同的结论。我们追问：电脑游戏能够实现什么功能？这些功能是如何实现的？但或许更为首要的根本问题在于，为什么电脑游戏及其设计能够实现这些功能？这些功能实现的基础或条件在哪里？比较而言，新的提问方式应该触及了更深层的问题，对它们的解答或许能够避开模型建构研究路径的片面性（因为模型建构的方式基于对上述深层问题的解答）。

另外，在我们的研究过程中，经常出现的行动者主要有各类利益相关者（主要包括玩家和设计师以及其他行业的从业者和决策者）与电脑游戏的各要素。在利益相关者与游戏要素的互动中，这一起中介调节和意义语境作用的复杂关系网络以丰富多彩的游戏世界的面貌呈现。玩家和设计师不是单纯地、孤立地使用游戏设备和设计开发工具来实现各类功能，而始终是面向游戏世界去"操心"，这或许跟人与世界的实践生存论关系在本质上别无二致。所以，首要地我们可能更应该从实践生存论去研究，从玩家和设计师跟游戏世界中所发生的交互关系的角度去理解电脑游戏及其设计所实现的功能，以更全面和更深刻地把握电脑游戏在社会生活中所起各类作用的理论基础。

第九章　电脑游戏的本质及其设计创新的理论架构

电脑游戏设计是一个内涵丰富的概念，也是一个涉及多个主体和学科的复杂活动。毋庸置疑，进行电脑游戏设计首先要对其设计对象即电脑游戏有深刻认识。本章将研究电脑游戏的概念，分析玩家"在游戏世界中存在"的状况，再探究电脑游戏设计的有关问题。本章提出了电脑游戏的四元架构模型（技术—规则—游玩—文化），对玩家介入游戏世界进行了现象学的还原，并以此为基础区分了四类设计类型（技术设计—规则设计—游玩设计—文化设计）。

第一节　电脑游戏的外延与内涵

一、电脑游戏的外延界定

在本小节中，首先对在日常话语中经常使用的、与"电脑游戏"相近的几个概念进行考察和比较，以此分析出它们之间的异同，然后再对为什么用"电脑游戏"来涵盖所有这些概念进行解释。

在电脑游戏的发展过程中，涌现出很多不同的概念，这些概念主要有："视频游戏"（video games）、"电子游戏"（electronic games）、"数字游戏"（digital games）和"电脑游戏"（computer games）。我们将要对这些概念进行的考察还不算是在内涵定义的程度和意义上的，这里的考察只是基于日常用法或所谓的"名目定义"（nominal definition）[①]。概念的日常用法是不精确的，使用者可以在自己都并不完全明白或大致上了解的情况下较为合适地使用概念。但是，这种"名目定义"已经足够满足本小节试图划定研究对象之外延范围的任务了。在此基础上，才能

[①]　"名目定义"并不刻画出某术语在现实世界中的真实本质，而只是反映出该术语在日常语用中的惯例。参见：Tavinor G. The Art of Videogames. Chichester：Wiley-Blackwell，2009：16-17.

够着手准备探究电脑游戏的内涵定义。

其中，视频游戏强调了游戏的视觉特征，或者说必定有一个显示器作为最重要的设备。但是它忽视了"纯听觉游戏"（audio-only games）①的存在，例如游戏《三只猴子》（Three Monkeys）②。电子游戏侧重于游戏中所使用的电子设备，可是以下情况使用了电子设备但并不属于电子游戏：例如，在玩某种线下桌上游戏时，由于某种原因（比如纸牌不够用了）玩家临时用一块电子显示器上的符号表明自己的身份以充当原本纸牌的功能。此时玩家在玩游戏，但这块电子显示器的功能并不比一张纸牌多，所以他们不是在玩真正意义上的电子游戏。数字游戏强调了该游戏所利用的二进制数字作为其最基本的计算单元的特征，可是以下情况使用了二进制数字但并不属于数字游戏：例如，设计一种游戏，它规定谁最快地将二进制的数字转换为十进制的则谁获胜。这种游戏常常发生在课堂上，但是十分明显的是它不是我们日常所谓的数字游戏。狭义的电脑游戏通常被认为是运行在计算机上的游戏，但它忽视了那些运行在家用主机（console）、手机、掌机等其他电子设备上的游戏。

由此可见，这几个概念都侧重于所欲指称对象某一方面的特征；然而如果仅凭所强调的特征作为标准的话，那么它们却又过多地包含了或者忽视了一些个例。要么这些个例明显符合各自的特征，但凭借日常经验我们不会把它们判断为从属于相应的游戏概念；要么这些个例不符合特征，但凭借常识经验却会认为它们属于我们所关注和研究的游戏类型。因此，严格地来讲，这些概念之中没有一个能够胜任统称目前研究所关注的游戏种类之整体。

但是，本章使用"电脑游戏"来指称上述这几个概念外延的并集之理由在于该词的含义变化。电脑游戏中的 computer 一词最初的意思是"从事数据计算的人"③，随后在 1869 年该词演变为指"非人类的计算者"（non-human calculator），到 1945 年该词明确地将"机器"（machinery）包括在计算者之内，到了 20 世纪 50 年代该词更确切地等同于"数字计算器"（digital computer）。④因此，电脑游戏这一概念至少包含了三层意思：第一，它强调了游戏具有一种计算（calculation）能力；第二，从 digital 一词可推断出这种计算是基于二进制的；第三，这种计算

---

① Grimshaw M，Tan S，Lipscomb S D. Playing with sound：the role of music and sound effects in gaming//Tan S，Cohen A J，Lipscomb S D，et al. The Psychology of Music in Multimedia. Oxford：The Oxford University Press，2013：293.

② Rogers K. In this audio-only video game，you play blind. https://motherboard.vice.com/en_us/article/ezvqb4/in-this-audio-only-video-game-you-play-blind［2015-02-10］.

③ Wikipedia. Computer. https://en.wikipedia.org/wiki/Computer［2018-02-04］.

④ Freyermuth G S. Games | Game Design | Game Studies. Bielefeld：Transcript Verlag，2015：12-13.

能力的拥有者不仅仅是人类，还包括了技术物。作为"拥有计算和处理二进制数据能力的技术物"，电脑游戏"更明确地指明了目前所讨论的现象的范围"①，或者说它的计算特征比较令人满意地表达出了其他几个概念的共性，因此选择电脑游戏作为这种具有宽泛指称能力的概念，它基本上是视频游戏、电子游戏和数字游戏三者外延的并集。此外，用"电脑游戏"命名的原因还在于：尽管电脑游戏及其所使用的技术形态各异，但是它们的技术构成基本上都还是遵循了冯·诺伊曼（John von Neumann）所提出的电脑的五个基本构件之结构体系。因此，如果没有明确的说明，后文中所出现的"电脑游戏"一词的外延就是这种泛指意义上的；而那种狭义的、仅指运行在个人计算机（PC）上的游戏则用"PC游戏"来指代，以示区别。

最后，仍有两点需要做出说明。第一，"比较令人满意地"暗示了，对于有些人来说，还是存在某些个例并不是完美地符合电脑游戏的上述特性。事实上，维特根斯坦早已揭示出"游戏"概念本身就具有某种"边界模糊性"，他说："因为我们怎么把游戏的概念封闭起来呢？什么东西仍算作游戏，什么东西不再是游戏呢？你能说出界线来吗？不能。"②但是，这并不妨碍我们比较分析这几个相近的概念并从中选择一个来统称这种游戏类型之整体的任务和最初目的。尤其是，目前我们还只是在外延的层面上对电脑游戏所代表的整个游戏类型做一个梳理；当对电脑游戏的内涵做出明确的定义后，我们才能够对某个游戏个例是否在考察范围内做出最终判定。第二，通过上述分析可见，数字游戏概念的特性与刚刚所揭示的电脑游戏的特性十分接近，因为computer一词本身就具备了digital的含义；但是数字游戏并没有指明"技术物"这一点，我们将在后面看到"技术物"是一个十分重要的特征。

二、游戏与电脑游戏的"父子类"关系以及电脑游戏的定义原则

"没有一种研究是完全原创的。"（No research is totally original.）③所以，当试图探究电脑游戏的内涵定义、结构和意义时，都有必要借鉴传统的游戏研究的相关理论成果。

---

① Sageng J R, Fossheim H, Larsen T M. General introduction//Sageng J R, Fossheim H, Larsen T M. The Philosophy of Computer Games. Dordrecht：Springer，2012：4.
② 维特根斯坦. 哲学研究. 陈嘉映译. 上海：上海人民出版社，2005，38.
③ Sicart M. The Ethics of Computer Games. London：The MIT Press，2009：8.

二者的亲缘关系表明：电脑游戏是一种特殊的游戏类型，或者说它是游戏发展至今而产生的一种独特形态。无论如何，电脑游戏毫无疑问是游戏的一个子类，二者之间的关系类似于 JAVA 编程语言中的"父类"（superclass）与"子类"（subclass）的关系——子类可以继承父类的所有特性（域、方法或行为），同时它也可以拥有自己的方法或行为。[①]同理，可以这么说：作为子类的电脑游戏可以继承作为父类的游戏的所有特性，同时电脑游戏也可以拥有属于它自己的独特性。这种独特性就把电脑游戏自身与传统的非电脑游戏区别了开来。所以，为了定义电脑游戏的内涵，所遵循的原则或思路就是先根据游戏研究传统的成果并给出一个关于游戏内涵的定义，然后再揭示出电脑游戏区别于非电脑游戏的差异特征，结合上述两项工作即可得到关于电脑游戏的内涵定义。[②]又如何找到这些差异特征呢？我们将效仿游戏研究是如何得到游戏内涵定义的方法。

三、电脑游戏的内涵定义：电脑游戏的差异特征和定义方法

电脑游戏的定义方法将效仿居尔（Jesper Juul）、萨伦（Katie Salen）和齐默尔曼（Eric Zimmerman）是如何对游戏进行定义的，即在考察那些具有代表性的学者所提出的电脑游戏定义的基础上，归纳总结出属于自己的电脑游戏定义。需要牢记的是，该定义方法的出发点和落脚点都在于找到电脑游戏与游戏的差异特征。根据上述定义原则，一旦找到差异特征，电脑游戏的定义也将随之浮现。

森德（Jouni Smed）和哈科宁（Harri Hakonen）对电脑游戏的定义方式与我们的定义原则和方法是类似的，也就是说他们也把电脑游戏视为一种特殊的游戏类型："电脑游戏是那种在电脑程序帮助下而被执行的游戏。"可见，他们二人认为，电脑游戏与游戏的差异特征是电脑程序，这种程序的架构是基于"MVC 模式"的，其中"M"即"模型"（model）、"V"即"视图"（view）、"C"即"控制器"（controller）。它的功能有三："协调游戏进程、说明情况、以玩家的身份参与。"基于 MVC 软件架构模型的电脑程序说明了玩家是如何通过"视图"接收到他可理解的输出信息的，以此做出反应，而"控制器"接收到玩家的反馈并将之转化为程序可理解的输入信息，据此"模型"根据规则进行判断，并将结果返回至"视图"；如此循环往复。[③]

---

① Eckel B. Java 编程思想. 4 版. 陈昊鹏译. 北京：机械工业出版社，2007：30-31.

② 找到电脑游戏与游戏的差异点是非常重要的，但这并不意味着电脑游戏完全等同于或完全不同于游戏。参见：Freyermuth G S. Games | Game Design | Game Studies. Bielefeld: Transcript Verlag, 2015: 40-41.

③ Smed J，Hakonen H. Towards a definition of a computer game. http://citeseerx.ist.psu.edu/viewdoc/download?doi=10.1.1.6.4120&rep=rep1&type=pdf[2018-02-20].

埃斯波西托（Nicolas Esposito）认为："电脑游戏是那种由于有视听设备我们才得以游玩的游戏，同时也可以是那种基于一个故事的游戏。"视听设备指的是"具有计算能力、输入和输出设备的电子系统"。①

大致上，沃尔夫（Mark Wolf）认为电脑游戏（video games）如同其名称所显示的那样，是"图像、视频"加上"游戏"。也就是说，他特别重视电脑游戏的视觉表达及其方式和效果。事实上，他并没有给出一个关于电脑游戏的明确定义，取而代之的是仅提供了一个定义的可行方案：分别从最狭隘的关于 video 和 game 的日常用法开始考察，然后逐渐扩展到更广泛的使用上。②在稍后期的著作中，他和佩隆（Bernard Perron）总结出了电脑游戏包含四个差异特征："算法（algorithm）、玩家活动（player activity）、界面（interface）和图像（graphics）。"③

弗拉斯卡（Gonzalo Frasca）将电脑游戏定义为"基于电脑的娱乐软件的任何形式，不论是文字的还是图像的；它们使用任何一种电子平台，如个人电脑或家用主机，并且在一个物理的或网络的环境中，电脑游戏包含一个或多个玩家"。正如他自己所说的，这个定义"并没有描述出电脑游戏的本体论含义"，而他的做法是迂回的：先提出过去学者对"游戏"的本体论含义，再考察这些本体论特征在电脑游戏中的表现方式。④他的这种定义被纽曼（James Newman）所认同。⑤

法布里卡托雷（Carlo Fabricatore）认为电脑游戏与游戏的差异特征有二："电脑游戏总是包含一个互动的、虚拟的游玩环境"；"在电脑游戏中，玩家总是不得不与一些对立方作斗争"⑥。

塔维诺（Grant Tavinor）提出了对电脑游戏的一种"析取定义"（disjunctive definition）方法，也就是说，他认为某物是电脑游戏必须满足一些条件，但是并

① Esposito N. A short and simple definition of what a videogame is. Proceedings of DiGRA 2005 Conference：（Changing Views-Worlds in Play）. Vancouver，2005：1-3.

② Wolf M. The video game as a medium//Wolf M. The Medium of the Video Game. Austin： University of Texas Press，2001：14-19；Wolf M. What is a video game? //Wolf M. The Video Game Explosion：a History from Pong to Playstation® and Beyond. Westport：Greenwood Press，2008：3-7.

③ Wolf M，Perron B. Introduction//Wolf M，Perron B. The Video Game Theory Reader. New York and London：Routledge，2003：14-17.

④ Frasca G. Videogames of the Oppressed：Videogames as a Means for Critical Thinking and Debate [Master Dissertation]. Atlanta：Georgia Institute of Technology，2001：4-14.

⑤ Newman J. Videogames. London：Routledge，2004：27.

⑥ Fabricatore C. Learning and videogames：an unexploited synergy. 2000 Annual Convention of the Association for Educational Communications and Technology（AECT），Long Beach，2005：3-4.

不需要满足所有条件（如果某物满足了所有条件，那它当然是电脑游戏）。实际上，析取定义降低了电脑游戏定义的判定条件，其优点之一是可以合理地融合不同的研究进路关于电脑游戏内涵定义的理论成果。总之，塔维诺认为"X 是电脑游戏当且仅当 X 是一种在视觉的电子媒介上的人工物，其目的是作为一种供娱乐的物体，而实现这种娱乐的方式要么是通过规则和客观的游戏玩法，要么是通过交互的虚构，要么是通过上述两者"①。

扎加尔（Jose Zagal）提出了应该从"技术平台"（technological platforms）的角度去理解电脑游戏，"电脑游戏在技术平台上被实现，技术平台塑造了电脑游戏所可以提供的游戏形式、功能和体验"②。但是，如果仅仅从硬件平台的角度来理解电脑游戏则是不全面的，还包括软件技术的角度。③

对上述定义所展现出来的差异特征总结如表 9.1 所示。

表 9.1　电脑游戏的差异特征

姓名	电脑游戏的差异特征
森德和哈科宁	电脑程序（MVC 模式）
埃斯波西托	视听设备（计算能力、输入和输出设备）、故事
沃尔夫和佩隆	算法、玩家活动、界面、图像
弗拉斯卡或纽曼	电脑软件、物理平台或网络环境、图像、玩家
法布里卡托雷	互动、虚拟的环境、斗争、玩家
塔维诺	视觉、媒介、规则、交互、虚构
扎加尔	技术平台（软件和硬件）

尽管这些学者的表达方式有所不同，但是很多观点都是对同一类特征的刻画，因此从中能够找到一些共同的差异特征。例如，森德和哈科宁的"MVC 模式"实际上描述了电脑游戏是如何利用输入设备（"控制器"）、算法（"模型"）和视听表征（"视图"）来实现其交互过程的。像这样，通过翻译上述学者的不同表述，发现了如下几个共同的差异特征：技术平台或媒介、交互、操控设备、算法、视听表征和虚构。根据电脑游戏的定义原则和方法，就可以提出其内涵定义：电脑游戏是一种基于各种技术平台或媒介的游戏，其中该技术平台或媒介具有如下交互过程——玩家通过操控设备输入和表达其游戏行为，程序算法根据规则转

① Tavinor G. The Art of Videogames. Chichester：Wiley-Blackwell，2009：25，26.

② Zagal J. Ludoliteracy：Defining，Understanding，and Supporting Games Education. Pittsburgh：ETC Press，2010：32.

③ Barr P，Nobel J，Biddle R. Video game values：human–computer interaction and games. Interacting with Computers，2007，19（2）：181.

译并处理该行为,再将其判定结果通过视听表征和虚构的方式反馈给玩家。

四、电脑游戏的差异因子

尽管根据定义原则和方法总结出了电脑游戏的差异特征并提出了其内涵定义,但我们并不满足于此。仍有一个更为基本的哲学问题值得追问:上述这些差异特征是如何可能的?形成这些差异特征背后的原因是什么?这样,这一追问就使我们的研究不仅仅停留在找到电脑游戏与游戏的差异特征上(那些非哲学的研究也可以完成这一任务),更重要的是在于探寻一个更始源的哲学问题:电脑游戏所展现出的那些独特性的来源或可能条件何在?追问上述问题就是试图挖掘出造成电脑游戏不同于传统游戏的差异因子或因素(difference factor)。

事实上,从上述学者对差异特征的表述中可见:这些差异特征得以可能的原因和条件就是"技术"因素,即电脑游戏所使用的各种现当代技术。这里"技术"的含义或用法可以参考米切姆的总结和分类,即技术分别作为"物体"、"知识"、"活动"和"意志"。[①]更为深刻的变化在于:电脑游戏中的玩家不再直接与自然物发生联系,他所面对的、环绕在其周围的都是由这些新技术所创造出的人工物所组成的。即使是在与"增强现实"(AR)有关的电脑游戏中,玩家所直接接触的仍旧是技术物(需要用特殊的设备来知觉现实);反过来看,如果撇开技术物的中介和调节,这种"现实"根本无法被完全知觉到。总而言之,电脑游戏的独特性离不开当代各种新技术的支持和辅助。

那么这些"技术"具体指的是什么?它的特征和本质又是什么?很显然,电脑游戏的"相关技术"指的是"计算机技术"(computer technology)。但是,计算机技术这一概念十分笼统,并没有一个明确和统一的定义。但大致上说,从内容上看,它是一系列更为具体的技术之集合:"计算机技术……可粗分为计算机系统技术、计算机器件技术、计算机部件技术和计算机组装技术等几个方面。"[②]它所处理的是"数据"或"信息",因此从对象和功能来看,计算机技术包含了一系列的"信息技术"(information technology,IT)或"信息及通信技术"

① Mitcham C. Thinking Through Technology:The Path between Engineering and Philosophy. Chicago:The University of Chicago Press,1994:161-266.

② Tao X. The application of computer technology in art design. 2016 International Conference on Mechatronics,Manufacturing and Materials Engineering(MMME 2016). Hong Kong,2016:1-5.

（information and communications technology，ICT）[①]。计算机技术的本质和应用范围在于"计算"（computing），它具体指的是"任何一种面向目标的活动，这一活动需要、得益于或创造了计算机。因此，为了十分广泛的目的，它包含了设计和构造硬件、软件系统，处理、组织和管理各种各样的信息，使用计算机进行科学研究，使计算机系统的行为智能化，创造和使用通信和娱乐媒体，找到并收集关于任何特定目的的信息，等等。事实上，其应用几乎是无止境的，它的可能性是巨大的"[②]。总之，电脑游戏所使用的计算机技术之本质是拥有计算和处理二进制数据的能力，其主要的表现形式是逻辑电子电路（logic electronic circuits）。

在"外延界定"的小节中，考察了 computer 一词含义的历史变化情况，从中已知：之所以在几个相近的概念之间选择"电脑游戏"作为指代这一类游戏的名称，是因为它暗示了此类游戏所具有的"计算能力"特征。现在我们知道了电脑游戏的计算能力是由计算机技术提供的。反过来说，计算机技术使得使用它的电脑游戏具备了"计算能力"，从而使我们有理由用"电脑游戏"一词来指代这一类游戏。

此外，游戏所具有的一种"跨媒介性"（transmedia[lity]）[③]也同样表明了电脑游戏区别于一般游戏是由其所使用的计算机技术造成的。理由如下：跨媒介性意味着同一个游戏可以在不同的媒介上运行和游玩。例如，象棋既可以在现实中的木质棋盘上，也可以在各种计算机平台上游玩，但是前者被认为是传统的非电脑游戏，而后者则属于电脑游戏。在上述现象中，类似于实验自变量的是游戏运行其上的媒介，随之发生变化的因变量则是同一款游戏在定义上的不同归属。反过来看，定义上的不同归属是由媒介（自变量）引起的，而游戏媒介是由不同的技术造就的，因此引起我们判断和区分电脑游戏与非电脑游戏的标准之一就是隐藏在媒介背后的技术要素。总之，造成电脑游戏不同于传统游戏的差异因子就是它所使用的计算机技术。这一现象还表明：即使电脑游戏的某些特征与传统游戏并无不同（如规则），不过一旦应用计算机技术，这些相同特征的功能和表现形

[①]　IT 或 ICT 指的是"以数字形式存储、检索、操作、传输或接收信息的任何产品。……因此，ICT 涉及数字数据的存储、检索、操作、传输或接收。重要的是，它还涉及这些不同的使用之间相互配合的方式"。见 Riley J. Computing curricula 2005. https://www.acm.org/binaries/content/assets/education/curricula-recommendations/cc2005-march06final.pdf[2005-09-30].

[②]　The Association for Computing Machinery（ACM），The Association for Information Systems（AIS），The Computer Society（IEEE-CS）. Computing curricula 2005. https://www.acm.org/binaries/content/assets/education/curricula-recommendations/cc2005-march06final.pdf[2005-09-30].

[③]　Juul J. Half-real：Video Games Between Real Rules and Fictional Worlds. Cambridge：The MIT Press，2005：17-54.

态将大为不同，甚至能够引发或创造出与传统游戏截然不同的新现象或游玩方式。

第二节　电脑游戏的要素与四元架构模型

一、电脑游戏的要素

在回顾以往学者对电脑游戏的定义时，实际上已经触及了电脑游戏的要素。但是，只需要指明的是，电脑游戏的要素不同于其差异特征。二者的关系是：差异特征是电脑游戏独有的；而要素不仅包括了差异特征，还拥有一系列与传统游戏共有的特征。不过，这些要素在具体的表现方式和形成机制等方面又与传统游戏有所不同。在这里归纳总结出电脑游戏的各要素，它们是：电脑游戏操控设备（即其输入、输出设备，包括显示器、键盘鼠标、游戏手柄、体感设备、VR 设备等）和其他硬件（即很多内嵌在游戏平台中的隐藏设备，如 CPU 和 GPU）；各种图像处理和显示技术、音频播放技术和游戏引擎等软件技术；电脑游戏的规则、机制和代码；角色和道具等游戏资源（如玩家的虚拟化身、NPC①、服装、物品等）；电脑游戏的地图和场景（即人物和道具所处的空间）；电脑游戏的虚构要素（如故事情节和游戏背景）；电脑游戏的艺术表现形式（即美术和声音）；电脑游戏的关卡（如各种冲突挑战）；电脑游戏的文化；等等。它们基本上涵盖了电脑游戏的方方面面。

其中，这些要素之间不是完全孤立和隔绝的，而是互相关联和部分重合的。例如，电脑游戏的硬件技术是实现其他要素的物质前提和基础；软件技术是其他要素的开发工具；电脑游戏的艺术表现能力受限于其图像处理技术、音频播放技术的发展水平，并且是其他要素的直观感受形式；规则、机制和代码规定了其他要素的技术参数；游戏资源、地图和场景、虚构要素被整合在关卡中，有计划地合理组合即可提高游戏的可玩性；文化是其他要素普及后的升华。

二、电脑游戏的四元架构模型

电脑游戏的要素十分繁复，这就给后续的哲学研究带来了不便。如果没有一

---

①　NPC 是 non-player character（非玩家角色）的缩写形式，指那些不是由玩家所控制的角色，一般具备一定程度的人工智能。

个很好的指导纲领或研究框架，那么研究具有如此复杂要素的电脑游戏时就会束手无策。对此的解决方法是总结出电脑游戏的架构（结构）模型，再根据该模型对这些要素进行分门别类；由于架构模型是切入复杂系统和活动的视角，这样就可以把该模型作为后续对电脑游戏进行哲学研究的切入点和研究纲领。

　　游戏与电脑游戏的父子类关系也体现在其架构上：电脑游戏继承了游戏的三元架构，即规则—游玩—文化，但它也具有独属于自己的新架构。这一具有区别作用的新架构就必须也应该反映出电脑游戏差异特征背后的可能条件，即其差异因子——"技术"。其理由是：在抽象程度很高的电脑游戏架构模型中体现出所有的差异特征是不可能的，因此它只需要反映出其差异因子即可（因为差异因子是导致差异特征的原因，可以从前者推导出后者）。其必要性是：三元架构模型是适用于全体游戏的，它当然也可以应用于电脑游戏中，但是这么做就无法有针对性地反映出电脑游戏与非电脑游戏的各方面差异，上述区别作用就无法很好地得到体现。反之，当把"技术"因子从三元架构模型中提炼并独立出来，就实现了从技术的维度去重新审视电脑游戏本身以及其他三个子架构的目的，从而就能揭示出电脑游戏与传统游戏的各方面差异。总之，我们把"技术"作为一个特殊的子架构纳入电脑游戏的结构中来，从而得到了电脑游戏的四元架构模型（即技术—规则—游玩—文化），如图 9.1 所示。

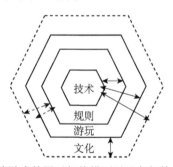

图 9.1　电脑游戏的四元架构模型以及各架构之间的互动

　　从图 9.1 中可见，电脑游戏架构模型的四个子架构之间不是互相孤立和并列的，而是彼此纠缠和包含的。其中它与游戏的三元架构模型的不同之处在于：作为一个新的子架构，"技术"是一个比"规则"更为基础的维度。这意味着，当电脑游戏运用计算机技术时，电脑游戏的"规则—游玩—文化"架构必定会受到技术的影响而变得与游戏的原初架构有所不同。或者说，电脑游戏的规则、游玩、文化架构都是由各种技术实现的，在技术的影响下，每个架构都表现出与之前有所不同的特征和功能。因起到如此基础又重要的作用，我们把"技术"亦作为一个新的架构加入三元模型之中。我们将先对后三个子架构的内容做简要的说明，再回过来讨论技术子架构的作用和影响。

第一，"规则"架构表示电脑游戏的形式化（formal）结构，即电脑游戏在逻辑和数学上的特征和规定。事实上，从"规则"架构的视角来看，电脑游戏则是一个个复杂程度不一的形式系统。[①]此时，电脑游戏的具体表征内容被忽略，而本质性的和功能性的抽象特征被保留了下来。如此，这种以"规则"架构来看游戏的方式类似于胡塞尔（Edmund Husserl）的"本质直观"，种种表象被剥离而只剩下无法再被还原的规则性本质。所以，在这种意义上，规则常常被等同于游戏；而规则也被用来作为判断两个游戏是否相同、某个事物或活动是否属于游戏的依据和标准之一。总之，"规则"架构是十分精确的。

第二，"游玩"架构侧重于研究置身于电脑游戏的玩家的体验维度。从某种意义上说，电脑游戏只有在人类参与的情况下才具有意义。这意味着，只有玩家才能揭示出规则乃至电脑游戏本身所具有的更深层的意义。在"规则"架构的基础上，"游玩"架构更多地着眼于那些影响玩家体验及其意义的要素；所以除了电脑游戏的规则之外，它还包括了关于玩家的美学、心理学等因素以及视听表征、故事背景和玩家之间的社交互动等内容。因为它们往往被整合在游戏世界中，所以"游玩"架构也常常被等同于游戏世界或魔力怪圈（magic circle）。[②]

第三，"文化"架构所关注的就不仅只是电脑游戏和玩家本身了，它超越了魔力怪圈，凡是能够影响规则和玩家体验的几乎所有因素都被囊括其中，包括那些不与电脑游戏和玩家直接相关的"隐藏"要素。[③]"规则"和"游玩"架构都不是既定的，而是在文化大背景的熏陶和孕育下被不断塑造的。甚至电脑游戏设计活动也会受到特定文化的影响，因为游戏设计师生活在某一文化和社群中，受文化的熏陶，他对设计方案的选择间接反映出了其文化背景。

第四，在电脑游戏的架构中，除了规则、游玩、文化之间的层级关系和互动之外（即图 9.1 的虚线双箭头），"技术"架构亦作为一个影响全局的要素与三者发生联系（即图 9.1 的实线双箭头）。如前所述，在技术的影响下，电脑游戏架构中的规则、游玩和文化都与一般游戏中的有所不同。电脑游戏的规则要符合一定的技术标准才能得以制定，一旦制定结束后，其执行和判定都由相应的技术系统

① Salen K，Zimmerman E. Rules of Play：Game Design Fundamental. Cambridge：The MIT Press，2004：5，103-104.

② Salen K，Zimmerman E. Rules of Play：Game Design Fundamental. Cambridge：The MIT Press，2004：5，104.

③ Salen K，Zimmerman E. Rules of Play：Game Design Fundamental. Cambridge：The MIT Press，2004：5，104-105.

所承担，一般来说，在游戏过程中玩家或设计师都难以再干涉。当玩家试图游玩电脑游戏时，他面对的是被计算机技术模拟出来的由图像、声音等表征内容组成的游戏世界，并且玩家与游戏世界的互动必须要通过一定的技术设备和平台的支持才能得以实现。技术对文化的影响反映在：电脑游戏的技术并不是完全中立的，当人们在使用它们的时候，人类自身的观念、行为亦会受到技术的影响，这种影响会逐渐地扩展到整个社会层面上的价值观念、思维模式和行为方式，从而影响甚或改变整个人类文化。反之，文化亦能影响技术的使用和选取。

在建构了电脑游戏的四元架构模型后，就可以对电脑游戏的各要素进行分类，分类结果见图9.2。

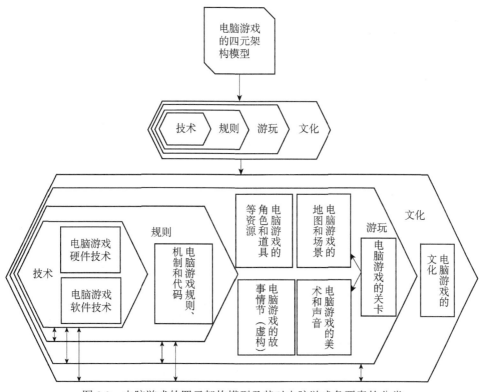

图9.2　电脑游戏的四元架构模型及其对电脑游戏各要素的分类

其中，"技术"、"规则"和"文化"子架构所统辖的要素比较明显，对于把电脑游戏的角色和道具等资源、地图和场景、故事情节、美术和声音、关卡归于"游玩"架构的理由是：从空间上看，这几个要素都属于游戏世界或魔力怪圈之内（或者说它们本身就是构成游戏世界的要素），但又并不与"规则"直接相关；从内容上说，这几个要素是玩家能够直接知觉到的内容，它们对于玩家的游戏体验有着直接的影响，并是体现和构成电脑游戏人文意义的最主要"义素"（seme）。此外，图9.2还显示出了电脑游戏各要素之间相互关联和部分重合的关系，而这种关系是由子架构之间的重合和包含关系所导致的。图9.2中的几组箭头反映出了"技术"、"规则"、"游玩"和"文化"架构之间以及它们各自所含有的各要素之间互相联系和彼此影响的动态关系。

能体验电脑游戏的各要素即意味着玩家已经成功地介入了相应的游戏世界，但对于"玩家是如何介入游戏世界"的问题仍未在哲学上得到解答。

第三节　介入电脑游戏世界的本质分析

一、玩家介入游戏世界的结构和方式

联系知觉现象学对人与世界关系的论述，我们发现它跟电脑游戏中的各个要素之间的关系有着惊人的相似之处。电脑游戏作为一种技术物，向玩家提供了一个非现实的虚拟世界，被称为"游戏世界"。人之介入被知觉的世界与玩家之介入游戏世界具有相似性。事实上，二者之间具有本质上相同的结构。

（1）现象学：在世存在（Being-in-the-World）。

（2）电脑游戏：在游戏世界中存在（Being-in-the-Gameworld）。

对于人来说，他被抛于世界是其存在状态，完全是不可避免的。人可以有选择进行游戏与否的权利，面对电脑游戏他有与之进行互动的可能。但是，从某种意义上来说，玩家被抛入游戏世界又是不可避免的。因为通过这种技术性的游戏活动，人就变为玩家，而一旦改变身份，他也就必须介入一个游戏世界中。不论游戏世界是简单还是复杂的，它都能够发挥类似于现实世界的功能：提供给玩家一个进行知觉、认识、行动的背景性场域。

问题在于玩家是如何介入这个世界的？事实上，它与人介入世界的方式也是相似的。

（1'）知觉现象学：人-身体-世界（man-body-world）；

（2'）电脑游戏：玩家-信息技术身体-游戏世界（player-body of information technology-gameworld）。

从（1'）和（2'）的对照中可以见得，人介入世界与玩家介入游戏世界靠的是各种形态的身体。其中，梅洛-庞蒂对人之身体的重新揭示极大地挑战了笛卡儿式的传统观点（即把身体理解为一种单纯的物质客体），使得人们对身体的特征和功能有了全新的认识。继承梅洛-庞蒂对身体的现象学论述，伊德在《技术中的身体》一书中提出了"三个身体"的理论。其中，"身体一"相当于梅洛-庞蒂所说的具有知觉能力的身体，"身体二"相当于"社会和文化意义上的身体"，而介于二者之间的就是"技术身体"。①所谓的技术身体是"在与技术的关系中通过技术或者技术化人工物为中介建立起的"，而它具有一种"具身性"。关于具身性（embodiment），伊德认为梅洛-庞蒂只关注到了其中身体的延展性，而忽略了技术在具身中所起到的作用，因而就没能揭示出在人的身体与技术之间存在的多种关系。②另外，技术身体不是对身体的一种完全否定，而是在身体的基础上对其原初特征和功能的补充、修改、增强，甚至重写。

按照这一思路，以信息技术或信息技术化人工物为中介建立起的身体就可以被称为"信息技术身体"（body of information technology），它是一种特殊的技术身体。电脑游戏所使用的是信息技术（或计算机技术），而电脑游戏也必须与玩家的身体结合才能发挥功效，这一结合的产物就是信息技术身体。从人变成玩家以及玩家从现实世界跃入游戏世界，这一转变的发生靠的就是"身体信息技术"③，更确切地说主要靠的是电脑游戏当中的各种物理操控设备。对于电脑游戏来说，信息技术身体就是具有使玩家在游戏过程中主要通过各种游戏操控设备延长了自身肉体从而介入游戏世界这么一种功效的技术身体。说到底，信息技术身体仍是一种身体、一种技术身体，因此梅洛-庞蒂对身体及其身体图示的功能性说明与伊德对具身的论述对于解决玩家是如何介入游戏世界的这一问题仍是有效的、可借鉴的。基于梅洛-庞蒂的知觉现象学以及伊德对此的补充，我们将揭示信息技术身体及其效应，进而具体地解释玩家究竟是如何介入游戏世界的。

二、信息技术身体与游戏世界的介入及交互

信息技术身体是身体的派生形式，因而梅洛-庞蒂对身体功能的揭示仍旧是适用的。梅洛-庞蒂曾说，被知觉物"只有在某人可知觉到它时才存在"④。这意味着世界只有向人显现才有意义，而人只有通过身体这一中介才能够回返到活生

---

① Ihde D. Bodies in Technology. Minneapolis：University of Minnesota Press，2002：xi.

② 杨庆峰. 物质身体、文化身体与技术身体——唐·伊德的"三个身体"理论之简析. 上海大学学报（社会科学版），2007，14（1）：14-15.

③ 肖峰. 信息技术哲学. 广州：华南理工大学出版社，2016：41.

④ 莫里斯·梅洛-庞蒂. 知觉的首要地位及其哲学结论. 王东亮译. 北京：生活·读书·新知三联书店，2002：12.

生的被知觉的世界，才能"在世界上存在"。在他看来，"身体是在世界上存在的媒介物，拥有一个身体，对一个生物来说就是介入一个确定的环境，参与某些计划和继续置身于其中"①。这种意义上的身体"是一种自我扩展的感受性，是梅洛-庞蒂所说的'主体-客体'"②，这种意义上的主体是一个带着身体进行知觉的主体，而且我们不再是以旁观者的身份审视世界，而是以参与者的身份主动投身于世界。参与者的身份意味着身体与空间那种双重的互属关系：身体属于空间，因为它处于空间中；反过来说，身体也是人存在于世界中的坐标系上的零点或出发点。前者意味着身体可以作为一个物理客体被感知，而后者则揭示了"身体图示"（body image）概念。作为身体结构的身体图示是在一定的具体处境中激发身体做出相应行动的"我能"（I Can）③。身体图示意味着身体规定了世界的空间性，因此其他事物才能占据一定的位置。④例如，若在缺乏一个身体的情况下，世界中的事物之间的空间关系并无任何意义；只有在相对于一个身体时，事物与身体、事物与事物、身体与身体的空间关系才能成立。同时身体图示也是我们在世界中对意向某事物的觉知，这暗示我们总是已经处于和朝向各种立场和目标去与世界发生关系：主体知觉、认识世界总是已经处在一定的角度上，不存在类似于上帝视角的绝对客观的角度。下面将从四个方面来对玩家的信息技术身体以及玩家是如何介入游戏世界的进行具体论述。

第一，具身（embodiment）是必要基础。梅洛-庞蒂指出人首先是以身体的形式在世界上存在、活动的，身体这种原基性的存在论意义对于电脑游戏及其玩家来说也同样是适用的。玩家不可能仅凭其精神性的要素就能够介入游戏世界，在存在论的高度上我们说具备一个身体是玩家介入游戏世界的必要基础。

第二，交互性（interaction）是充分条件。对于玩家来说，介入游戏世界的可能的实现依赖于玩家具有一个活生生的、能感知的身体，然而仅具备一个身体不过是介入游戏世界的一个必要非充分条件。充分条件的达成还依赖于各种类型的物理操控界面及其与玩家身体结合而形成的信息技术身体。这就是说，仅凭一个身体或非信息技术身体，玩家还是不能介入游戏世界，因为缺乏信息身体技术（各类游戏物理操控界面）的玩家身体与游戏世界缺乏交互性，而交互性则被一些学者认为是电脑游戏与文学作品和电影等这些传统媒介的主要差异。⑤然而，需要

① 莫里斯•梅洛-庞蒂. 姜志辉译. 北京：商务印书馆，2001：116.

② 雷诺•巴尔巴拉. 梅洛庞蒂：意识与身体. 同济大学学报（社会科学版），2009，20（1）：3.

③ Merleau-Ponty M. Phenomenology of Perception. Landes D A（trans.）. London and New York: Routledge，2012：139.

④ 季晓峰. 论梅洛-庞蒂的身体现象学对身心二元论的突破. 东南学术，2010，（2）：159.

⑤ Aarseth E. Doors and perception: fiction vs. simulation in games. Intermédialités，2007，（9）：39.

指出的是，不同的游戏界面的交互性是有程度差异的，这也将导致利用不同设备的玩家介入游戏世界的方式有很大差别。

第三，身体图示的意向性投射是驱动力。在简介了玩家介入游戏世界的必要充分条件后，我们将具体解释这一过程是如何发生的。梅洛-庞蒂曾说，身体可以知觉他物，也能被知觉，这就是说身体可以同时作为主体与客体。同样地，信息技术身体也具有主体和客体形式。信息技术身体的身体图示具有的意向性投射（intentional projection）是玩家介入游戏世界的最主要动力，事实上是主体形式的身体被这一意向性行为带入游戏世界。

对于电脑游戏来说，玩家的身体受到信息身体技术的影响而变为信息技术身体，其身体图示也随之发生改变。实际上，梅洛-庞蒂已经向我们揭示了身体与技术的结合从而导致身体图示的改变。他举例说，在经过一定时间的适应后，手杖就可以成为盲人身体的延伸，原本不属于身体部分的手杖就被融入身体中，似乎成了身体的一部分，此时主体通过手杖来感知，手杖对他来说是缺席的；手杖成为身体图示的一部分，它改变了主体感知世界的结构与方式。[1]手杖作为一种技术物与身体的结合导致了盲人的感知从手延伸到了原本是纯粹物理客体的手杖的末端，技术物大大延伸和扩展了身体图示的感知空间的范围和方式。可以说，各种不同类型的游戏操控设备所发挥的功能与梅洛-庞蒂的手杖是相似的：在电脑游戏中，玩家也需要经过长时间的练习，才能适应这种变化；当他适应后，玩家对电脑游戏内的各种处境的感知和回应都是类似直觉的，此时玩家身体的行为与游戏世界中的各种人物、环境具有即时的、持续的互动。在此适应的过程中，游戏设备这类技术物如同盲人的手杖一样渐渐变为"不可见的"，成为玩家的信息技术身体的一部分。对于玩家来说，他就好像跨越了现实世界与游戏世界的鸿沟，直接在游戏世界内活动。

第四，沉浸感（immersion）和临场感（presence）是结果。传统电脑游戏与VR游戏使玩家介入游戏世界的程度存在差异，这是由具身和交互性程度的差异所导致的。结果，作为沉浸感和临场感的游戏体验也将不同。早期电脑游戏的操控设备不但改变了玩家的信息技术身体，而且还是一种简化，这是由于当时技术的不成熟，随着技术的发展，操控设备将会越来越多地调动玩家的大部分或全部身体，使玩家具有更好的沉浸感和临场感，从而更易于玩家介入游戏世界。VR游戏中玩家所体验到的高度沉浸感和临场感正是那些想要设计严肃游戏并进行VR虚拟实验的游戏设计师所需要的，它们是保证严肃游戏顺利进行的条件之一。

---

[1] Merleau-Ponty M. Phenomenology of Perception. Landes D A（trans.）. London and New York: Routledge，2012：165-166.

三、关于游戏世界的奎因式整体主义本体观

对游戏空间本体论问题的最早论述者或许是约翰·赫伊津哈（Johan Huizinga），他所提出的魔力怪圈①概念表明游戏发生于特定的空间，它自成系统，在其中游戏具有自己的规则、秩序和意义，而游戏规则抵抗着来自现实世界的力量。因此，按照赫伊津哈的逻辑，电脑游戏所创造的空间或世界也将与现实世界具有明确的本体论差异，游戏世界将和现实世界保持距离，不受其影响。近来，有许多学者借用一些电脑游戏的具体案例来批判魔力怪圈概念，例如，萨伦和齐默尔曼认为电脑游戏其实会受到人类文化的影响，因此其所显示出的魔力怪圈也可能是一个开放的系统。②事实上，赫伊津哈是在整个现实的人类社会、文化背景中研究游戏和魔力怪圈现象的，所以他并非没有注意到现实世界对游戏的影响；只是他认为文化可以在游戏缺席的情况下存在，只不过此时这种文化是极度无趣的。

对于电脑游戏来说，它的魔力怪圈，即电脑游戏所创造的虚拟世界，与现实世界又在本体论上有何关系呢？翟振明教授认为，游戏世界和现实世界是"在本体论上等价"③的。然而，肖峰教授对这一观点进行了批判，他的理由是"正如多因同果一样，不能因为同果，就在本体论上认为多因是同因"④，他进而认为这二者"属于两个显然不同的世界"⑤。如果游戏世界和现实世界在本体论上是等价的，那么玩家介入游戏世界的方式将完全等同于人介入现实世界的方式，如此本体论对等的观点将不能解释伴随电脑游戏的许多现象。例如，当玩《超级马里奥兄弟》（Super Mario Bros）时，玩家只需动动自己的手指，游戏世界中的他就跳跃了起来，而事实上在现实世界中玩家的腿并没有做出跳跃动作。再比如，玩家在游戏世界中的死亡与复活根本不能在现实世界中实现。如果游戏世界和现实世界在本体论上是完全不同的，就像两个单子，二者互不影响，这也是毫无根据的。因为实际上现实世界的各种因素潜在地影响着游戏世界，至少游戏世界可以模拟现实世界。

因此，我们采用一种类似于奎因式的整体主义，就可以调和上述两种关于游

① Huizinga J. Homo Ludens：A Study of the Play-element in Culture. London，Boston and Henley：Routledge & Kegan Paul，1949：10.

② Salen K，Zimmerman E. Rules of Play：Game Design Fundamentals. Cambridge：The MIT Press，2003：41.

③ 翟振明. 虚拟实在与自然实在的本体论对等性. 哲学研究，2001，（6）：64.

④ 肖峰. 信息主义及其哲学探析. 北京：中国社会科学出版社，2011：68.

⑤ 肖峰. 信息主义及其哲学探析. 北京：中国社会科学出版社，2011：69.

戏世界与现实世界的本体论。奎因式的整体主义意味着：尽管游戏世界或魔力怪圈为电脑游戏限定了一个独立的空间，但是游戏世界的边界会随着现实世界的影响而发生改变。换句话说，电脑游戏的游戏世界并不是一个封闭系统，而是一个开放系统，它能够在保持一定独立性的前提下与作为外界环境的现实世界进行各种形式的交换。

如图 9.3 所示，游戏世界位于现实世界内。由于现实世界先于游戏世界存在，因而游戏世界是由其所派生出来的，因此在本体论上二者并不完全对等。但是，本体论上的差异并不意味着二者之间没有影响，实际上现实世界作为背景性的因素直接或间接地影响着游戏世界。玩家可以完全"沉浸"在游戏世界中，此时看似毫不相干的现实世界作为不在场者以隐蔽的方式潜移默化着玩家，他的感受偏好、认识能力、思考模式以及决策行动方式等都受到个人日常习惯乃至社会的、文化的影响。与此同时，游戏世界也会反过来作用于现实世界，目前这种影响方式被国外学界称为"游戏化"（gamification）。游戏化就是利用游戏思维、策略去解决现实世界中的问题。两个世界的这种相互影响表明二者之间的边界事实上具有一定程度的模糊性，随着技术水平的提高，这种模糊性将愈发明显。

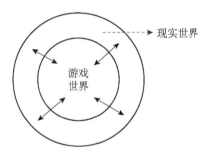

图 9.3　现实世界与游戏世界的关系

四、电脑游戏的哲学意义

玩家的绝大多数游戏行为都发生在电脑游戏世界内，它为玩家和设计师提供了一个表现自我和充分发挥想象力的舞台。通过电脑游戏设计活动，设计师就可以建构出一个虚拟的、可交互的电脑游戏世界；已经介入其中的玩家就能够体验、实践甚至生活在游戏世界中。这么来看，电脑游戏世界已经（至少是可以）成为一个不同于现实世界的"生活世界"。"生活世界"是后期胡塞尔提出的一个概念，简单来说指的是活生生的、前科学的原初自然世界，在其中人们进行着原始的实践活动。尽管游戏世界并不能完全等同于生活世界，但是从表征的真实度和交互程度等方面来看，它无疑比其他世界（例如由小说和戏剧等建构的虚构世界）更接近生活世界。在未来，电脑游戏世界甚至可以无限趋近、等同于现实世界（如在电影《头号玩家》①中所描绘的那样，其中未来的玩家长时间地生活在虚拟的游戏世界中），从而成为第二个生活世界。在某种程度上，海德格尔所揭示的人的存在方式和结构（即"在世存在"）就（已经）有了第二种可能——玩家"在游戏世界中存在"（being-in-the-gameworld）。其价值在于，相比于生活世界来说，电脑游戏世界及其中的各要素都更为可控，这种可控性确保了设计师可以有目的性和有针对性地进行相关的游戏设计活动，并通过游戏设计实现电脑游戏的各种功能，从而满足设计师和玩家的需求和目的，解决个人或社会的问题和矛盾，最终帮助玩家过上一种更"美好的生活"（the good life）②。

在伯格曼看来，美好生活的标准之一是这种生活状态下的人们将摆脱"设备范式"（device paradigm）③的技术逻辑。他认为，技术或设备可以实现"可用性"（availability），即它可以帮助人们实现某种目的或功效。设备还具有某种可以使其可用性成为商品的"机械"（machinery）功能，它把之前需要人来做的事情交付给了设备并且这一过程被隐藏在"黑箱"之中。④对于使用设备的人来说，无须知道设备的机械到底是如何实现可用性的，而只需要确定机械是否有效地实现了即可。总之，为了获得可用性，原来需要人参与的实践活动就被设备的机械所取代，这样人就从各种各样的实践活动中抽身而退，从而只消费商品带来的可用性。人退出实践活动也就是脱离了他所属的生活世界。所以，"设备范式"就是制造商品，在此过程中把人在世界中的多种实践方式还原为单一的消费活动，进而把自己投入无尽的消费洪流中。

伯格曼认为通过"焦点物与实践"（focal thing and practice）⑤就可以克服"设备范式"所带来的上述弊端。焦点物意味着在它周围可以形成一个场域，并将与之相关的人和其他事物吸纳进来，其中人将不再是脱离该场域（世界）的旁观者，而是作为参与者以多种实践方式介入其生活世界中。这样，设备范式对人与其生活世界的割裂就被焦点物和实践所恢复，这不仅增加了人与技术关联的可能性，

① 《头号玩家》（*Ready Player One*）是由史蒂文·斯皮尔伯格导演的科幻电影，于 2018 年上映。

② Borgmann A. Technology and the Character of Contemporary Life: A Philosophical Inquiry. Chicago and London: The University of Chicago Press, 1984: 210-226.

③ 鲍尔格曼. 设备范式与焦点物//吴国盛. 技术哲学经典读本. 上海: 上海交通大学出版社, 2008: 409-412.

④ 鲍尔格曼. 设备范式与焦点物//吴国盛. 技术哲学经典读本. 上海: 上海交通大学出版社, 2008: 411-412.

⑤ 鲍尔格曼. 设备范式与焦点物//吴国盛. 技术哲学经典读本. 上海: 上海交通大学出版社, 2008: 412-427.

也丰富了技术的意义维度——技术不再只是为了提供商品的可用性，而是能够带来更多的快乐和福利；人的实践活动不再仅剩消费商品，而是为了更有意义地、多角度地参与到世界中去。

作为可交互的技术平台或媒介，电脑游戏具有一个类似于第二个生活世界的电脑游戏世界。正因为有了这种意义上的游戏世界，电脑游戏就（可以）不是"设备范式"意义上的技术物，而是作为一种焦点物，在其中围绕着电脑游戏玩家能以多种方式实践，积极地参与到游戏世界之中，体验电脑游戏所带来的快乐和福利，享受一种美好的生活。从更加现实的角度来看，电脑游戏常常被人们理解为是设备范式意义上的，他们的理由之一是基于电脑游戏的成瘾性，即有些玩家重度沉迷于电脑游戏或深陷于光怪陆离的游戏世界而不能自拔，以致对于现实世界的任何事情都不闻不问，日常生活中的事情只剩下玩游戏。从某种意义上说，这种理解的确指出了部分电脑游戏和玩家的病态生活状态。

然而，从电脑游戏和设计师方面来说（但也需要玩家的合作），他们有能力改变这种状况。问题的关键在于如何丰富玩家的实践活动，实际上它可以分为两部分，二者彼此耦合又互相配合。一方面，设计师通过建构更加丰富多彩的游戏世界、实现电脑游戏的更多功能，从而为玩家提供更多可能性的游戏内实践活动；另一方面，设计师要更多地让游戏世界与现实世界联系起来，让玩家的游戏内行为与游戏外的相关实践活动产生互动。这样，上述弊端就有可能得到缓解或解决。

总之，电脑游戏的意义在于它揭示出玩家"在游戏世界中存在"的生存状况；对于那些已经介入游戏世界的玩家来说，他才能够体验游戏设计所实现的电脑游戏的多种功能，进而实践多种游戏活动，从而满足设计师的目的和玩家的需求，解决个人和社会的问题和矛盾，过上更美好的生活。

第四节　电脑游戏设计创新的方法、流程与功能

在知道了电脑游戏"是什么"后，本节将试图澄清"如何做"电脑游戏的问题，这就涉及了作为实现方法的电脑游戏设计及其方法论的内容。本节将先介绍一种常用的电脑游戏设计创新方法和理念，再试图从该方法中总结、抽象、提炼出电脑游戏设计创新的一般流程、任务和原则来，最后对电脑游戏与电脑游戏设计的关系、游戏设计的可实现功能进行研究。

一、电脑游戏设计创新的具体方法：以玩家为中心的游戏设计

一款电脑游戏如果没有玩家的参与，将变得毫无意义。电脑游戏的特征、功能、品质等产品价值的高低只有在玩家的参与和评价中才有意义。出于这一理由和商业目的，一种叫作"以玩家为中心的［电脑］游戏设计"（player-centric ［computer］game design）的方法应运而生。实际上，该方法"是一种设计理念，设计师需设想他意欲创造的游戏的代表性玩家。其中设计师要承担两项关键的义务，一个是娱乐的职责：游戏的首要功能是娱乐玩家，设计师有义务创造一个具有娱乐功能的游戏，而其他动机是较为次要的。另一个是移情的职责：为了设计一个能娱乐玩家的游戏，设计师必须想象他是哪类玩家并且必须构建能满足玩家娱乐愿望和偏好的游戏"①。因为不同玩家群体（年龄、性别、收入等）具有关于产生快乐的不同心理特征和偏好，所以针对不同目标玩家的设计细节也会变得有所差异。②

需要说明的是：关于娱乐的职责，该方法并没有排斥电脑游戏除娱乐以外的其他功能（如教育、培训、医疗、实验、社交和文化等），而是强调了娱乐功能的首要地位，其他功能都需要建立在娱乐的基础上。这也是严肃游戏的特色和信念，即电脑游戏能够在娱乐的过程中实现其他功能和目的，并且其实现的完成度和质量会更佳。关于移情的职责，该方法强调了设计师要"想象"自己是目标玩家。事实上，在游戏开发的前期立项阶段中，充分的市场调研是一个很好的补充或选择。即使市场调研不是设计师的任务，但他完全可以与负责市场调研的同事沟通从而知晓目标玩家的期望和偏好。在此基础上，所谓的"想象"就不是凭空臆造的，而是在设计过程中时刻牢记所有的策划都是围绕着目标玩家的。③

以玩家为中心的电脑游戏设计的过程分为三个阶段：概念阶段（concept stage）、精细化阶段（elaboration stage）和调整阶段（tuning stage）。概念阶段的任务是，在设计之前或之初需要对电脑游戏的一些基本内容进行定位，因为设计师无法一下子就预见所有的设计细节。稍展开来说，设计师需要确定游戏通过什么样的基本机制和玩法来为哪些目标玩家提供什么样的游戏体验，从而实现和满

---

① Adams E. Fundamentals of Game Design. 2nd ed. Berkeley：New Riders，2010：30.

② 杰西·谢尔. 游戏设计艺术. 2 版. 刘嘉俊，陈闻，陆佳琪，等译. 北京：电子工业出版社，2016：120-135.

③ Adams E. Fundamentals of Game Design. 2nd ed. Berkeley：New Riders，2010：31-35.

足玩家什么样的角色和期望。从其他艺术形式那里获取创意，并通过"陈述问题"来试图明确设计师需要解决的问题，最终利用头脑风暴来回答上述问题从而使创意变得更加具体。①概念阶段的内容相当于游戏设计的地基，因此一旦它们被确定并已经进入下一个阶段，就无法再更改了。因为如果修改地基性的基本内容将会动摇整个设计过程，所可能引起的成本将过于高昂。②

　　在精细化阶段，设计师需要把概念阶段中的一般想法和基本内容具体化为可操作的设计细节。通过建构电脑游戏原型（物理的或虚拟的），设计师就能够在其中对上述基本概念和创意进行实验和测试，以验证基本概念的效果。游戏原型使得精细化阶段的设计实践可以是迭代的，即可以不断重复修改和微调设计细节，从而确保获得一个尽可能符合概念阶段预期目标的半成品。原型和迭代设计的目标是高效地排除游戏中的各种风险。③但是，迭代的过程总是要结束的，以便于开展该游戏设计方法的下一阶段工作。

　　在调整阶段，设计师需要锁定游戏原型的所有功能。功能锁定意味着迭代设计的结束，此时游戏原型没有什么致命的大故障（bug），设计师只需要微调原型中各个功能和内容的参数即可。相反，如果此时设计师突发奇想再增加新的功能，而由于新功能的加入是牵一发而动全身的（即对游戏原有的功能和内容的影响是全局性和系统性的），因此又需要再次进入迭代测试阶段。④

二、电脑游戏设计创新的一般流程、专项设计任务和一般原则

1. 电脑游戏设计创新的一般流程

　　尽管"以玩家为中心的电脑游戏设计"是一种具体的、特殊的设计方法，但它还是反映出了电脑游戏设计创新的一般流程、专项设计任务和一般原则。该电脑游戏设计方法的三个阶段（概念阶段、精细化阶段和调整阶段）实际上对应着电脑游戏设计的一般流程——确立目标阶段、具体设计阶段和测试验证阶段。

　　电脑游戏设计往往始于设计师头脑中的灵感和想法，它们是关于电脑游戏的

---

① 杰西·谢尔. 游戏设计艺术. 2版. 刘嘉俊，陈闻，陆佳琪，等译. 北京：电子工业出版社，2016：72-90.

② Adams E. Fundamentals of Game Design. 2nd ed. Berkeley：New Riders，2010：45-47.

③ 杰西·谢尔. 游戏设计艺术. 2版. 刘嘉俊，陈闻，陆佳琪，等译. 北京：电子工业出版社，2016：101，115-116.

④ Adams E. Fundamentals of Game Design. 2nd ed. Berkeley：New Riders，2010：51-52.

概略图（即只用一两句话十分简略、精准地描述所欲设计的游戏），但是灵感和想法过于抽象而无法真正有效地指导后续的具体设计阶段。因此，在确立目标阶段，设计师需要把这些灵感和想法转译为电脑游戏的各种要素，并对这些要素所期望具备的性质和功能进行描述，这样就确立了后续具体设计和测试验证阶段的目标。这些目标会以设计文档的形式传达至其他专项设计师手中。在具体设计阶段，各个专项设计师就要把设计文档中关于电脑游戏各要素的要求转化为具体的技术参数和规范，例如，编程人员把游戏规则和机制编译为代码，美工人员对游戏人物和场景进行贴图，等等。然而，把设计文档中的要求转化为技术细节往往并不尽如人意，或者在把各个专项设计的成果整合起来的过程中也常常会产生问题。这样就需要在测试验证阶段建造原型机以测试具体设计的运行状态，并验证各个具体设计方案是否达到了之前所确立的目标。

2. 电脑游戏设计创新的专项任务

在上述设计流程中，具体设计阶段是主体环节，狭义上的电脑游戏设计指的就是这一阶段，在这里将进一步开展对具体设计阶段的研究。在设计师的灵感和想法被转译为电脑游戏的各要素后，对应于这些要素的、具体的专项设计活动就成立并展开了。上一节已经总结出了电脑游戏的各要素，因此与之相对应的专项设计任务就包括以下几项。

第一，对电脑游戏的硬件技术进行设计，其对象主要指的是玩家所使用的各种输入输出等游戏操控设备。例如，家用主机游戏所使用的各种游戏手柄（gamepads 或 joysticks）、PC 游戏上的键盘和鼠标、VR 游戏所使用的头戴式显示器（HMD）和传感设备以及体感游戏中的各种动态感应设备。[1]

第二，对电脑游戏所运用的各种软件技术进行设计，主要指的是对各种图像显示技术[2]（如使用 3D 图像技术取代 2D 和 2.5D 技术）、音频播放技术[3]和游戏引擎技术的设计和应用。

第三，对电脑游戏的各种规则进行设计，主要包括规则、机制（mechanics）和代码的设计。三者之间的关系和区别在于：规则最为基础，它规定了允许玩家做什么以及游戏对这些行为的反应；而机制是对规则的进一步细化和本地化，它

---

[1]　Wolf M. The Video Game Explosion: A History from Pong to Playstation and Beyond. Westport: Greenwood Press，2008：29-227.

[2]　Therrien C. Graphics in video games//Wolf M. The Video Game Explosion: A History from Pong to Playstation and Beyond. Westport: Greenwood Press，2008：239-250.

[3]　Grimshaw M. Sound//Wolf M，Perron B. The Routledge Companion to Video Game Studies. New York：Routledge，2014：117-122.

包括了任何影响电脑游戏运行的东西；代码是对游戏机制的技术化表达，它把游戏机制进一步转译为只有特定软件和机器才能理解的语言。①

第四，对电脑游戏的角色（包括虚拟化身、怪物和 NPC 等）和道具等游戏资源进行设计。最好能够根据一定的原则对这些角色和道具进行分类。②例如，虚拟化身设计得好就能够吸引玩家参与游戏，有助于增加他的代入感，使他能够更好地沉浸到游戏世界中，而不是作为一个旁观者。成功的设计甚至能让虚拟化身代表整部游戏作品，作为产品和游戏公司的象征物或吉祥物，因而具备商业价值。在有些电脑游戏中，设计师将设计虚拟化身特征的部分权力让渡给了玩家，让玩家来决定他所希望的角色特征，从而让代入感更强。③此外，还要注意游戏角色与道具等游戏资源互相组合时在双方之间所引发的动态变化（如当角色 A 捡起武器 B 时，A 的部分属性可能发生改变）。

第五，对电脑游戏地图和场景进行设计。游戏地图和场景有二维的、伪三维的和三维的之分，它们是游戏角色和道具等资源坐落和行动的场所。游戏地图和场景还包含玩家经历和通过它们的路径（pathway），而路径可以是线性的也可以是非线性的（即开放式的，玩家可以在游戏开始就自由穿梭于每个地区）。游戏地图和场景中所放置的物品（作为奖励品）和怪物（作为障碍物）也可以被用来作为引导玩家通过路径的线索。另外，设计师还需要决定采用哪一种视角来切入游戏地图和场景，不同类型的电脑游戏往往会采用某一约定俗成的视角作为主视角，而其余视角可在某些场合中被调取出来。④

第六，对电脑游戏故事情节进行设计。并非所有的电脑游戏都具有这一要素，不过总的趋势是越来越多的游戏都会考虑设计其虚构要素。迈克尔·摩尔（Michael E. Moore）总结了游戏故事的优缺点（优点诸如"提供游戏行为的结构和意义"、"为玩家提供动机"、"帮助玩家识别驱动行动的冲突"、有利于通过周边产品来进一步获利等，缺点诸如过于复杂的情节不利于玩家记得其动机、过多的情节会使玩家变得不耐烦、故事制作成本可能过高、测试修复故障的时间过长等）、结构（"任务结构""之字形结构""章节结构""英雄旅程结构""开放世界结构"）、设计工具和方法（"纸笔设计工具""用'章节'构建故事""测试故事的凝聚力"）等内容⑤。

① Adams E, Dormans J. Game Mechanics: Advanced Game Design. Berkeley: New Riders, 2012: 1-4.
② 劳斯三世. 游戏设计：原理与实践. 尤晓东，曹晟，陈红梅，等译. 北京：电子工业出版社，2003：256-257.
③ Adams E. Fundamentals of Game Design. 2d ed. Berkeley: New Riders, 2010: 127-152.
④ Moore M E. Basics of Game Design. Boca Raton: CRC Press, 2011: 293-311.
⑤ Moore M E. Basics of Game Design. Boca Raton: CRC Press, 2011: 263-290.

第七，对电脑游戏的美术和声音（音乐）进行设计。①当游戏角色和道具等游戏资源、游戏地图和场景以及游戏的故事情节都设计好后，就需要对这些要素的具体表现形式进行艺术设计（电脑游戏因而被称为"第九艺术"），它们是玩家直接知觉到的内容，因此会直接影响玩家的游戏体验。电脑游戏艺术设计师需要参照其他设计师的成果，设计出符合本游戏主题和风格的艺术效果和形式。②③

第八，对电脑游戏关卡进行设计。即把上述内容整合到电脑游戏的关卡中，使之形成一个整体。游戏关卡一般由"动作类"、"探险"、"解谜"、"剧情叙述"、"美工"及"平衡"等几个成分构成。同时，关卡设计一般由团队负责，其流程可分为"预备工作"、"描绘草图"、"基本建筑"、"细化建筑结构"、"基本游戏可玩性"、"优化游戏可玩性"、"细化美工"和"游戏测试"等几个步骤。④

第九，对电脑游戏文化进行设计。这主要指的是：随着受众的增加和普及度的提高，电脑游戏设计师的设计行为和玩家的游玩行为成为一种文化现象（如电脑游戏设计被认为"并非只是一种技术工艺。它是一种21世纪的思考和领导方式"⑤），虚拟的电脑游戏元素也成为一种文化符号，以及电脑游戏被用来举行其他类型的文化活动。实际上，电脑游戏的这些现象和活动已经改变了现实中的主流文化，在这种意义上说电脑游戏设计也是对文化的设计和建构。

尽管设计不同类型的电脑游戏往往差异很大，但是这种差异也只是在侧重点和程度上的不同，它们往往都会具备上述九大专项设计任务。这些专项设计任务是在总结了电脑游戏及其设计的历史经验之基础上而得出的一般的、共性的设计活动和工作，在某种意义上可以说它们已经成为游戏设计行业的惯例、标准和范式。换句话说，它们就好像是游戏设计师开展设计活动所能够检查的任务清单，根据各自的实际情况，对照着该清单，设计师就可以有针对性地选择设计任务及其比重。

3. 电脑游戏设计创新的一般原则

上述电脑游戏设计创新的一般流程和任务中，体现出来一些普遍适用的原则。它们有："对玩家的移情"（即转换身份，想象目标玩家的需求和期望）、"反

---

① 需要注意的是，第二个专项设计活动中的"图像显示技术和音频播放技术"与这里的"美术和声音（音乐）"的差别是：后者本质上是某种表征符号，而前者是后者的技术载体；后者是内容，前者是手段。

② 恽如伟，陈文娟. 数字游戏概论. 北京：高等教育出版社，2012：208-285.

③ 陈洪，任科，李华杰. 游戏专业概论. 北京：清华大学出版社，2010：205-271.

④ 劳斯三世. 游戏设计：原理与实践. 尤晓东，曹晟，陈红梅，等译. 北京：电子工业出版社，2003：314-336.

⑤ McGonigal J. Reality Is Borken：Why Games Make us Better and How They Can Change the World. New York：The Penguin Press，2011：13.

馈"（即对玩家的输入行为做出各种形式的积极反馈）、"指导玩家完成各种游戏目标"、"即时体验"（即让玩家觉得他在游戏中的每个瞬间都是有趣的）、"沉浸"、"写作"（即把各种类型的写作形式填补至电脑游戏的合适地方，如旁白）、"在限制内设计"（即设计师要充分考虑到时间表、预算和技术水平等限制因素）、"移除障碍"（即消除因技术因素所引起的障碍，它们不利于玩家获得"即时体验"）、"合理的游戏中断机制"（例如设计存档点，让玩家不至于每次死亡都回到最开始的关卡）、简洁的"UI 设计"、适合所有玩家的"启动屏幕"、"可定制的控件"、"秘籍"（即通过游戏秘籍让特定的玩家容易地体验整个游戏流程）、具备"教程或练习模式"、"易学但难掌握"、"照顾好玩家"（即把游戏的难度调整到合适的程度）等。①

三、电脑游戏设计创新的类别及其所实现的功能

在这里需要对电脑游戏设计的专项任务做进一步的归纳总结，这对我们后续的哲学研究具有十分重要的方法论指导意义。我们已经知道，在电脑游戏设计的确立目标阶段，需要把设计师头脑中的灵感和想法转译为电脑游戏的各种要素，然后具体设计阶段中的各个专项设计任务才能针对每个要素依次顺利展开。反过来说，具体设计阶段中的各个专项任务是根据在确立目标阶段把设计灵感转译为电脑游戏的各要素而确定的。因此，从这种意义上说，电脑游戏的各要素与电脑游戏设计的各专项任务之间具有一种对应关系。

因为可以根据电脑游戏的架构模型对这些繁复杂乱的电脑游戏要素进行归类，所以基于上述这种对应关系，也就可以根据电脑游戏的架构模型对这九大专项设计任务进行结构化和系统化的归类，从而避免了电脑游戏设计任务的无序，进而有利于开展针对电脑游戏设计的哲学研究工作。电脑游戏的各要素与电脑游戏设计的专项设计任务之间的对应关系以及对二者的归类，详见图 9.4。

图 9.4 是在图 9.2 的基础上演变而来的，它显示出电脑游戏设计的九大专项设计任务之间互相关联和部分交叉、重合的复杂关系。例如，电脑游戏的软硬件设计对其他所有专项任务提供技术支持；游戏规则、机制和代码的设计为游戏世界内的具体表征和虚构内容提供规范性说明；对游戏角色和道具资源、地图和场景、故事情节、美术和声音的设计之间更是难以区分，但它们最终又以游戏关卡的形式展现出来；游戏的文化设计以间接的方式对其他专项任务施加影响。

---

① Bates B. Game Design. 2nd ed. Boston：Thomson Course Technology PTR，2004：17-35.

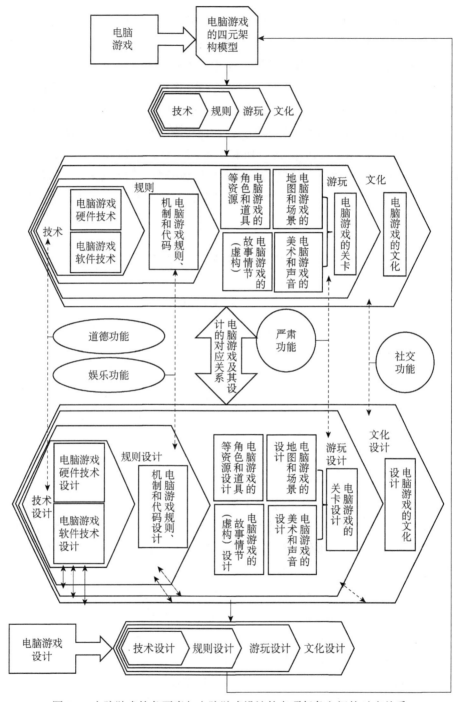

图 9.4　电脑游戏的各要素与电脑游戏设计的专项任务之间的对应关系

同时，它还更加直观地展现出了电脑游戏的各要素与电脑游戏设计的专项任务之间的对应关系，并且可知：与根据四元架构模型把电脑游戏的各要素归为四大类相似，电脑游戏设计的各专项任务也可被归并为四大类（技术设计—规则设计—游玩设计—文化设计），这四大类电脑游戏设计活动与模型中的四个子架构也是对应起来的。这样，电脑游戏的四元架构模型不仅是电脑游戏而且也是电脑游戏设计的结构和分类根据。由于架构模型切入的是复杂系统和活动的视角，根据四元架构模型就可以有条理地对电脑游戏及其设计进行系统的哲学研究。

值得注意的是，该模型四个子架构之间彼此纠缠和包含的关系也反映在这四大类游戏设计之中，四者之间的关系不是互相并列和隔绝的。具体来说，作为最基础的技术设计渗透在其余三类设计之中，在技术的帮助下设计师制定游戏规则、创建游戏机制、编写游戏代码，通过规则设计再规范游戏世界中表征和虚构内容的具体参数，最终综合利用上述三者对电脑游戏文化进行建构。尽管具有上述这种复杂关系，但是四大类游戏设计仍然具有各自的重点任务，从而有侧重地实现各自的功能——电脑游戏的技术设计重在实现其道德功能，规则设计重在实现其娱乐功能，游玩设计重在实现其严肃功能，文化设计重在实现其社交功能。这四种功能在各自的游戏设计活动中处于出场状态，位于设计师视野的中心位置，而其余功能是不在场的。但是不在场并不意味着不存在，而是以辅助的方式配合重点功能的实现。总之，电脑游戏的四大类游戏设计之间是互相配合的，它们共同实现电脑游戏的多种功能，只是在侧重点上有所不同而已。稍展开来说如下。

首先，关于电脑游戏的娱乐功能。不同于康德等人对游戏娱乐功能的相关论述，电脑游戏的娱乐功能来自玩家的游戏行为，在表面上具有一种既符合又违反游戏规则的不确定性（而非"无目的的合目的性"），通过对电脑游戏规则系统的相关设计从而使这一不确定性保持在一定的范围内。此外，鉴于电脑游戏已经形成了一个产业以及具有了电子竞技（e-sports）的商业化特点，对于电脑游戏所带来的快乐到底是不是无功利性的，仍然值得商榷。

其次，关于电脑游戏的道德功能。不同于皮亚杰（Jean Piaget）关于游戏促进儿童道德意识形成的观点，电脑游戏道德功能的范围更大、效果更加直接。具体来说，如果推衍皮亚杰的观点，似乎可以说：游戏的道德功能是针对儿童的；而由于正常成年人的道德意识已经形成，游戏的道德功能就对他们不再起作用了。但是，电脑游戏道德功能起作用的范围是所有参与者，不论他是成年人还是儿童。这是因为电脑游戏道德功能起作用的方式是无差别的：只要使用者参与电脑游戏，他所接触到的计算机技术对于他的知觉体验、行为和参与世界方式的调节作用就是相同的。并且，由于这些技术对电脑游戏参与者的调节作用是在体验和行为层面上的，即使在极端案例中该参与者毫无道德意识，他也会做出道德上好或坏的行为。这类似于拉图尔所举的减速带案例，没有意识到"在某些场地应该要减速"的驾驶员也能够在学校路口减速。

再次，关于电脑游戏的严肃功能。它指的是除娱乐功能以外的几乎所有功能，如实验、教育、学习、培训和治疗等。在谷鲁斯（Karl Groos）和弗洛伊德（George Floyd）的有关论述中，游戏被视为一个独立的、虚拟的想象空间，其中玩家可以通过模仿而习得特定的技能，满足其欲望，实现人格的自由和完整，并使个人和种族生存和延续下去。尽管电脑游戏的严肃功能也有类似的功效，但是又有显著不同。电脑游戏的严肃功能起作用的方式十分依赖其游戏世界，虽然它也是一个虚拟的空间，但不是一个只存在于想象中的场景，而是利用各种图像和音频技术把各种视听表征直观地呈现在玩家面前，并且玩家还能跟电脑游戏世界中的各种要素进行互动。依靠这样一种游戏世界，电脑游戏就可以实现额外的功能，从而帮助某些玩家克服其生理和心理上的缺陷和疾病，进而帮助他更好地融入社会。从某种程度上来说，电脑游戏的严肃功能更倾向于帮助玩家在社会中过上一种更美好的生活，而主要不是如何在自然界中生存下去。

最后，关于电脑游戏的社交功能。尽管伽达默尔（Hans-Georg Gadamer）指出游戏辩证地向观赏者和其他玩家敞开的特点，皮亚杰也提到儿童到了一定阶段会参与集体的社会生活，但他们都并未明确地、正面地提及社交功能，这或许是电脑游戏比较具有特色的功能之一。其独特性还体现在从电脑游戏中衍生出一系列以往未曾有过的新社交方式和文化活动。例如，基于互联网等技术，玩家在多人网络游戏中与其他玩家交流互动；玩家在相关网站中发布自己创作的相关定制内容、补丁和模组，丰富了既存的游戏文化与现实文化；基于局域网（local area network，LAN）等技术，玩家自发在线下组织各种新形式的文娱活动[如电子竞技和局域网派对（LAN-party）]，逐渐使其成为一种新的文化现象和社交形式。

第十章　电脑游戏技术调节及其设计的道德意蕴
——电脑游戏技术设计及其道德功能

电脑游戏已经成为当代人日常生活中不可缺少的组成部分。这就迫切需要对人与电脑游戏之间的密切关系做更深入的哲学分析，反思电脑游戏及其设计所彰显出来的道德维度，并评估这一关系所可能引发的道德影响或后果。能完成这一任务的哲学方法之一就是维贝克（Peter-Paul Verbeek）的道德物化思想，本章也可理解为是将该思想应用到具体的电脑游戏技术领域中的尝试，重点研究电脑游戏技术所具有的更深层次的伦理道德维度以及如何设计电脑游戏技术去实现其道德功能的问题。

第一节　道德物化思想：技术调节论与技术的道德化

维贝克的道德物化思想可分为技术调节论与技术的道德化两大部分。[①]在伊德的后现象学、拉图尔的行动者网络理论和伯格曼的技术哲学的基础上，维贝克批判性地总结出了一套分析"人-技术-世界"关系的理论工具。利用上述工具，技术调节论认为技术具有调节或引导人朝某个特定方向去知觉和行动的"意向性"以及积极地建构和"共塑"（coshape）人的体验、行为和参与世界方式的能力。[②]由于技术调节的上述功能和效果，就应该把技术纳入"道德共同体"（moral community）的范围内。[③]因此，对具有道德相关性的技术进行设计也就是一种道德实践活动，设计师就必须承担一定的责任。

---

① 张卫，王前. 道德可以被物化吗？——维贝克"道德物化"思想评介. 哲学动态, 2013，（3）：71-73.

② Verbeek P-P. What Things Do: Philosophical Reflections on Technology, Agency, and Design. Crease R P（trans.）. University Park：The Pennsylvania State University Press，2005：15-108.

③ Verbeek P-P. What Things Do: Philosophical Reflections on Technology, Agency, and Design. Crease R P（trans.）. University Park：The Pennsylvania State University Press，2005：216.

一、技术调节论的两种路径

技术调节论分为诠释学路径（经验调节）和存在主义路径（实践调节）。[①]前者研究实在是如何通过技术呈现给主体的，调节人对现实的体验和解释方式，其意向性体现在这一调节过程中所发生的转化及其放大/缩小效应；后者考察技术是如何塑造人类在其世界中的行动方式和生存状况的，调节人类行为和参与世界的方式，其意向性表现在上述调节过程中所发生的转译及其鼓励/抑制效应。[②]具体内容见表 10.1。

表 10.1　技术调节论的术语表[③]

诠释学路径	存在主义路径
体验	存在
实在向人呈现的方式	人在其世界中的呈现方式
知觉（微观知觉）	参与
转化	转译
放大	鼓励
缩小	抑制
客体的建构和塑造	主体的建构和塑造
最为相关的人-技术关系	
具身关系	具身关系
诠释关系	它异关系
起点	
技术物对知觉和解释情境的调节（宏观知觉）	技术物对行为和存在情境的调节
体验按意义语境中知觉的被解释方式而塑形	存在按存在情境中行为的参与方式而塑形

总之，为了克服传统的主客二分、技术的工具论和决定论中存在的缺陷，技术调节论研究之前被忽视的具体技术物在实际应用中所表现出来的"意向性"和"多元稳定性"[④]，继而发现：主体和客体并非决然对立，而是在"人-技术-世界"这一图式中互相影响和彼此建构的。此外，维贝克还批判了关于具身关系的传统观点。借用伯格曼的术语，传统观点认为，只有当技术或设备的"机械"（machinery）隐藏在黑箱中而不被人注意时，技术才能发挥其功能从而帮助使用

---

①　彼得·保罗·维贝克. 将技术道德化：理解与设计物的道德. 闫宏秀，杨庆峰译. 上海：上海交通大学出版社，2016：9-14.

②　Verbeek P-P. What Things Do: Philosophical Reflections on Technology，Agency，and Design. Crease R P（trans.）. University Park：The Pennsylvania State University Press，2005：118-119.

③　Verbeek P-P. What Things Do: Philosophical Reflections on Technology，Agency，and Design. Crease R P（trans.）. University Park：The Pennsylvania State University Press，2005：196. 对原表格有所删减和修改.

④　唐·伊德. 让事物"说话"：后现象学与技术科学. 韩连庆译. 北京：北京大学出版社，2008：19.

者完成任务。①但是，通过弹钢琴的案例，维贝克发现人（演奏家）可以同时关注技术（钢琴）及其所产生的"用品"（曲子），所以海德格尔对"上手状态"和"在手状态"的区分就是不必要的，技术也不必非得是在上手状态才能被正常地使用，设备的机械是否处于黑箱中也与人们能否参与活动无关。②

二、技术道德化的非人本主义论证逻辑

在技术调节论的基础上，对技术是否具有道德相关性的论证是从批判人本主义伦理学入手的。人本主义伦理学认为，技术由于缺乏行为的意向性和自由，也无法承担相应的责任，因此就无法成为道德施动者（moral agent），技术对人类体验和行为的调节就不是道德维度上的而只是中性的因果影响。这种人本主义伦理学的理论基础在于主客二分的现代形而上学观点。以此为基础，人本主义伦理学（如道义论）旨在仅凭主体自身的理性而拒绝外部客体的干扰来考虑如何行动。这种做法完全忽视了人在世界中与客体所发生的那些复杂的实践关系和活动，因此就必然不会发现上文所揭示的人（主体）与技术（客体）的互相纠缠、互相建构和共塑的事实。这一事实的道德意蕴突出体现在如下现象中：技术调节会揭示出新的实在并因此使人们面临新的道德困境和选择；反之，如果缺乏相关技术，人们将无法做出道德判断和行动。③这说明，道德情境的揭露、道德主体的形成及其道德行为的评价和实施都会受到技术的调节和建构，将道德全部归结到主体或客体其中一方都是有失公允和违反事实的，所以只有人具有道德相关性的论点是站不住脚的。"道德行动是一种实践，在这种实践中，人与非人连接为一个整体，一起产生道德问题，并解决这些道德问题。"④展开来说，技术是不是道德施动者还需要分别对以下几个条件做进一步分析和论证。

首先，关于技术有无意向性。在人与世界的关系（世界如何向人显现自身与人如何参与到世界中去）中，技术实际上起着积极的建构作用，即技术在人们获得感官知觉、做出行为和参与决策的过程中更是发挥了主动作用。从这种意义来说，技术绝非中性的和被动的，而是具有能够引导其使用者朝某个方向知觉和行

① 鲍尔格曼. 设备范式与焦点物//吴国盛. 技术哲学经典读本. 上海：上海交通大学出版社，2008：411-412.

② Verbeek P-P. What Things Do: Philosophical Reflections on Technology, Agency, and Design. Crease R P (trans.). University Park: The Pennsylvania State University Press, 2005: 194-195.

③ 彼得·保罗·维贝克. 将技术道德化：理解与设计物的道德. 闫宏秀，杨庆峰译. 上海：上海交通大学出版社，2016：20-25.

④ 彼得·保罗·维贝克. 将技术道德化：理解与设计物的道德. 闫宏秀，杨庆峰译. 上海：上海交通大学出版社，2016：48.

为的"意向性",因而能够具备道德属性和价值。①

其次,关于技术有无自由。尽管技术无法拥有类似于心灵这种程度的自由,但是说技术完全没有自由也是不符合事实的。自由不是绝对、彻底地无约束,由于技术调节对人的体验和存在的建构与共塑,它的确带来了新的可能性(将当前的技术及其带来的新现象与之前时代的做比较就可以见得)。从这种意义上说,技术提供了自由生发的场所和动力,因此技术也可以满足"具有自由"这一条件。

最后,关于责任与"技术是不是道德施动者"的关系。尽管技术满足了上面两个条件,但是例如在某事故中把责任归咎到技术身上似乎是没有意义的,所以人们反驳说,技术最终还是因无法承担责任而不能成为道德施动者。事实上,人本主义伦理学的观点基于这样一个推断:(在满足前两个条件的情况下)X 是道德施动者当且仅当 X 能够承担道德责任。维贝克反对道,这一推断无法应用到孩子身上,因为从孩子角度指出了如下反例:他们能够做出道德行为,因而无疑是道德施动者,但是却无法承担其行为的责任。所以,成为道德施动者的判定条件不是能否承担责任,而是能否实施可被道德评价的行为。技术的调节作用对人的行为的影响不是中性的和被动的,而的确是有意向地参与、改变、塑造和建构了人实施行为的过程。②而且在拉图尔看来,同样作为"行动者"的技术与人在实施行为方面没有任何差别。此外,伯格曼也认为技术或设备包揽了之前人参与世界的部分活动。宽泛地说,只要在合适的情境中,经技术调节的任何行为都能被给予相应的道德评价。所以,在上述三种意义上,技术的确在实施可被道德评价的行为,因此(人-)技术是道德施动者。

"信息伦理学"(information ethics)也对把道德责任与道德施动者联系起来的观点做出了批判,并建议将二者区别开来。"没有道德责任仍可以有道德代理关系(moral agency)。即使道德行为没有责任,只有义务和能力,提倡符合道德标准的行为也是合情合理的。"③这种区分的好处就是把道德施动者的范围从人类扩展到了技术上。对于信息伦理学来说,道德施动者甚至可以扩展到任何存在上,只要能满足如下条件:它是"一个可以履行道德限制行动的、互动的、自治(自

① 彼得·保罗·维贝克. 将技术道德化:理解与设计物的道德. 闫宏秀,杨庆峰译. 上海:上海交通大学出版社,2016:14-21.

② Verbeek P-P. What Things Do: Philosophical Reflections on Technology,Agency,and Design. Crease R P(trans.). University Park: The Pennsylvania State University Press,2005:194-195.

③ 卢西亚诺·弗洛里迪. 信息伦理学:本质和范畴//尤瑞恩·范登·霍文,约翰·维克特. 信息技术与道德哲学. 赵迎欢,宋吉鑫,张勤译. 北京:科学出版社,2013:49.

组织）的和适应性的过渡系统"①。

　　由于设计师是具备调节能力的技术的创造发明者，其在设计活动中可以起到赋予技术以调节能力的作用，从而使其用户面临新的道德困境，建议用户实施特定的道德行为和决策，这样技术设计实际上也是一种道德活动。②因此，设计师就应该意识到技术是非中性的和能负载价值的③，他所设计的技术产品是具有调节能力的道德施动者并具备展现、表达伦理价值的能力，在这种意义上他也就有责任"预测"其产品的调节方式，"评估"它们在道德实践和生活中的影响，并有意识地将特定的调节功能或伦理价值"铭刻"到产品中。设计师的责任同时也指明了有道德的设计活动的任务——预测、评估和铭刻。④

第二节　玩家-设备-游戏世界关系的分析

　　当从"技术"子架构角度来审视电脑游戏时，可以看到：因为电脑游戏广泛应用了现当代各种先进的计算机技术，所以它无疑是某种技术物。而且这一技术物越来越渗透到当代人的日常生活中，在此过程中引发了一系列的社会问题，这迫使我们要从道德上对之进行分析和反思。在此背景下，道德物化思想就为我们从技术的角度出发去研究电脑游戏的道德意蕴和功能提供了一个良好的视角和方法。

　　利用道德物化思想的"技术调节论"，我们将分析作为技术物的电脑游戏是如何调节玩家的体验、行为和参与方式的。再根据"技术的道德化"中的非人本主义证明步骤，试图论证电脑游戏及其设计的道德相关性，最终明确游戏设计师的责任和任务。

　　当把道德物化理论所揭示的人-技术-世界的关系结构应用至电脑游戏时，我们发现在电脑游戏中也存在着类似的结构：玩家-电脑游戏的技术和设备-游戏世

　　① 卢西亚诺·弗洛里迪. 信息伦理学：本质和范畴//尤瑞恩·范登·霍文，约翰·维克特. 信息技术与道德哲学. 赵迎欢，宋吉鑫，张勤译. 北京：科学出版社，2013：46.
　　② 彼得·保罗·维贝克. 将技术道德化：理解与设计物的道德. 闫宏秀，杨庆峰译. 上海：上海交通大学出版社，2016：113-147.
　　③ Flanagan M，Howe D C，Nissenbaum H. Embodying values in technology：theory and practice//van den Hoven J，Weckert J. Information Technology and Moral Philosophy. Cambridge：Cambridge University Press，2008：322-350.
　　④ 彼得·保罗·维贝克. 将技术道德化：理解与设计物的道德. 闫宏秀，杨庆峰译. 上海：上海交通大学出版社，2016：117-121.

界。①不同之处在于，"人"的身份变成了"玩家"；"技术"的范围被限定了，变得更为明确；以及"世界"变成了"游戏世界"。既然电脑游戏中也有类似的关系结构，那么或许就能推断在电脑游戏中也具备上述几类人-技术关系（即调节关系、它异关系和背景关系），事实上也的确如此。具体来说如下。

一、电脑游戏中的玩家-设备关系及其表现

首先，关于电脑游戏的具身关系。与海德格尔对锤子"上手"关系的分析类似，如果玩家通过练习已经熟练掌握了设备的操作方法，当他使用该设备玩游戏并沉浸在游戏中的任务时，该设备就可以脱离玩家的注意范围而变得"透明"，该设备延伸了玩家的手，从而使玩家进入游戏世界并与世界中的事物产生联系。

其次，关于电脑游戏的诠释关系。在用技术探测宇宙微波背景辐射的例子中，技术将原本不可见的实在表征为对人可见的图像，人再解释此图像的意义。与此类似，电脑游戏的视听设备向玩家表征出各种图像和声音（音乐），在此基础上玩家再对这些表征内容进行解释。

再次，关于电脑游戏的它异关系。海德格尔对锤子"现成在手状态"的分析说明，当工具坏了时，人就把注意力返回到技术本身，并试图修复它，此时世界隐而不显。与此类似，如果玩家正在修复损坏的设备，或者当玩家买回新的设备正在组装它时，或者是在每次游玩前的准备和调试阶段，玩家与电脑游戏的设备就处于它异关系。

最后，关于电脑游戏的背景关系。在自动恒温系统的例子中，相关设备以一种背景的方式起作用。与此类似，电脑游戏的背景关系主要体现为背景音乐对玩家的影响以及在结束游戏后电脑游戏对玩家的观念和行为的后续影响等。

在此还必须对电脑游戏中的玩家-设备关系之不同点进行说明。第一，需要强调电脑游戏与其他技术不同的地方在于，对于它来说，与之直接相关的不是现实世界，而是由它所建构和表征的游戏世界。如果忽视游戏世界的重要性，将发现不了玩家与电脑游戏技术和设备之间的具身关系和诠释关系。因为在忽视游戏世界的情况下，就只能把玩家与设备之间的多种关系还原为单一的它异关系，玩家与电脑游戏的多重关系就被缩水而变得如同人与机器人或自助售票机（此二者

---

① 还需要说明的是，在分析玩家与电脑游戏技术和设备关系的时候，本章将使用"设备"一词作为"电脑游戏的技术和设备"的简称，从而跟道德物化思想所分析的人-技术关系区别开来。跟上一章使用电脑游戏的"物理操控设备"的方式类似，这里的设备主要指的也是电脑游戏的物质性技术，但是不可忽视的是其他技术形态在实现道德功能时所发挥的辅助和配合作用。

并不拥有一个复杂程度如游戏世界一样的空间）等终端设备的简单交互关系（维贝克所举的它异关系例子）一样。

二、玩家–设备的复杂关系和重叠现象

如果把游戏世界纳入考察范围，就会大大增加玩家–设备关系的复杂性：上述几种玩家–设备关系之间存在互相交叉和重叠的现象。首先，具身关系和诠释关系之间的重叠。已知当玩家熟练操作操控设备的时候，玩家进入的不是现实世界，而是游戏世界。由于游戏世界是由各种表征内容组成的，所以一旦电脑游戏的具身关系成立，相应的诠释关系将随之产生，玩家的解释能力立马启动。相反，诠释关系的成立意味着具身关系已经建立。这种重叠现象有点类似于维贝克所举的演奏钢琴的例子。

其次，诠释关系和它异关系之间的重叠体现在一种叫作"快速反应事件"（quick time event，QTE）的机制或玩法上。当 QTE 出现的时候，玩家同时关注屏幕上的提示和手中的操控设备。此时，玩家一边解释 QTE 提示的视觉表征（熟练的玩家可以瞬间将其解释为在规定的时间内按正确的顺序按对相应的键钮就可以完成任务），一边根据上述解释并靠其空间知觉和触觉去确认、定位和最终按下操控设备上的对应按钮（熟练的玩家不需要靠视觉去确认正确的按键）。在这一过程中，诠释关系和它异关系是同时发生的。

最后，背景关系与其他关系的重叠。当玩家沉浸在游戏世界中或正在完成 QTE 任务时，他很可能完全注意不到电脑游戏的声音或音乐，此时声音技术就是以背景关系的形式与玩家发生关联的。此时，虽然声音或音乐没有被过于投入的玩家注意到，但是它确实潜移默化着玩家的游戏体验和行为抉择（比如通过 EEG 技术探测玩家的脑电波就可以发现游戏声音或音乐对玩家的潜在影响[①]）。在这一过程中，背景关系与其他三种关系是同时出现的。

三、玩家–设备的复合关系

维贝克所提出的一种新的人–技术关系即"复合关系"也能在电脑游戏中找到。在这种关系中，技术通过表征建构现实（而非简单地再现现实世界），而人

---

① Garner T. Identifying habitual statistical features of EEG in response to fear-related stimuli in an audio-only computer video game. Proceedings of the 8th Audio Mostly Conference. Piteå，2013：1-6.

则意向这种被建构的新现实。①对于电脑游戏来说，游戏世界中的表征内容无疑建构了一种新的现实（它甚至可以建构一个完全不同于现实世界的新现实，最好的证明就是大多数科幻题材的游戏世界），而玩家所意向和体验的则是游戏世界，因此这种复合关系也存在于电脑游戏中。但是，维贝克认为复合关系是诠释关系和它异关系的"高级延续"②，对于该论断我们并不完全赞同。这是因为他把由表征内容组合形成的新实在包含在了"技术"内（这也并非没有道理，因为这种新实在就是由技术建构而成的），这样人意向新实在并与之产生交互都是在技术范围内的，因而属于它异关系，从而得出上述论断。但是，尽管游戏世界是由技术建构的，但是从实用主义的角度考虑，在玩家-设备-游戏世界的关系中，对于玩家（尤其是与玩家对应的虚拟化身）来说游戏世界所发挥的功能与现实世界并无本质差异（因而至少在这里不该把游戏世界简单地视为技术的衍生）。所以在电脑游戏中，复合关系是诠释关系和具身关系的延续和重叠。需要再次重申和强调的是，上述三种玩家-设备关系的重叠现象和复合关系的成立都是在游戏世界存在的前提下才能够发生的，这造成了电脑游戏的玩家-设备关系要比那些不具备由它自己建构出来的表征世界的技术要复杂得多。

第三节　电脑游戏对玩家的技术调节及其表现

上面对玩家-设备关系及其复杂性的分析说明了电脑游戏的技术和设备并不是中性的工具，而是积极主动地调节着玩家的体验、行为和参与方式，在这一过程中玩家与游戏世界（有时也涉及现实世界）互相影响并建构彼此。

一、电脑游戏对玩家感官知觉的调节及其表现

当代的电脑游戏技术向玩家提供了一整套逼真的和多维的感官体验，它们被统合到游戏世界中同步起效。对于绝大多数玩家来说，他无须了解游戏世界的表征是为何与如何通过技术设备向他呈现的，例如，他无须知道游戏机（包括 CPU、GPU 和操控设备等）是如何读取存储器上的代码并将其解析为各种视听表征以及

---

① 彼得·保罗·维贝克. 将技术道德化：理解与设计物的道德. 闫宏秀，杨庆峰译. 上海：上海交通大学出版社，2016：178-179.

② 彼得·保罗·维贝克. 将技术道德化：理解与设计物的道德. 闫宏秀，杨庆峰译. 上海：上海交通大学出版社，2016：183.

它如何与玩家进行交互的内部机制。这些都被技术黑箱所隐藏，这样玩家就可以把注意力和精力都放在游戏规则和游戏世界本身上，为上述几种玩家-设备关系的发生提供方便。其中，复合关系表明，电脑游戏向玩家提供的表征不是简单地对现实世界的再现，而是建构了一整个新的现实（尤其是虚拟现实技术）。

在这一过程中，电脑游戏的技术设备对玩家体验的调节表现在：玩家体验到什么以及是如何体验的（包括体验的方式和质量）这两方面在很大程度上是沿着技术预先规定好的路径被呈现和给予的。具体来说，首先，作为一种新实在的游戏世界表征了什么内容是有针对性和目的性的，一般会围绕着游戏的主题和目的。例如，一款背景设定在中世纪的现实主义类游戏就不会也不该向玩家呈现那些在现当代才被发明和创造的科技设备，或者一款以反战为目的的游戏就不该用卡通的风格向玩家展现战争的残酷和恐怖。其次，各种游戏表征内容呈现给玩家的方式。以视觉为例，呈现方式主要体现在画面的维度（2D、2.5D 或 3D）、视角（第一人称视角、第三人称视角或综合视角等）和风格（现实主义或卡通化或未来主义等）等方面上。最后，表征内容的详略程度。如果对游戏世界的所有方面都事无巨细或都以同样的详略程度来表征，这是不可能的。对于前者来说，其原因主要是受限于当前的技术水平和预算成本；对于后者来说，以不同的详略程度来表现游戏世界及其中的事物更加符合人类的认知模式，也能更加突出所欲强调的主题。这就体现了伴随技术对玩家知觉进行调节而引发的转化及其放大/缩小效应，即游戏设备总是在相对详细地表征了事物某方面的同时又相对简略地刻画了另一方面。

二、电脑游戏对玩家行为的调节及其表现

借用拉图尔的术语和理论，电脑游戏的设备和玩家都可以被视为行动者，并且二者拥有各自的行动纲领。电脑游戏的设备对玩家行为的调节主要表现在具身关系和它异关系及其重叠现象（如上述 QTE 玩法）中，此时作为行动者的游戏设备与玩家相遇，他们各自的行动纲领合成并被转译而生成新的行为，在此过程中某些特定行为被鼓励的同时另一些被抑制了。

具体来说，这种对行为的调节体现在两方面。一方面，电脑游戏的各类操控设备会影响和改变玩家的行为。也就是说受限于设备的有限数量的按键，玩家只能以特定的方式实施行动。游戏操控设备的行动纲领对玩家行为的调节方式和程度随着相关技术的不断创新和发展而发生变化。例如，游戏手柄、键鼠与体感设备对于玩家行为的调节方式和程度就是不同的：玩家只需要调动其双手手指就能

操作手柄，在此基础上再加上一些手腕和前臂的运动就能操控键鼠，而体感设备则能够引起玩家的整个身体参与游戏。在此过程中，上述两种行动者互相影响和共塑，其各自的行动纲领彼此合成，引起转译，进而形成了电脑游戏中独特的行为方式（玩家握手柄和操作键鼠的姿势甚至已经被视为专属电脑游戏的独特标志），其中某些行为被鼓励的同时另一些则被抑制了。比如，手柄和键鼠只鼓励了双手的某些动作而几乎抑制了除此之外的其他所有动作（不包括眼球转动和呼吸等维持基本身体功能的动作）。

另一方面，电脑游戏通过其规则来强迫或说服或引诱玩家的游戏内行为，然后此调节效应再传递至玩家的物理操作行为（游戏外行为）。玩家的游戏内行为指的是由玩家控制的虚拟化身在游戏世界内所实施的行为，直观地看，它是由玩家对操控设备的操作而引起的，也就是说它是以上述第一种行为调节方式为基础的。但是，使这两种调节方式或者说两类游戏行为对应起来的是游戏规则，而规则是由游戏设计师预先规定好的。对玩家游戏行为的细分和对游戏规则的揭示，反映出了在电脑游戏中，设备行动者和玩家行动者各自所含有的行动纲领在合成过程中所体现出来的另一种转译方式及其鼓励/抑制效应。这种转译方式发生在玩家的设备操控行为与游戏内行为之间，其中规则使得转译发生并规定了二者对应起来的方式。通过规则，简单的、有限的设备操控行为被有意地转译为复杂的、无限的游戏内行为；也还是通过规则，那些符合规则的游戏内行为被鼓励的同时另一些不符合规则的行为则被抑制了。

三、电脑游戏对玩家参与世界方式的调节及其表现

借用伯格曼的术语和理论，一般来说，电脑游戏的技术和设备所提供的可用性即娱乐，同时其机械使得这种独特的娱乐成为商品。在前电脑游戏时代，人们通过游戏获取的娱乐需要他们花费大量的精力和劳作（比如玩家需要自己去制作游戏道具），而这种劳动由电脑游戏的技术和设备所完成。这完全改变了人们玩游戏和跟世界打交道的方式——从以多种方式参与世界并建构人自身的多样性存在而变为以单一方式参与世界并使自己沦落为电脑游戏消费主义的奴隶。

这种对电脑游戏及其技术的批判性论述实际上是把对技术进行批判的传统技术哲学应用到具体领域而得出的旧认识。事实上，电脑游戏及其游玩也可以作为焦点物和焦点实践从而反驳上述观点。从某种意义上说，"严肃游戏"[①]就是这么一种电脑游戏类型，它以相关技术和设备为核心和基础（作为焦点物），实现

---

① Wikipedia. Serious game. https://en.wikipedia.org/wiki/Serious_game[2019-03-28].

并具备除了娱乐之外的更多功能和目的，如教育、培训或训练、实验或测试、治疗等（作为焦点实践）。可见，电脑游戏的技术设备对玩家参与世界方式的调节表现在：它们完全有能力使玩家以多种行为和实践方式参与到世界中；并且玩家的参与活动并不是单纯地追求刺激或娱乐，而是以娱乐为基础，在游玩行为和实践本身之中发现和追求更丰富的意义和价值，最终在此过程中玩家建构自己的存在并提高良好的生活技能和质量。

　　除了严肃游戏这种对游戏整体功能的创新方式外，设计师还可以通过更小范围的创新设计和调整来丰富玩家参与方式的种类，通过一个具体案例将对此进行说明。《我们的太阳》[①]是一款创造性地使用了某种阳光感应器的角色扮演掌机游戏，以这种设备为核心，设计师发明了一种独特的玩法——游戏主角需要特殊的能量来进行攻击，由于该阳光感应器并不能接收室内的人造光，所以这种能量只能通过玩家跑到室外使掌机暴露在太阳下来收集。[②]利用这一设备，设计师完全改变了玩家长时间待在室内进行操作的传统玩法，利用技术的调节作用丰富了玩家的生活方式以及提高了玩家的生活质量。

　　最后，需要说明的是，上述分析似乎过于强调了电脑游戏的技术和设备对于玩家体验和行为的决定性作用，但并不完全如此。玩家对游戏世界的表征和游戏规则的理解总是基于其已预先具备的解释框架（类似于海德格尔的"前理解"），并且这一框架总是受到不同文化的影响，解释的进行和行为的实施也总是在一定的情境下——总之，游戏设备并没有使玩家的主动性和能动性消失或减弱（不同地区和文化的玩家对待同一款游戏的游玩方式是不同的，由此可见游戏技术并不具有决定性力量），相反，相关技术的发展和创新还给予玩家以更多的自由去体验和行动（详见"文化"架构章节中的电子竞技和局域网派对）。

第四节　电脑游戏技术和设备的道德维度

　　在前文中，利用道德物化思想的术语和方法，已经分析和讨论了电脑游戏中的玩家-设备-游戏世界的复杂关系及其对玩家的体验、行为和参与世界方式的技术调节作用，从而了解到玩家、技术设备和实在（游戏和现实世界）之间互相建

---

　　① 《我们的太阳》，英文名 Boktai：The Sun Is in Your Hand，于 2003 年由 Konami 开发（小岛秀夫监制）的掌机游戏。

　　② Wikipedia. Boktai：The Sun Is in Your Hand. https://en.wikipedia.org/wiki/Boktai：_The_Sun_Is_in_Your_Hand[2019-04-01].

构、彼此共塑的特征。这表明了传统主客二分的思想在电脑游戏这一具体技术领域同样是不成立的，进而可以推断出以主客二分为理论前提的现代人本主义伦理学也同样不适用于电脑游戏，因此似乎可以把电脑游戏及其技术纳入道德共同体的范围中。接下来，沿着上一节批判人本主义伦理学的逻辑和方法，我们将试图论证电脑游戏及其技术的道德维度，在此基础上再去论述电脑游戏设计的道德意蕴。实际上，从关于电脑游戏中的玩家-设备关系与技术调节作用的上述分析中，不难得知如下判断。

一、电脑游戏及其技术具有意向性

稍展开来说，游戏世界的表征内容及其表征方式，操控设备对玩家行为的"教化"与规则使游戏内的虚拟化身行为和玩家行为的对应以及玩家通过游戏的多种功能所实现的参与世界方式的多样化都反映出它们各自背后的目的性、针对性和倾向性，它们总是指引或引导着玩家朝向某个特定主题、功能和方向去体验和行动。尤其是在参与世界的方式上，电脑游戏（尤其是严肃游戏）的设备似乎是在向玩家建议应该以娱乐以外的方式去塑造属于自己的丰富生活。总之，电脑游戏的技术设备总是积极主动地参与到建构玩家的体验、行为与参与世界方式和质量的过程中，而非消极被动地简单介入。从这个角度来看，电脑游戏及其技术的意向性也是对于"应该如何行动"和"应该如何生活"这两个道德经典问题的回答，从而使电脑游戏及其技术具备道德维度成为可能。在上述这种意义上，我们说电脑游戏及其技术具有意向性。

二、电脑游戏及其技术具有自由

尽管电脑游戏对玩家体验、行为和参与世界方式的技术调节具有明显的意向性，但是这并不意味着玩家必须沿着技术调节的意向性所规定好的固定路线和方向去体验和行为。多元稳定性概念就表明了电脑游戏的技术调节能够容忍玩家具备一定程度的自由，允许他以创造性的方法去使用游戏的技术设备。此外，电脑游戏的技术设备的自由还体现在：通过建构游戏世界还能够给处于具身和诠释关系中的玩家带来全新的体验和实施行为的情境。在某些情况下，对于普通人来说，这种体验和行为场景完全无法在现实世界中找到，也无法由其他技术实现。并且人们常常还能够用道德语言去审视和评价这种全新的体验和情境，在这种情况下玩家所经历和面临的就十分有可能会转变为簇新的道德挑战和困境，并敦促玩家去做出相应的道德选择。从这种意义上说，电脑游戏及其技术具有自由，它不仅能够建构新的道德困境和选择情境，而且还向玩家提供了某种超越该道德困境的可能出路。最后，需要指出的是，如果没有电脑游戏及其技术，这种道德困境也就不会发生。这就说明了电脑游戏及其技术绝不是引起相关道德困境或者提供规避出路的中性工具，而是具有更加主动的道德相关性。

三、（玩家–）电脑游戏及其技术是道德施动者

在第一节中，维贝克和信息伦理学已经证实，在 X 具有意向性和自由的前提下，成为道德施动者的判定条件不是 X 能否承担道德责任，而是 X 能否实施道德行为。由于电脑游戏及其技术的确能够主动地调节玩家做出可被道德评价的行为，因而电脑游戏及其技术（至少是玩家和设备的联合体）可被视为具有实施道德行为的能力，结合上述两个论断从而推断出电脑游戏及其技术是道德施动者。细微差别在于，站在维贝克的视角来看的话，电脑游戏及其技术必须要有玩家的参与和联合才能成为道德施动者；而从信息伦理学的角度来说，电脑游戏及其技术单独就能够成为道德施动者，因为很明显作为复杂系统和状态机的电脑游戏符合"互动的、自治（自组织）的和适应性的过渡系统"这一条件。

然而，在需要追究责任的时候，同样的困难也存在于电脑游戏当中。既然把责任归咎为电脑游戏及其技术和设备没有实际意义（即电脑游戏无法作为庭审中的被告方），那么责任该如何追究和分配呢？

第五节 电脑游戏技术设计的道德意蕴
与设计师的责任

因为所设计的对象具有上述三种意义上的道德维度，所以电脑游戏技术设计从本质上说就是一种道德实践行为。不论游戏设计师是不是在道德上有意识地进行设计，他所创造出来的产品都能够对玩家的体验、行为和参与方式主动施加具有道德维度的影响，并且这种影响方式（即技术调节方式）也是被设计行为建构出来的，因此其设计行为就不得不具有道德相关性。在这种意义上，游戏设计师就需要对电脑游戏的技术调节所引发的道德问题负一部分责任。他不仅应该要意识到电脑游戏及其技术不是中性的，而是具有道德维度和能负载伦理价值的；并

且他的责任（即其道德任务）在于能"预测"电脑游戏及其技术调节的具体实现方式、"评估"电脑游戏所可能引起的道德影响或后果、有计划地将预期的调节方式或价值"铭刻"到电脑游戏及其技术中。

一、"预测"电脑游戏及其技术调节的具体实现方式

游戏设计师应该综合利用"道德想象""增强的建构性技术评估""场景仿真法"等方法尽可能地去预测电脑游戏对玩家的体验、行为和参与世界的具体调节方式。前几节内容实际上已经完成了这一任务，故在此不再赘述。

二、"评估"电脑游戏所可能引起的道德影响或后果

关于游戏设计师对电脑游戏的上述技术调节所引发的道德影响的评估，具体包括以下几个方面。第一，针对玩家通过游戏世界所体验到的内容及其体验方式和质量的评估。设计师通过建构游戏世界，能使玩家体验他们平时很难甚至完全不可能接触到的经历，如战争、历史场景、平行世界和科幻场景等。随着相关技术的发展（特别是 VR 技术的应用），游戏世界的表征之真实度越来越逼真，其呈现给玩家的方式也越来越贴近人的认知模式，这样玩家的游戏体验就是深度沉浸式的。与伦理道德相关的问题随之而来，例如，在《侠盗猎车手》系列[①]中，玩家不得不面对大量的暴力内容，设计师让玩家经历这种体验是否算得上是道德的呢？在恐怖游戏（如《寂静岭》系列[②]）和战争游戏（如《使命召唤》系列[③]）中，对特定场景刻画得过于逼真是否会引起玩家的心理不适，进而引发生理疾病？

第二，针对游戏操控设备对玩家行为与游戏规则对游戏内行为的调节的评估。一方面，设计师需要评估他所设计的电脑游戏及其技术设备是否会导致玩家培养出不好的行为习惯。例如，如果设计出的游戏难度过大，玩家需要花费更多的时间去通关（如果该游戏使用的操控设备是键鼠），那么在这种情况下玩家就极有可能会患上腕管综合征（carpal tunnel syndrome）或引起颈椎、眼睛等身体部位的不适。从某种程度上说，体感游戏就可以避免上述伦理问题。另一方面，设计师需要评估游戏内行为是否符合特定的道德规范或价值，还需要评估实践这

---

① 《侠盗猎车手》，英文名 Grand Theft Auto（GTA），是由 Rockstar Games 开发的系列游戏。

② 《寂静岭》，英文名 Silent Hill，是由 Konami 开发的系列游戏。

③ 《使命召唤》，英文名 Call of Duty（COD），是由 Activision 开发的系列游戏。

种游戏内行为的玩家是否会在现实中也做出同样的行为。例如，在电脑游戏《小偷模拟器》①中，玩家扮演了一个小偷，其游戏内行为大多数属于偷盗行为，一般来说该行为是不道德的。但是如果在游戏剧情中主角的该种行为是出于某种苦衷或被他人逼迫，情况又会如何？并且，在游戏中实践该行为的玩家是否会变得倾向于在现实中也做出偷盗行为呢？类似的道德疑问和评估也发生在暴力电脑游戏中。

第三，针对电脑游戏及其技术对于玩家参与世界方式调节的评估。主要来说设计师需要评估他所设计出来的电脑游戏及其技术是否会让玩家参与现实世界的方式变得单一。这突出体现在电脑游戏成瘾现象中，玩家原本花在各类现实活动（如室外的体育活动和社交活动）上的时间被电脑游戏挤占了，玩家通常只能待在室内，从而使玩家的存在质量和生活方式变得枯燥和贫乏。这种观点指出了电脑游戏在这方面存在的部分问题，但并不全面。之前，我们已经通过严肃游戏和《我们的太阳》这一案例反驳了这一观点。总之，电脑游戏及其技术并不必然会导致玩家参与世界方式的单一化和片面化。关键在于，它需要设计师去评估这种单一化和片面化的趋势是否会发生在他的产品中；如果会，可通过创新的伦理游戏设计方法去尽力避免它。

三、有计划地将预期的调节方式或价值"铭刻"到电脑游戏及其技术中

游戏设计师可以利用最新发展起来的各种设计方法来有意识地将道德规范和伦理价值铭刻到电脑游戏中。这些铭刻方法如价值敏感性设计（value sensitive design，VSD）、价值设计（design for values）等。

目前把这些方法应用到电脑游戏价值设计中的成果主要是"游戏中/起效的价值"（values at play，VAP）。2005 年，受美国国家科学基金会（National Science Foundation，NSF）的资助，玛丽·弗拉纳根（Mary Flanagan）和海伦·尼森鲍姆（Helen Nissenbaum）等人创建了该项目，渐渐地 VAP 成为实现电脑游戏价值设计的一个重要的理论课题和实践指南。除了弗拉纳根所在的纽约城市大学亨特学院（Hunter College）和尼森鲍姆所在的纽约大学（New York University）外，VAP 逐渐吸引了一大批高校、科研机构以及知名学者和业内人士的参与，影响很大。

---

① 《小偷模拟器》，英文名 Thief Simulator，于 2018 年 11 月 9 日在 Steam 平台上架，其开发商是 Noble Muffins，发行商是 S. A. PlayWay 和 S. A. Console Labs。

其实践成果包括: 第一, VAP 建立了一个基于其官方网站（www.valuesatplay.org）的"课程"（curriculum）。它是由吉姆·戴蒙德（Jim Diamond）于 2007 年设立并在一年后被乔纳森·贝尔曼（Jonathan Belman）修改。[1]在贝尔曼修改后, 对 VAP 的修补工作仍在不断进行中, 截至目前最新版本的课程大纲在 2014 年被确定为一个为期四周的教学操作手册。[2]

第二, "培植游戏"（Grow-a-Game）卡牌。这是一套"帮助设计师把价值嵌入其（电脑）游戏中的头脑风暴工具"[3]。在使用过程中, 该卡牌可以激发设计师的灵感和彼此之间的观点碰撞, 并帮助他们摆脱自己的思维定式。该卡牌可被分为四类, 即价值、动词、游戏和挑战, 但各个类别下所含卡牌的内容可根据本地需要而做出改变。其使用方法是: 首先, 设计师挑选一张价值卡, 讨论它在某款游戏中的表现方式, 在此分析和讨论的过程中会加深对该价值的理解。其次, 选出一张游戏卡, 并讨论如何根据之前选中的价值来修改此游戏。再次, 再选出一张动词卡, 与此前的价值卡配合, 思考如何用该动词去表达此价值, 这样就可以发明全新的游戏机制。最后, 选出一张挑战卡, 把某个社会问题作为主题, 围绕着它把之前的卡牌和设计串联起来, 从而创造出饱含价值的新游戏。[4]

第三, 受 VAP 影响而设计出来的一些内嵌价值的游戏, 例如,《裁员》（*Layoff*, 2009 年）中含有同情等价值,《巨型摇杆》（*Giant Joystick*, 2006 年）中包括合作等价值,《达尔富尔正在死去》（*Darfur Is Dying*, 2005 年）中含有同情、领导力等价值,《POX: 拯救人类》（*POX: Save the People*, 2011 年）中蕴含合作和健康等价值。特别是, 虽然《巨型摇杆》只是简单地把游戏手柄上的摇杆成倍地增大了, 但是这一简单的设计却在游戏体验上带来了巨大的改变。以往只需要一个人就可以操作的简单游戏行为现在就需要几个人共同才能完成, 玩家们只有相互协作才有可能通关游戏, 这样就把"合作"的价值嵌入游戏中了。

其理论成果包括: 第一, VAP 认为, 价值存在于电脑游戏的"语义结构"（semantic architecture）中, 它由 15 个"义素"构成, 分别是: "叙事前提和目标、

---

[1] Belman J, Flanagan M, Nissenbaum H. Instructional methods and curricula for "Values Conscious Design". The Official Journal of the Canadian Game Studies Association, 2009, 3（4）: 2.

[2] Values at Play Team. Values at Play: curriculum and teaching guide（4-week version）. https://www.valuesatplay.org/wp-content/uploads/2007/09/Values-at-Play_Curriculum_2014.pdf[2019-02-25].

[3] Flanagan M, Nissenbaum H. Values at Play in Digital Games. Cambridge: The MIT Press, 2016: 142.

[4] Belman J, Nissenbaum H, Flanagan M, et al. Grow-a-Game: a tool for values conscious design and analysis of digital games//DiGRA. Proceedings of DiGRA 2011 Conference: Think, Design, Play. Hilversum, 2011: 4-13.

角色、游戏内行为、玩家选择、与其他玩家和非玩家角色交互的规则、与环境交互的规则、视角、硬件、界面、游戏引擎和软件、游玩场景、奖励、策略、游戏地图和美学。"①价值的上述 15 个"栖居地"同时也指明了价值被嵌合、被表达在电脑游戏中的方式，并且还能够作为提醒和建议设计师在其所设计的电脑游戏的哪些方面可以和应该具备价值的检查单和助手。

第二，VAP 还提供了一种具体的把价值铭刻至"语义结构"中的方法论——"启发法"（heuristic）。总的来说，该启发法包含三个步骤或阶段，即发现（discovery）、实施（implementation）、验证（verification）。简言之，发现步骤有两个任务，即找出与目标游戏相关的价值并在此游戏情境下定义该价值。实施步骤就是将上述价值转译为 15 个游戏义素，这是整个启发法的主体环节。验证步骤即确证上述两个步骤是否成功地实现了预期价值。②③

具体来说，在发现阶段，设计师首先需要决定实现什么价值（即价值的定位），在此过程中设计师会受到"关键行动者"（key actors）、"功能性描述"（functional description）、"社会输入"（societal input）和"技术限制"（technical constraints）等外在因素的影响，同时设计师本人的价值观、文化和教育背景等内在因素也会参与到对价值的定义中。④在此之后，设计师仍需将这些被挑选出来的、高度抽象的价值具象化，即把价值落实在具体的游戏中（即价值的定义）。在实施阶段，那些已被定位和定义后的价值就需要被进一步地转译为与电脑游戏直接相关的具体技术参数和规范，其结果已经是一个可以被游玩的电脑游戏成品，其中它可能包含并展现出预期价值。⑤实施步骤的具体方法或原则大致有三种：①通过设计和建构上述语义结构及其 15 个游戏义素来展现价值；②通过规则的强制性从而严格限制玩家的行为（包括信念、态度和感情），使其只能以某种特定的方式进行游戏，或通过奖励或暗示某类行为，但同时仍给予玩家以其他的选择；③通

①　Flanagan M，Nissenbaum H. Values at Play in Digital Games. Cambridge: The MIT Press，2016：33-34.

②　Flanagan M，Howe D C，Nissenbaum H. New design methods for activist gaming//DiGRA. Proceedings of DiGRA 2005 Conference：Changing Views – Worlds in Play. Vancouver，2005：2-5.

③　Flanagan M，Nissenbaum H. Values at Play in Digital Games. Cambridge: The MIT Press，2016：75-78.

④　在早期的文献中，影响价值定位的因素被概括为以下六个："项目目标"、"假设"、"前期工作"、"设计师的价值"、"用户价值"和"利益相关者的价值"。（详见：Flanagan M，Howe D C，Nissenbaum H. Values at Play：design tradeoffs in socially-oriented game design. CHI '05：Proceedings of the SIGCHI Conference on Human Factors in Computing Systems. Portland，2005：754-756.）而实际上，这六大因素都可被归类到正文中的这几个内外因素之中。

⑤　Flanagan M，Howe D C，Nissenbaum H. New design methods for activist gaming//DiGRA. Proceedings of DiGRA 2005 Conference：Changing Views – Worlds in Play. Vancouver，2005：3-4.

过避免价值冲突以实现价值嵌入。①②其中，有三种避免价值冲突的方式，即化解（dissolving）、折中（compromising）和取舍（trading off）。③在验证阶段，基于传统软件工程设计的"确认和验证"（validation & verification）方法，VAP通过延伸并设定跟价值有关的问题和假设、收集围绕着这些问题和假设的玩家数据以及分析和解释数据这几个环节以检验设计师之前的努力是否成功地实现了预期价值，这样就使较难操作的验证变得更加清晰和明确了。④其中，通过追问以下三个问题来扩充、明确验证的目标和假设：①玩家行为被影响的方式；②游戏是否加深了玩家对相关价值和问题的理解和认知；③游戏对玩家态度、情感的影响程度。⑤如果相关数据正面支持了这三个问题，那么就说明某个具体的设计方案成功地把价值嵌入到了电脑游戏中；反之亦然。然后，可通过定量法和定性法、描述法和实验法来收集和解释数据。⑥⑦

最后需要说明的是，实际上，本章并没有完全穷尽关于电脑游戏及其技术的调节方式和道德影响。不过，我们总结出了一个能够尽可能全面地预测和评估电脑游戏的技术调节及其道德意蕴的框架，以此为指导，通过一些案例尽可能深入而具体地展现了游戏设计师的预测和评估之任务和责任。

① Flanagan M，Nissenbaum H. Values at Play in Digital Games. Cambridge：The MIT Press，2016：114.
② Belman J，Flanagan M. Exploring the creative potential of values conscious design：students' experiences with the values at play curriculum. Eludamos，2010，4（1）：61-64.
③ Flanagan M，Howe D C，Nissenbaum H. New design methods for activist gaming//DiGRA. Proceedings of DiGRA 2005 Conference：Changing Views – Worlds in Play. Vancouver，2005：4.
④ Flanagan M，Seidman M，Belman J，et al. Preventing a POX among the people? A design case study of a public health game. Proceedings of DiGRA 2011 Conference：Think，Design，Play. Hilversum，2011：1-12.
⑤ Belman J，Flanagan M. Designing games to foster empathy. Cognitive Technology，2009，14（2）：5-14.
⑥ Flanagan M，Howe D C，Nissenbaum H. Embodying values in technology：theory and practice//van den Hoven J，Weckert J. Information Technology and Moral Philosophy. Cambridge：Cambridge University Press，2008：344-347.
⑦ Flanagan M，Nissenbaum H. Values at Play in Digital Games. Cambridge：The MIT Press，2016：119-125.

第十一章　遵守规则悖论及其在电脑游戏中的功效——电脑游戏规则设计及其娱乐功能

当玩家介入游戏世界后，他必须要遵守游戏规则才能真正地实现与电脑游戏的互动，或者说玩家游戏行为的意义是基于对规则的遵守。这样他才能获得游戏体验，电脑游戏的娱乐功能才能得以实现。因此，本章将通过关于遵守规则的哲学理论来切入玩家是如何遵守电脑游戏规则，并追问它与一般的遵守规则有何不同的。最终的目标是揭示出电脑游戏是如何通过游戏规则让玩家实施遵守规则行为从而实现电脑游戏的娱乐功能（即趣味性）的。

随着计算机技术的崛起和发展，游戏发生了翻天覆地的变化，而电脑游戏本身也在经历着这种巨变。阿尔塞斯（Espen Aarseth）认为电脑游戏及其相关技术的高速进化，使得我们对电脑游戏的相关（本体论）研究建立在一种高度不可靠的基础上。[①]因此，亟须一个切入电脑游戏的稳定视角，其中之一就是规则。可以说规则是电脑游戏甚至所有类型的游戏中最重要的构成部分，因此在这种意义上规则定义了电脑游戏（即作为"构成性规则"[②]），而玩家的游戏行为也就是一种遵守规则的活动。在现当代哲学中，对规则做出独特见解的哲学家无疑非维特根斯坦莫属，他对遵守规则悖论的讨论对于我们从规则和遵守规则的视角来切入电脑游戏的哲学研究来说无疑具有重要的参考价值，但更关键的地方还在于要揭示出电脑游戏遵守规则的独特性和差异性。

第一节　理论背景：维特根斯坦对遵守规则悖论的论述

一、遵守规则悖论是什么

维特根斯坦认为，当人们面对一条规则并试图使其行为符合该规则时，他的

---

① Aarseth E. Ontology//Wolf M，Perron B. The Routledge Companion to Video Game Studies. New York and London：Routledge，2014：487.

② 童世骏. 论规则. 上海：上海人民出版社，2015：21.

这一行为就极易导致所谓的"遵守规则悖论"（the paradox of rule following）。在《哲学研究》第 201 节，维特根斯坦对该悖论的内容进行了描述："一条规则不能确定任何行动方式，因为我们可以使任何一种行动方式和这条规则相符合。刚才的回答是：要是可以使任何行动和规则相符合，那么也就可以使它和规则相矛盾。"①可见，该悖论关注的是规则以及与之相关的人类特定行为，刻画了规则与这类行为之间矛盾的复杂关系和互动方式。

二、遵守规则悖论的成因分析

遵守规则悖论的发生需要前提条件，或者用维特根斯坦的话说该悖论的产生依赖于一个"误解"（misunderstanding）②。当人们按照这一"误解"试图遵守某一规则时，该悖论就会发生。那么，这个"误解"是什么呢？基于维特根斯坦的原始文本，关于遵守规则的实在论与反实在论皆认为，这一"误解"具体指的是实践主体超出规则本身而凭借对规则的因果解释做出相应的行为。③④

具体来说，规则与遵守规则行为之间是一种内在的规范性关系，而非外在的、经验的因果关系。⑤二者是完全不同的。从词源学来看，"规范性"（normativity）来源于拉丁语 norma，而 norma 就有规则的意思。⑥因此，规则原初就具有一种规范性，它告诉了我们应该如何行动，追问的是遵守规则行为的"根据"，具有一种评判（evaluation）的功能。因果关系是描述性的，它向我们展现了在现实中我们是如何做出特定的遵守规则行为的，追问的是遵守规则行为的"原因"，具有描述、刻画的功能。⑦此外，这里的"内在的"指的并不是"心灵的"，规范关系的内在性是相对于因果关系的外在性而言的。内在性表明遵守规则行为的根据是一一对应的、有穷的，而其原因是多对一的、无穷的。因此，追问根据是会触底的，能够不断追问下去的只能是原因。⑧

① 维特根斯坦. 哲学研究. 陈嘉映译. 上海：上海人民出版社，2005：123.
② Wittgenstein L. Philosophical Investigations. Anscombe G E M（trans.）. Oxford：Basil Blackwell Ltd，1958：81.
③ McDowell J. Wittgenstein on following a rule//Miller A，Wright C. Rule-following and Meaning. Chesham：Acumen，2002：52-54.
④ Wright C. What is Wittgenstein's point in the rule-following discussion？http://www.nyu.edu/gsas/dept/philo/courses/rules/papers/Wright.pdf[2002-04-09].
⑤ 韩林合. 维特根斯坦《哲学研究》解读（上下册）. 北京：商务印书馆，2010：1183.
⑥ 刘松青. 什么是规范性？中国社会科学报，2018-07-24（2）.
⑦ 韩林合. 维特根斯坦《哲学研究》解读（上下册）. 北京：商务印书馆，2010：1199.
⑧ 韩林合. 维特根斯坦《哲学研究》解读（上下册）. 北京：商务印书馆，2010：1200.

但是，二者之间的联系也十分密切，以至于人们经常会混淆行为的根据和原因，从而导致遵守规则悖论。这一密切性体现在，在现实中有时人们无法把握规则的根据，因而无法回避对规则的因果解释。而且对规则规范性的把握必定以相关的教学和现实中的具体活动等因果行为为基础。也就是说，人们并不直接面对规则的根据而是面对规则的某种表达（如语言），然后人们知觉到这种表达方式（如文字等符号）并对其进行理解和解释，最终因果性地做出相应的行为。问题的关键在于，由于规则的规范关系的内在性与因果关系的外在性之间的差异和对立，所以前者并不能限制人们在现实中做出什么样的特定行为[①]（最极端的情况就是即使我能直观到规则，但这也无法阻止我做出违反它的行为来）。由于可以无限地追问行为的原因或者说对同一规则的因果解释是无穷的，因此人们在面对规则时总能为自己在现实中所做出的对应的行为找到支持它符合规则的原因，同理也可以为同一行为找到反对它符合规则的因果解释。此外，这也是由于规则的规范性与因果关系的描述性完全是两种不同的研究范式，所以当人们用因果关系去解释某一特定行为时事实上就无法判断这一行为到底是否符合规则（因为因果关系的描述性并不具备上述的"评判"功能）。人们却误以为因果解释具有这种功能，这样就把评判的决定权强行交给了可以无穷追问下去的因果链条，从而导致可能同时找到支持和反对某一特定行为的原因。如此，作为前提的"误解"就成立了，遵守规则悖论也据此而产生了。

　　实际上，上述"误解"的根源可以一直追溯到弗雷格式的内涵主义意义理论。维特根斯坦认为，这种意义理论非但不能避免而且还会诱发遵守规则悖论行为的发生。根据弗雷格式的语义本质主义，"意义决定指称"意味着对语词意义的把握是瞬间的，这种把握意味着我们抓住了语词意义的本质，而根据这一本质就能在无数的现实应用的案例中判断该语词的意义是否正确地指称了其外延。然而维特根斯坦批判道，这种语义本质主义其实是某种心理主义，因为它把语言使用的正确性标准赋予了说话者的心理图像，因而缺乏客观性，这将无法阻止我们用"立方体"来指称一个现实的三棱柱。[②]根据这种语义本质主义的思路，如果我们也能把握规则的本质，那么就能够在现实中判断某一行为是否符合规则。但是，类似的是：对规则本质的把握也是某种心理图像，其评判标准亦是主观的，因而无法回避维特根斯坦对私人语言的批判，"误解"以及悖论就会产生。

---

　　① 韩林合. 维特根斯坦《哲学研究》解读（上下册）. 北京：商务印书馆，2010：1188.

　　② Katz J. The Metaphysics of Meaning. Cambridge：The MIT Press，1990：135-143.

三、遵守规则悖论的规避方式

遵守规则悖论的发生依赖于上述"误解"，那么只要消除这一"误解"，该悖论也就不攻自破了。因此，规避该悖论的方式之一就是破除迷信，明确区分规则与遵守规则行为之间内在的规范关系和外在的因果关系（即行为的根据和原因）。在此基础上，把判断行为是否符合规则的职能交还给规则（这就是维特根斯坦所说的不要"超出规则本身"的意思）。归根结底，因果解释的无穷性是由于它是心灵的，因此根据它来判断的标准也就是主观的，从而无法逃脱私人语言论证。规则的规范性或根据深深扎根于共同体的生活形式①之中，所以如果把评判功能物归原主，那么其标准就不再是主观的，而在主体间意义上是客观的。这意味着，规则的规范性标准是在共同体各种形式的实践活动中综合形成和建构的。因此，正确地遵守规则即表明你已经接受并习惯了共同体的习俗和制度，实际上也就是掌握了一项如何有意义地在共同体中生活的"技术"②。

此外，从上述规避方式中还可以推断出，规则与遵守规则的一一对应关系发生在特定的空间（共同体）中，并且这一关系只有在具体的场景中才能被确定下来，或者说只有在特定的环境下遵守规则行为才能是有意义的。在维特根斯坦所举的例子中③，"建筑师傅A"与其"助手B"之所以能够进行搬运各种石块的游戏，乃是因为在建筑工地这一具体的场景下存在某种（语言的）既定使用惯例；反过来说，当缺乏这一使用场景时，规则与遵守规则行为之间的一一对应关系将不复存在。总之，对（语言）游戏的游玩必定发生在具体的场景中，场景构成了遵守规则行为的意义和真值空间，并提供了作为判定标准的惯例和根据。所以，规避该悖论的方式之二就是要把规则落实在一定的使用场景中，而不是抽象地看待它。

第二节 遵守规则悖论在电脑游戏中的表现与成因分析

游戏包含了很多不同的子类，其规则也有差异：语言游戏的规则通过语言来

---

① 维特根斯坦. 哲学研究. 陈嘉映译. 上海：上海人民出版社，2005：15.

② 维特根斯坦. 哲学研究. 陈嘉映译. 上海：上海人民出版社，2005：93.

③ 维特根斯坦. 哲学研究. 陈嘉映译. 上海：上海人民出版社，2005：4-10.

表达，棋类游戏的规则通过棋盘和棋子来呈现，而电脑游戏的规则通过计算机技术来制定和表现。这样，在电脑游戏的规则与说到底也是一种遵守规则活动的玩家游玩行为之间就多了一个起中介作用的计算机技术。那么，由于计算机技术的中介作用，电脑游戏版本的遵守规则悖论会有什么独特的表现形态和形成机制？

一、电脑游戏版本的遵守规则悖论是什么

　　跟一般游戏类似，当玩家在面对电脑游戏的规则并试图使其游玩行为符合该规则时，他的这一行为也极易导致遵守规则悖论。可以这样表达电脑游戏版本的遵守规则悖论：电脑游戏中的规则并不能确定玩家的行为，因为玩家可以对这一规则做出不同的解释，从而就可以使任何行为都与这一规则相符或不符；换而言之，玩家的某一游戏行为既符合又不符合某一规则。

　　事实上，每个玩家应该都有过这么一种可以被认为是由该悖论引起的游戏体验：电脑游戏通过各种各样的方式"告知"给玩家规则时，玩家会对这些表达规则的指令做出不同的理解和反应，进而引发游戏内行动。例如，当规则"攻击"的提示出现时，玩家会对这一规则做出不同的解释，进而选择不同的游戏行为：射击、跳跃、拳击、抛物等。也就是说，规则"攻击"并不能限定玩家的游戏行为，玩家做出他自认为是属于规则"攻击"的行为。反过来看，例如，当玩家进行跳跃时，这一行为的确可以对敌人造成伤害进而得分，但它也可以仅仅是作为逃避敌人或进入原本难以接近区域的方式。以此来说，玩家同一个跳跃的行为既能也不能符合规则"攻击"。

二、电脑游戏版本的遵守规则悖论的成因分析

　　跟一般游戏类似，电脑游戏的玩家直接触及的也不是最核心的规则，而是由计算机模拟出来的各种视听的（audiovisual）表征、动觉的（kinesthetic）刺激与反馈。如果玩家没能在这些对规则的复杂表征和模拟中辨别出规则内在的规范性，那么"误解"及悖论同样也会发生。不过，计算机技术的介入导致了电脑游戏规则的复杂化，"误解"及悖论在电脑游戏中的形成过程就具有它自身的独特性。因此，首先，要对电脑游戏中的规则进行细分，这里采用萨伦和齐默尔曼的分类，他们把电脑游戏的规则分为三类：基本规则（constitutive rules）、操作规则（operational rules）和隐含规则（implicit rules）。三者的关系是：由基本规则衍生出其余二者，而不同的操作规则可以用来表达同一个基本规则；操作规则与

隐含规则之间几乎无法区分。[①]从根本上说，只有基本规则具有上述"规则的内在规范性"的特征和功能。

绝大多数的电脑游戏并不是以基本规则，而是以操作/隐含规则的形式面向玩家的。也就是说操作/隐含规则通过利用计算机技术得以实现的各种视听的表征、动觉的刺激与反馈来表达基本规则，基本规则被隐藏了，成为"不可见的"。这种现象产生的更深层次的原因在于操作/隐含规则所使用的各种计算机技术以及由此所导致的"黑箱"[②]："电脑战争游戏很少向玩家展现它是如何运作的。电脑程序就这么实现了这一功能，有时候只留下玩家独自思忖神秘的'黑箱'。"[③]反过来说，在电脑游戏中，技术的黑箱效应以操作/隐含规则的形式得以发生，这使得玩家并不了解电脑游戏是如何形式化（逻辑地）和规范化地运作的，这部分工作更多的是由游戏设计人员承担，他们期望在基本规则层面上设计出更高效的、更有趣的游戏。玩家一般并不也无须具备这方面的专业知识，他面对的是那些从基本规则中衍生出来的、更加具体的操作/隐含规则。其表达的各种视听的表征、动觉的刺激与反馈常以电脑游戏中的图像、动画、声音、震动等符号的形式面对玩家。

根据梅洛-庞蒂的相关理论，人们能够对同样的符号产生不同的理解"并不意味着语词符号与意义之间形成一种一一对应的固定联系，符号'有'意义，不代表符号禁锢了某一种意义"[④]。从某种意义上说，绘画、声音或音乐等其他非文字性的表达都可以算作是某种符号，那么各种非文字性的表达与其试图表达的意义之间也并不存在类似的"一一对应的固定联系"，"人们不能设想一种能被确定下来的表达，因为那种表达使它成为普遍的功效的同时也使它成为不充分的"[⑤]。在梅洛-庞蒂看来，非文字性的表达与其他符号一样，都是一个进入整体的通道和意义创生的过程，是连接"可见的"与"不可见的"二者的桥梁。但是此二者之间并不是完全符合的，在此过程中我们是在探索"不可见的"中的无数可能性，这种意义的表达方式的精确度比我们预想的要低得多。

将梅洛-庞蒂的上述思想应用至电脑游戏上可知，电脑游戏的视听和动觉方

① Salen K，Zimmerman E. Rules of Play：Game Design Fundamentals. Cambridge：The MIT Press，2004：146-148.

② Latour B. Reassembling the Social：An Introduction to Actor-Network-Theory. New York：Oxford University Press，2005：202.

③ Dunnigan J. Wargames Handbook：How to Play and Design Commercial and Professional Wargames. 3rd ed. San Jose：Writers Club Press，2000：xii.

④ 宁晓萌. 表达与存在：梅洛-庞蒂现象学研究. 北京：北京大学出版社，2013：137.

⑤ Merleau-Ponty M. The Prose of the World. O'Neill J（trans.）. Evanston：Northwest University Press，1973：35-36.

面的表征无疑属于对（基本）规则的非文字性符号表达。跟语言游戏的"词语符号"一样，电脑游戏的这种表达方式也并不是精确的，它与基本规则的联系并不是确凿无疑的：电脑游戏的符号（以操作/隐含规则的形式）及其所表达的意义（即基本规则的规范性）并不是完全一一对应和固定的。游戏的视听表征是一种进入整个游戏的通道，是对"不可见的"基本规则的"可见的"表达。因此，当玩家通过这种视听表征试图进入、体验整个游戏的时候，试图把握这个游戏的基本规则的时候，他不可避免地会面临多种规则释义的可能性，进而相应地做出不同的游玩行为来。总之，操作/隐含规则会导致不同的玩家对同一个基本规则产生不同的理解和解释，按照这些"原因"而非"根据"做出游戏行为就会产生"误解"和分歧，进而导致电脑游戏的遵守规则悖论。

第三节　电脑游戏规避遵守规则悖论的方式

在计算机技术的介入和影响下，电脑游戏规避遵守规则悖论的方式会有何不同？通过上一节的分析可知，其中一种规避该悖论的方式就是不要抽象地研究遵守规则问题，而是要把遵守规则行为落实在具体的使用场景中。电脑游戏规避该悖论的方式也逃不出这一原则，但是在具体的实现过程或策略上会有所差异。

一、电脑游戏的模拟规则及其对虚构场景的建构

韩林合教授认为：之所以人们能够在现实中避免遵守规则悖论，是因为人们根据规则所做出的行为发生在"特定的"[①]场景中。电脑游戏的场景是通过模拟规则（simulation rules）[②]使操作/隐含规则的各种视听和动觉的表征结构化和系统化而实现的，其结果是使场景具备了虚构性，它能帮助玩家更快地熟悉游戏发生的故事背景、环境和剧情等，提供给玩家一个行动的游戏世界。模拟规则大致上对应操作/隐含规则，它们都是从更底层的基本规则中衍生出来的。二者区别在于：操作/隐含规则是那些"直接与玩家的行为相关并且能跟游戏进行互动的规则"[③]；除此之外，模拟规则还包含了更多的与玩家行为非直接相关的虚构要素，

---

① 韩林合. 维特根斯坦《哲学研究》解读（上下册）. 北京：商务印书馆，2010：1217.

② Sicart M. The Ethics of Computer Games. Cambridge：The MIT Press，2009：29.

③ Salen K，Zimmerman E. Rules of Play: Game Design Fundamentals. Cambridge: The MIT Press，2004：147.

它使得基本规则和操作/隐含规则更加有血有肉。总之，电脑游戏的场景并不是单纯地由表征内容堆叠而成的，它们是按照虚构要素而被结构化的，这种意义上可以称为电脑游戏的场景为虚构场景。[①]接下来将说明电脑游戏的虚构场景帮助玩家遵守规则的具体特征和作用。

二、电脑游戏的虚构场景在遵守规则上的特征和重要作用

在使用计算机技术实现模拟规则的过程中，电脑游戏的虚构场景在帮助玩家遵守规则这一点上具有其独有的特征和重要性。这种独特性可以通过对比电脑游戏的虚构场景与传统的非电脑游戏的虚构场景看到。我们选择桌上角色扮演游戏（tabletop role-playing game，TRPG）——例如《龙与地下城》（Dungeons & Dragons）系列——作为对照组，因为 TRPG 不仅属于非电脑游戏而且也具有丰富的场景和故事背景。

电脑游戏与 TRPG 之间的一个重要区别在于：在游戏时，玩家运用其想象力的程度在二者之间存在差异——TRPG 往往需要玩家投入较多的想象力，而电脑游戏则相反。TRPG 对其虚构场景的刻画是简易的、静态的；有时如果丢失了某一角色或剧情的道具，甚至可以随便拿起手边的任何物品以替代。因此，当 TRPG 的玩家想要遵守规则时，当他试图将游戏行为落实于具体的场景时，对虚构场景的模拟和刻画都是靠玩家想象力的参与来实现的。相比之下，基于最先进的计算机技术，当前的电脑游戏则利用丰富多样和超逼真的视听表征以及动觉刺激与反馈来建构虚构场景。超逼真的各类表征及其与玩家的交互性实现了高度的沉浸感。此时，玩家就不需要过于依赖想象力来建构虚构场景，甚至说电脑游戏的虚构场景是"完全独立于玩家的想象力的"[②]，因为玩家可以直接知觉到它。由此可见，电脑游戏用视听的表征、动觉的刺激与反馈来表现游戏虚构场景的方式无疑是更加直接、具体和客观以及更符合人类的知觉和学习遵守规则的方式。TRPG 的表达方式更像是小说，它需要玩家充分发挥其想象力才能参与遵守规则的游戏。

这一重要区别所造成的影响在于，TRPG 的玩家运用想象力刻画的虚构场景是他依照对规则的不同理解之一而构造的，因而是内在于玩家自身之内的，它会

---

① 本文中的"虚构"、"虚构要素"和"虚构场景"等都是居尔所说的 fiction/fictional 意义上的。参见：Juul J. Half-Real：Video Games Between Real Rules and Fictional Worlds. Cambridge：The MIT Press，2005.

② Aarseth E. Ontology//Wolf M，Perron B. The Routledge Companion to Video Game Studies. New York and London：Routledge，2014：491.

受到维特根斯坦对私人语言论证的批判。即玩家通过其想象力构建的虚构场景的真实性与客观性会受到质疑，同样地，在这种虚构场景中做出的行为的有效性同样会大打折扣，因而更有可能引发遵守规则悖论。电脑游戏不同，它的虚构场景是通过各类计算机技术来实现的，它不是通过内在的想象力而是通过各种视听表征、动觉刺激与反馈，系统性地创建一个独立于所有玩家的虚构的游戏世界。游戏世界一旦被设计出来就存在于各种物理的技术物上，而独立于玩家的想象力。其真实性和客观性比 TRPG 的更高。从某种程度上说，电脑游戏的虚构场景亦是某种现实、某种虚拟现实。此外，不同的玩家还可以同时进入同一个游戏世界，虚构场景对他们来说是公共的；而其他玩家不可能完全进入某一个玩家所想象出来的 TRPG 场景。

这样的电脑游戏虚构场景就为玩家的游玩行为设定了一个参照系。通过参照系，玩家才有可能做出符合游戏规则的行为。参照系功能的实现一部分原因是电脑游戏的虚构场景对现实中类似环境的模拟，位于其中的玩家对应该如何行为的判断根据或标准来自日常生活的实践场景；另一部分原因是电脑游戏的虚构场景对过去相同风格和类型的其他游戏场景的模拟，这需要玩家有类似游戏的体验经历，玩家进行活动的依据或标准来自同类游戏自成一格的操作模式甚至是文化。这两种根据都不是私人意义上的评判标准，因而能为游戏行为符合规则提供有效的线索。

第四节　遵守规则悖论的规则设计功效：娱乐功能的实现机制

在电脑游戏中，引起遵守规则悖论的原因是玩家对操作/隐含规则的表征内容产生了不同的因果理解和解释，并据此做出了不同的游玩行为。针对此，避免该悖论的方法就是通过模拟规则把表征内容结构化以建构一个系统的虚构场景。实际上，虚构场景的作用在于给予玩家应该按照什么规范以及如何正确地实施行为以提示，但是它并没有最终评判行为是否遵守了规则的权力。在电脑游戏中，这一评判权并没有给予哪个人，而是由基本规则本身（即游戏程序）来行使的。照理说，这就完成了对电脑游戏的遵守规则问题的讨论，但是仅仅这样还并没有揭示游戏设计师是如何通过引入遵守规则悖论与把游戏程序对游玩行为的评判结果延迟反馈给玩家这两个设计策略来实现电脑游戏趣味性的。

一、引入遵守规则悖论来增加不确定性

在现实中，我们希望避免遵守规则悖论以使自身的行为尽可能地符合既成的规则、制度和习俗，从而成为共同体中的一员。但是，在电脑游戏中，试想玩家总能很容易地在虚构场景中辨认出基本规则，从而总能使其游戏行为遵守规则，那么在电脑游戏中将只有完全的确定性，这样玩家每次都可以顺利地完成游戏中的所有目标。在这种极端情况下，根本就没有趣味性可言，没有人愿意玩这样的游戏。实际上，游戏设计师利用电脑游戏版本的遵守规则悖论的成因和形成机制来降低玩家的游玩行为符合基本规则的可能性，从而在电脑游戏中形成了一定的不确定性，而这种不确定性正是游戏趣味性的来源。[①]

需要注意的是，设计师在引入该悖论时，要把所形成的不确定性调控在合理的程度内，否则将会导致另一种极端情况：玩家永远无法辨识出规则内在的规范性，这样在游玩行为与规则之间将只存在偶然性。也就是说玩家做出符合规则的行为全凭运气，这同样也是毫无趣味性可言的（无成就感）。具体来说，这种产生趣味性的不确定性被统一在了电脑游戏的虚构场景。虚构场景中的所有要素都是来自对最底层的基本规则的表达和转译，在这一过程中有些要素以操作/隐含规则的形式被展现出来，同时引发玩家对基本规则产生了不同的因果理解和解释并做出对应的不同行为；另一些要素以模拟规则的形式被表现出来，它对作为行为参照系的情境的系统化模拟使玩家对规则的理解从其想象中抽离出来，提示玩家做出符合规则的行为。总之，通过这种设计策略，位于虚构场景中的玩家所做出的行为是否符合规则就具有一定程度的不确定性，趣味性也随之产生。

二、对评判结果的延迟反馈

但是，上述这种不确定性并不意味着电脑游戏规则的内在规范性是不确定的，也不意味着这种不确定性会始终伴随到游戏的结束。也就是说，无论玩家怎么行动，对其行为是否符合规则的判断不是人为的而是由游戏程序（基本规则）执行的，这就保证了有一个客观的标准来最终决定具有上述不确定性的游玩行为是否遵守了规则。实际上，游戏程序对游戏过程中的每个游玩行为都有即时的判定，只是通常并不会马上就把判定结果反馈给玩家，从而在游玩过程中维持了上述这种不确定性以及随之而来的趣味性，除非玩家的行为违背规则到了无法继续

① Salen K, Zimmerman E. Rules of Play: Game Design Fundamentals. Cambridge: The MIT Press, 2004: 174-189.

进行游戏的程度（通常以角色死亡的方式告知玩家行为的错误）。如果把评判结果即时地告知玩家，不仅会破坏游戏的流畅性（进而中断玩家的沉浸感，破坏游戏体验，最终损害游戏趣味性），还会阻碍玩家对游戏规则内在规范性的学习和探索（而这也是正确遵守规则所必不可少的环节和过程）。从某种意义上说，即时地告知玩家评判结果就是破坏了上述的不确定性，从而摧毁了趣味性。反馈评判结果的延迟时长是不一定的（这要视具体的情况而定）：有时是隔了一段时间，有时是到游戏结尾才给出。总之，设计师通过这种设计策略就可以既实现在游戏过程中保持游玩的趣味性又保证最终有一个客观的标准来决定具有不确定性的游玩行为是否遵守了规则。

以《超级马里奥兄弟》为例，游戏从未以文字等形式直接去说明基本规则，而是以怪物、道具和地图等关卡的形式（即操作/隐含规则和模拟规则）间接去表达基本规则。其不确定性体现在：当新的游戏要素出现时，玩家并不确定它是否有助于自己通关游戏。在不断地试错学习中，他就能逐渐掌握游戏的基本规则。这样就可以把游戏的不确定性保持在一定的范围内，从而实现其娱乐功能，这也是《超级马里奥兄弟》如此成功的原因之一。同时，如果获得特定的道具（如一种蘑菇），玩家就能够获得某种能力，它可以免除玩家的操作失误所引起的惩罚。这样的游戏规则就把该次操作失误的惩罚结果延迟反馈到了玩家的下一次失误中，从而在某种程度上保护了游戏的流畅性和趣味性。但是这种延迟反馈或保护不是无限制的，而总是限定在特定的条件下。总之，《超级马里奥兄弟》至少使用了上述两种规则设计策略从而实现了其娱乐功能。

通过引入遵守规则悖论并利用相关设计策略将该悖论控制在合理范围内，设计师就可以实现电脑游戏的娱乐功能。除了娱乐功能外，电脑游戏还能够具备更多的严肃功能，这是下一章要研究的问题。

第十二章 作为虚拟实验室的游戏世界建构
——电脑游戏游玩设计及其严肃功能

通过以特定的方式建构游戏世界，严肃游戏模拟并形成了一个"虚拟实验室"（virtual laboratory），从而实现了除了娱乐功能以外的其他更多功能，并达成了对玩家进行教育、培训、治疗等多种实践目的。本章将研究具有典型性的基于 VR 技术的严肃游戏及其功能设计问题。在把游戏世界建构成 VR 虚拟实验室的过程中，严肃游戏的设计师必须发挥其实践智慧来对每个具体实例及其应用环境进行综合考量。

第一节 什么是严肃游戏

一、严肃游戏的概念辨析

与严肃游戏相关的两类概念是教育游戏和功能游戏，三者之间既有联系又有区别。通过对这三个概念进行辨析，本节将总结出严肃游戏的本质。作为严肃游戏的一个子集，教育游戏的功能范围最窄。尽管目前教育游戏仍未有一个明确的定义[1]，但是大致上来说它指的是利用电脑游戏及其相关技术来"辅助学习、提高学习参与度和持续性，提升了学习方法的多样性及学习过程的交互性"[2]，从而"兼具教育与娱乐目的"[3]，实现寓教于乐（edutainment）的功能。功能游戏由严肃游戏发展而来，二者几乎是同义的，只是各自的侧重点有所不同。由于语

---

[1] 尚俊杰，肖海明，贾楠. 国际教育游戏实证研究综述：2008 年—2012 年. 电气化教育，2014，35（1）：71.

[2] 王辞晓，李贺，尚俊杰. 基于虚拟现实和增强现实的教育游戏应用及发展前景. 中国电化教育，2017，（8）：99.

[3] 王文静，赵晓晨，解会欣，等. 国外数字教育游戏评价研究新进展. 比较教育研究，2019，41（3）：101.

言差异和实际需要，在中文语境中提出了功能游戏概念，它强调电脑游戏所能实现的多种功能及其解决现实问题的能力。相对来说，严肃游戏侧重于把电脑游戏的娱乐功能和其他功能并重起来。[①]也就是说，"严肃游戏是交互式计算机应用，具有或不具有重要的硬件组件，其特征有：具有挑战性的目标，游玩和/或参与是有趣的，包含一些评分概念，向用户传授可在现实世界中应用的技能、知识或态度"[②]。因此，这里采用的严肃游戏概念包含了教育游戏和功能游戏的部分含义和外延。

二、严肃游戏的本质

通过上述概念辨析可知，尽管这个对严肃游戏的定义重复了某些电脑游戏的特征，但它还是指出了严肃游戏的一些独特性。第一，严肃游戏是一种特殊的电脑游戏，它具有吸引玩家游玩和参与其中的娱乐功能或趣味性，这就并不与"以玩家为核心的游戏设计"方法所强调的娱乐功能矛盾。第二，严格来说，尽管严肃游戏并不一定都是教育游戏，但是从"传授……技能、知识或态度"的特征来看，严肃游戏都具有提升玩家某方面学习能力的教育功能，这一功能是实现其他多种功能的基础和前提。

但是，该定义并不重视也未指明"重要的硬件组件"到底是什么。从另一个严肃游戏的定义——"将游戏和仿真技术（simulation technology）应用到非娱乐领域中就产生了严肃游戏"[③]——中可知它指的是"仿真技术"，在本章中它具体指的就是 VR 技术。为什么要强调这一点？因为设计师正是利用了仿真技术才能将游戏世界建构成为一个虚拟的实验室从而实现包括娱乐、教育在内的其他多种功能。也就是说，严肃游戏不仅是对现实世界中某些场景的仿真，而且更重要的是模拟（simulate）了实验室及其功能。从某种意义上说，严肃游戏可被视为对杜威的"实验主义"（experimentalism）和"实验探究方法"[④]的具体应用。单纯的仿真并不能使电脑游戏成为严肃游戏，只有该仿真模拟了实验室及其功能，使游戏世界变为一个虚拟的实验环境，才能实现严肃游戏的其他多种功能。

总而言之，严肃游戏的本质就是：通过仿真技术模拟出一个虚拟实验室，利用游戏的娱乐功能吸引玩家自愿参与到实验中（玩家认为他是在玩游戏而并未意

① 李方丽，孙晔. 功能游戏：定义、价值探索和发展建议. 教育传媒研究，2019，（1）：65.
② Bergeron B. Developing Serious Games. Hingham：Charles River Media，Inc.，2006：xvii.
③ Zyda M. From visual simulation to virtual reality to games. Computer，2005，38（9）：30.
④ 夏保华. 社会技术转型与中国自主创新. 北京：人民出版社，2018：86-89，95-96.

识到他处于实验中），在此过程中玩家被"传授"相关的知识和技能，最终通过"评分概念"和标准来判断是否实现了严肃游戏的预期目标。就这样，设计师变成主试，玩家变成被试，VR 严肃游戏变成 VR 实验，游戏世界则变成虚拟实验室，其关系如图 12.1 所示。

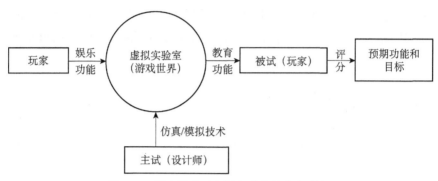

图 12.1　严肃游戏对虚拟实验室的仿真/模拟

问题在于，为什么把游戏世界建构成虚拟实验室就能够实现严肃游戏的其他多种功能？虚拟实验室具有什么特征能够确保严肃游戏及其多种功能的实现呢？

第二节　严肃游戏作为具有人工可控环境的虚拟实验室

早在 1989 年，虚拟实验室的概念就被提出，它指的是"一个计算机网络化的虚拟实验室环境"。[1]尽管虚拟实验室并不要求它必须由 VR 技术来实现[2]，但 VR 技术却是建构虚拟实验室的绝佳候选者。比较而言，VR 虚拟实验室比普通的虚拟实验室更易于开展实验，其实验效果更佳，也更易于达到预期目的。

一、严肃游戏的 VR 虚拟实验室属性

因为虚拟实验室利用 VR 技术来模仿传统实验室的特征、方法和功能，所以

① 瞿塈，邓居祁，殷科生，等. 虚拟实验室的功能与特点. 长沙大学学报，2007，（5）：104.

② Mercer L，Prusinkiewicz P，Hanan J. The concept and design of a virtual laboratory. Proceedings on Graphics interface '90. Halifax，1990：149-155.

跟传统实验室一样，VR 虚拟实验室也是一个有限的人工环境。在相关技术和设备的帮助下，主试（设计师）就能够实现对其中的变量的控制。再在"游戏化"（gamification）思维或"寓教于乐"（edutainment）原则的指导下，主试给予被试（玩家）由各种任务和提示构成的刺激（相当于严肃游戏中的挑战），在刺激的作用下被试开始游玩并试图完成挑战，在此过程中他就可能学会特定的知识和技能。最终，主试监测被试应对上述刺激或在类似的实验环境下的反应和行为，并根据一定的评分标准来检验他是否真的学会了，从而判断严肃游戏是否发挥了其预期功能。总之，严肃游戏的其他多种功能是基于其娱乐和教育功能的，把它们应用到不同的使用环境中就能够实现相应的不同功能。接下来将结合下面两个案例进行分析、说明。

案例一：2018 年，美国科罗拉多州试图实施一项为期 3 年的叫作"第二次机会"的计划。借助 VR 技术，该计划模拟了当前世界中的种种日常生活场景、环境，力图帮助那些在 20 世纪八九十年代因犯了重罪而被判了无期徒刑的少年犯重新适应全新的外部世界。如果计划执行顺利，那么这些少年犯将有机会被提前保释出狱。①

案例二：2018 年，加拿大魁北克的研究人员利用 VR 技术以治疗被性侵的女性。他们认为，这种暴露疗法，即让患者重新暴露在被 VR 技术所模拟出来的性侵场景中，能够帮助患者坦然面对他们所恐惧的场景并正确处理好由此引起的焦虑，使之重新踏入社交生活。②

从这两个案例来看，利用 VR 技术，主试把游戏世界建构成了各种日常生活场景（超市、洗衣房、酒吧等）和记忆中的性侵场景（如酒吧或其他幽暗偏僻的场景）。这些场景都是一个个有限的人工实验环境，在其中主试可以随时监测被试的反应，并根据这些反应实时调控场景中各个变量（如超市中的无人自助结账机、洗衣房中的洗衣机和清洁剂、酒吧里的挑衅者、性侵犯以及它们与被试的互动）的参数，对被试体验到什么、体验到什么程度进行干预和控制，进而观察被试的反应以检验少年犯是否能够顺利地完成自助结账、自助洗衣和化解冲突等测试以及测验性侵受害者是否能正确地面对、处理性骚扰。

对于被试来说，VR 技术帮助玩家介入游戏世界，被试很容易会被吸引并全

　　① Turk M. For some prisoners on the cusp of freedom, virtual reality readies them for release. http://www.cpr.org/news/story/for-some-prisoners-on-the-cusp-of-release-virtual-reality-readies-them-for-freedom［2018-01-31］.
　　② Noël B. Inside the VR simulation where sexual assault survivors confront an attacker. https://motherboard.vice.com/en_us/article/wj48vq/psychologists-are-using-vr-to-treat-sexual-assault-survivors-ptsd-exposure-therapy［2018-03-02］.

身心地参与到 VR 游戏或实验中。尽管被试可能被提前告知因而知道他们会参与一项实验,但是当他们真的被 VR 技术带入所模拟出来的场景中时,在此过程中他们几乎不会意识到这一点。并且就像玩家如何学会游戏的操作方法和习得熟练的技巧以完成游戏的关卡或任务一样,在试图完成一项项类似游戏任务的挑战时,通过主试预先设定好或实时调整过的提示,被试就能被传授具体的知识和技能。从某种意义上来说,严肃游戏通过虚拟实验室来实现教育功能的做法就是"游戏化"思维或者说"寓教于乐"原则的一种具体体现。而且这种学习方式的效率更高,因为它不同于那种把教学目的和方法浮于表面的传统教育方法。严肃游戏把其教育功能隐藏在娱乐功能之下,从而避免了玩家可能因反感明显的说教方式而形成低效学习的后果。例如,系统通过表征提示,以及系统对反应和行为做出反馈,案例一中的少年犯就能在不同的日常生活场景所包含的任务中学会如何使用当前的科技设备以及如何正确处理人际关系的知识和技巧(如电子支付、自动洗衣机等),案例二中的患者就能学会应该以什么样的态度和行为去面对来自他人的性骚扰。从这两个案例中可见,在被试试图完成挑战(即学习)的过程中,主试都是不在场的。

换个角度来看,严肃游戏所针对的被试必定是缺乏某一特定的知识或技能的。例如:由于被关押在牢狱中太久,疏于与外界社会接触,少年犯缺乏使用在服刑期间快速发展起来的科技设备的知识;由于极度的恐惧和心理创伤,性侵受害者缺乏在某些场合与别人进行正常社交的能力。然而通过严肃游戏所给予的游玩体验和学习过程,少年犯所学会的知识和技能就极有可能帮助他们重新适应社会,因此也就不会因无法跟上当前社会的节奏而重新入狱;当性侵受害者学会用正确的态度和方法去面对和处理性骚扰并因此能重返正常的社交生活时,根据暴露疗法,就表明他们极有可能正在得到治疗,甚至已经治愈。这就证明了严肃游戏的其他多种功能之实现是基于其娱乐和教育功能的。

二、虚拟实验室的特色与优势

严肃游戏通过 VR 技术把游戏世界建构为虚拟实验室从而实现多种功能并能有如此的效果,是因为与传统实验室相比,VR 虚拟实验室还具有许多差异和优势。第一,虚拟实验室的人工程度更高,因此它对变量的控制更加有力。关于"实验的受控特征",传统实验室(尤其是它在社会科学中的应用)仍受到很多人的质疑。[①]但虚拟实验室通过计算机模拟,其场景中的各种变量(包括社会科学

---

① 赵雷,殷杰. 社会科学中实验方法的适用性问题. 科学技术哲学研究,2018,35(4):10-11.

实验中难以控制的社会条件）都能被主试实时监测和控制，因此相关实验更易于开展。例如，当测试少年犯是否能够正确处理人际冲突时，若某被试表现得很好，那么主试就可以即时地调整实验场景中的虚拟挑衅者，增加冲突的等级和处理难度以观察该被试应对陡然加剧的矛盾的能力。一旦他不能在新难度下表现得游刃有余，那么主试还能马上下调挑衅程度。上调或下调冲突等级的行为并不会完全中止实验的进行。这在传统实验室中是很难或根本无法实现的。

实际上，这一点引申出了第二个优势。VR 虚拟实验室比传统实验室拥有更强大的实验场景建构能力。传统实验室很难营造出一些大型的、贴近日常生活的复杂场景，或者说实现这种场景的成本过于高昂。因此，主试会退而求其次，不去建构这些复杂的实验场景，而是在现实世界中直接开展实验。但事实上，这也很难或根本无法实现，因为现实中的这类场景要想成为实验室，在实验的真实性要求与可控性要求之间无法同时得到满足。例如，案例二中的性侵场景就根本无法在现实中完全还原。假使主试不计成本地完全复制了这一场景，那么谁来扮演性侵者？尽管是在实验中，并假设某人的性侵行为不是出于其私欲，但其行为仍然违背了道德和法律而难以让人接受。即使不考虑道德的顾虑，他所扮演的性侵者角色是否足够真实（不能让被试觉察到他在表演）？他又是否了解主试的实验目的和要求，而将其行为保持在一定的程度内并随被试的表现而改变呢？若是如此，那么我们对于此人参与实验的要求就过于苛刻了。但对于 VR 虚拟实验室来说，此矛盾并不成问题。VR 技术不仅能够真实地模拟大型的复杂现实场景，还能够调和实验对真实性和可控性的矛盾要求。

这又引申出了第三个优势。VR 虚拟实验室的实验结果更客观、有效。在传统实验室的上述矛盾中，往往为了追求可控性因而无法对真实性有保障，这样被试往往会意识到他正在接受实验，他的言行就有可能会受到影响，因而不利于得到客观、有效的实验结果。虚拟实验室一般不会有这样的困扰，在 VR 技术的帮助下，被试能够深度沉浸到被模拟出来的超逼真实验场景中，从而保证实验结果的客观性、有效性。

第三节　严肃游戏的 VR 虚拟实验室实践

那么，VR 虚拟实验室又是如何实现上述功能与优势的呢？其实现手段靠的是主试利用 VR 技术以搭建一个具有如下设备与特征的虚拟现实环境：VR 一般由 HMD 和传感设备构成，其本质特征和功能在于它能够实现"一种三维的、可交互的、由计算机生成的环境，并具有第一人称视角"[①]。据此，通过对比普通的虚拟实验室及其所使用的技术、设备，我们将对基于 VR 技术的虚拟实验室的实践方式做进一步的分析和说明。

一、关于"第一人称视角"和"三维"画面

在此方面，普通的虚拟实验室和 VR 虚拟实验室之间的差异主要由各自所运用的显示设备及其相应的图像技术所导致，即在一般的显示屏和 HMD 之间的差异上。一般的显示屏是二维的（如电脑、电视屏幕），且与被试保持有一定的距离；而 HMD 常是球面的，并尽可能地贴近被试的眼球，将屏幕与眼球的位置固定下来之后再把双方作为一个整体封闭在一个空间之内。面对一般的显示屏，被试只需要转动头或移动身体就可以很容易地将视线放到虚拟实验之外的现实中，因此被试也非常容易"分心"——即使在没有离开虚拟实验意愿的情况下，被试也很容易被现实中的无关因素影响，被动地暂时离开实验，这样他就不能完美地、持续地深入虚拟实验中。HMD 则不同，除非被试主动离开（即他必须主动解下HMD），否则无论他如何转动头或移动身体都不会离开实验。HMD 及其配套的图像编程系统所实现的三维画面和第一人称视角是完全仿照人自然的视觉效果，双球面的立体三维画面和 360 度全方位的视角保证了即使是在被试"分心"的情况下，他仍是在虚拟实验中"分心"，仍未离线。

二、关于"可交互性"

计算机系统与传统媒介之间最重要的差异之一就是是否具备高交互性，而普通的虚拟实验室和 VR 虚拟实验室在交互性的实现方面具有程度上的差异。造成这种差异的原因则在于双方在传感设备上的不同。普通虚拟实验室的传感设备大多是鼠标、键盘等，这意味着被试只需调动其极少部分身体器官就能与虚拟实验交互，因此被试身体其他部分的运动是不必要且无意义的。即使是有意义的身体运动，其意义与其相应的虚拟实验中的行为的意义也是不对等的（例如被试的一个按键行为对应于实验中的跳跃行为）。VR 虚拟实验室所使用的传感设备是"数

---

① Brey P. The ethics of representation and action in virtual reality. Ethics and Information Technology，1999，1（1）：5-14.

据衣"（datasuit）或"数据手套"（dataglove）①，它们往往具有定位和动作感应等功能。这样就能探测、调动被试的大部分或全部身体运动，同时也能使被试的身体运动的意义与其相应的虚拟实验中的行为意义几乎完全或全部匹配上。事实上，当前 VR 传感设备对被试行为的反馈或多或少都是有欠缺的，不过在可以预见的未来，配备更先进的可穿戴设备和技术的 VR 虚拟实验室将能够监测到更多的身体状态和变化，并给予被试更丰富的反馈，这样其可交互性将更加全面和深入。

三、关于"由计算机生成的环境"

普通的虚拟实验环境全都是由计算机来实现的，被试所位于、所体验的实验环境都是由计算机模拟出来的。除此之外，VR 技术还能把计算机模拟的环境与现实结合起来，即所谓的"增强现实"（AR）。通过特殊的 AR 技术装备和编程系统②，VR 虚拟实验室补充、调整、改变了现实环境，从而将虚拟实验场景与现实环境混为一体。现实环境的融入将会进一步增加被试在 VR 实验中的沉浸感。

综上所述，VR 指的是那种实现了双球面立体三维画面、360 度全方位视角的，能与被试的大部分或全部身体进行交互的并能与现实结合的计算机模拟环境。正是利用这种 VR 及其相应的技术和设备，主试才能营造出一个超逼真的虚拟实验室；并通过愈加丰富和深入的交互性使被试沉浸在此"真实的"实验环境中，进而成功协调了实验在真实性和可控性之间的这一矛盾，最终获得客观、有效的实验结果并达成实验预期目的。

第四节　伦理的实验室：严肃游戏游玩设计的实践智慧考量

从理论上看，具有高度真实性、交互性、沉浸感与可控性的 VR 虚拟实验室能够使严肃游戏（再次重申，在本章的语境中，严肃游戏同时作为 VR 游戏和 VR 实验）实现其多种功能和预期目标。并且一般说来，上述几个方面效果的程度越

---

① Brey P. Virtual reality//Mitcham C. Encyclopedia of Science, Technology and Ethics 4. Detroit: Gale Group, 2005: 2034.

② Azuma R, Baillot Y, Behringer R, et al. Recent advances in augmented reality. IEEE Computer Graphics and Applications, 2001, 21（6）: 34-37.

高, 严肃游戏对其功能和目标的实现就越能够成功。但是, 我们不禁要反思: 现实中的情况真是如此吗? 结合两个案例进一步反思发现, VR 虚拟实验室的上述"能够"并不是必然的。为了实现上述功能和目标, 主试必须协调好一对张力——在对虚拟实验室的超高真实性、交互性、沉浸感、可控性的追求与对每个严肃游戏的现实状况和特点的考量之间保持动态平衡。实际上, 主试在处理这一张力的过程中, 特别是他在考量严肃游戏的现实情况时, 不可避免地会涉及伦理因素, 主试自身的价值观也会影响他对游戏的具体设计并反映在其中。总之, 主试利用 VR 技术设计虚拟实验室以实现严肃游戏的多种功能和预期目标这一行为和目的本身就是价值负载的。这么来说, 作为严肃游戏的虚拟实验室也是一间伦理的实验室。

一、越真实是否越好

随着计算机图形技术和 VR 显示设备的发展, VR 虚拟实验室的表征之真实度不断提高。那么, 其真实程度与它发挥自身功能、达到严肃游戏预期功能和目的的可能性是正相关的吗? 并不尽然。例如, "恐怖谷"(uncanny valley)[①]现象也发生在 VR 游戏或实验中, 据此案例二中的主试认为: "在 VR 中, 当你实现一定程度的真实性, 人们[被试]就开始关注细节, 他们会说'[虚拟人物的]头发并没有合理地飘动', 而这将会扼杀其体验。"[②]这说明, 虚拟实验室无须一味地追求提高其实验场景及其中虚拟事物的真实性, 合理程度的真实性也可以, 甚至更有利于达成游戏的预期功能和目的。

实际上, VR 虚拟实验室也无法完全模拟出被表征物的全部特征[③], 这就遗留给我们一个问题: 在 VR 严肃游戏中, 哪些事物、事件或其特征应该被表征? 又该表征到何种程度? 决定哪些事物或特征该被模拟(或被简化或被省略)的依据被称为"精确度标准"(standards of accuracy), 它与严肃游戏的目的、功能和承诺有关。[④]例如, 案例一的主试为了测试少年犯是否能够成功地使用超市的无人

---

① "恐怖谷"现象或效应指的是, 机器人拟人化程度的变化影响着人们对它的好感度的变化。在初期, 拟人化程度越高, 人们的好感度也随之变高; 当超过某一点时, 拟人化程度越高, 则好感度反而会降低。本书指的就是这一阶段。参见: Mori M. The uncanny valley. Energy, 1970, 7(4): 33-35.

② Noël B. Inside the VR simulation where sexual assault survivors confront an attacker. https://motherboard.vice.com/en_us/article/wj48vq/psychologists-are-using-vr-to-treat-sexual-assault-survivors-ptsd-exposure-therapy[2018-03-02].

③ Ford P. A further analysis of the ethics of representation in virtual reality: multi-user environments. Ethics and Information Technology, 2001, 3(2): 115.

④ Brey P. Virtual reality and computer simulation//Himma K E, Tavani H. The Handbook of Information and Computer Ethics. Hoboken: John Wiley & Sons, Inc., 2008: 369.

自助结账机,那么主试对无人自助结账机及其功能的表征就该尽可能地真实、详细,但不必以同样程度的真实性去要求作为背景的某一货架上的某个商品的包装。

从根本上说,精确度标准不是先天自明的,它是在各方力量的影响下而被塑造、建构起来的。这些力量包括"可用建模选择的实际使用或价值观"(practical use or value of available modeling options),而这些实用标准又受到实验的利益相关者的既存价值观和利益(或偏好)的影响。[①]例如,案例二中的主试对严肃游戏的 VR 虚拟实验室的表征设计和建模选择必定会受到相关理论(如暴露疗法)、过去类似实验(如应用 VR 治疗创伤后应激障碍的实验)的建模方式、各种实验伦理规章(ethical codes),以及主试与被试各自的个人偏好、价值观和种族文化等因素的影响。初看起来,主试对 VR 虚拟实验室表征的功能表达是价值中立的,但是上述分析和解释表明要想更好地发挥严肃游戏的功能,主试对实验表征的设计就必须综合考量实验及其利益相关者的实际情况。这些现实考量包括主试自身和被试的既成价值观、科学传统、风俗习惯、社会制度和文化背景等因素。

综上所述,由于主试对严肃游戏的表征不可能是全方位的,因此应该表征什么和如何表征的"选择"就尤为重要。这一"选择"意味着主试并不是从一个绝对客观的立场出发而总是基于已经事先形成了的"前见"去表征 VR 虚拟实验室的。这种"前见"受到主试和被试具身于其生活世界中的既成知识和价值观体系、文化传统等因素的影响,因此主试就会直接或间接地赋予其所设计的 VR 虚拟实验室以这些"前见"。在这种意义上,主试对严肃游戏的功能性设计行为总是价值负载的,VR 虚拟实验室是一间伦理的实验室。

二、交互越多、越沉浸是否越好

VR 技术对第一人称视角的、360 度全方位动态模拟使得 VR 游戏或实验场景的视觉表征具备了"透视的逼真性"(perspectival fidelity),这种表征与各类传感设备及其所实现的被试与虚拟实验室中各类变量的交互性一起构成了 VR 严肃游戏的一种"情境-现实主义"(context-realism)。透视的逼真性与情境-现实主义一同引发了"虚拟的真实体验"(virtually real experiences),它使得 VR 游戏或实验

---

① Brey P. The ethics of representation and action in virtual reality. Ethics and Information Technology,1999,1(1):11-12.

中的被试在心理和生理上具有深度的具身性和强烈的沉浸感。[①]虚拟的真实体验表明，尽管被试所处的游戏世界或实验场景是虚拟的，但他所经历的体验却是真实的。这意味着被实验所模拟和表征的现实场景及其中的事物、事件，如果会造成人们生理或心理上的伤害，那么这种伤害也极可能会在对应的严肃游戏中发生。据此，一种"等效原则"（the equivalence principle，TEP）被提出来了，它认为"如果在现实中允许某人拥有一种特定的体验是错误的，那么在 VR 中让他经历相同的体验也是错误的"[②]。尽管"虚拟的真实体验"概念确实是正确的，它揭示了 VR 游戏或实验对被试所可能造成的身心伤害，但是就此提出 TEP 就显得过于激进了。

具体来说，这些伤害大致包括：第一，被试对 VR 的沉溺和上瘾。例如，由于案例一中的少年犯从未接触过 VR 与类似的新奇设备并出于对监狱枯燥生活的厌恶等原因从而极有可能会对 VR 所描绘的虚拟世界产生依赖，它会导致被试长时间地使用 VR 设备。长期沉浸在 VR 中很可能会引发被试严重的心理障碍和生理失调，如"自我感丧失"（depersonalization disorder）、"现实感丧失"（derealization disorder）、"晕动病"（motion sickness）、"重返现实困难"[③]等，以及他对现实身体和环境的忽视等问题，如被试对亲朋好友及其危险处境的漠视。[④]第二，VR 游戏或实验所营造的独特场景（透视的逼真性和情境-现实主义）通过引发虚拟的真实体验从而对被试的情感、信念、认知方式和行为产生影响，这也是严肃游戏实现其教育、训练、治疗等目的的依据。但是，如果对此加以不当地利用往往会促使它变成对被试的"施事能力的操控"（manipulation of agency）[⑤]，因此违背了被试的自治和安全等价值。设想案例二中的主试把 VR 实验场景设计得过于真实或者有意地把其侮辱女性的偏见很明显地表现出来（如实验被设计成被试根本没有拒绝、反抗虚拟性侵这一选择），从而在实验中引发了被试强烈的羞愧、紧张、沮丧、抑郁、焦虑等负面情绪并在实验后导致了被试的自杀。这个例子是很可能在现实中发生的，它表明了主试对被试行为的操控所引发的严重道

① Ramirez E J, Labarge S. Real moral problems in the use of virtual reality. Ethics and Information Technology, 2018, 4 (20): 252-255.

② Ramirez E J, Labarge S. Real moral problems in the use of virtual reality. Ethics and Information Technology, 2018, 4 (20): 259-261.

③ Behr K-M, Nosper A, Klimmt C, et al. Some practical considerations of ethical issues in VR research. Teleoperators and Virtual Environments, 2005, 14 (6): 671-672.

④ Spiegel J S. The ethical of virtual reality technology: social hazards and public policy Recommendations. Science & Engineering Ethics, 2018, 24 (5): 1537-1550.

⑤ Madary M, Metzinger T K. Real virtuality: a code of ethical conduct. Recommendations for good scientific practice and the consumers of VR-technology. Frontiers in Robotics and AI, 2016, 3 (3): 13-14.

德败坏和法律违反行为。

需要说明的是，上述伤害不仅仅只发生在 VR 严肃游戏和实验中，其后果会随着不同的媒介或技术而存在程度上的差异。但是，由于 VR 技术能够赋予 VR 实验以上述那些功能和效果以及给予被试以更深度的沉浸感和具身性，VR 实验中的上述伤害就可能会对被试和社会造成更大的负面影响，继而可能愈加违背和侵害公认的伦理价值。这就要求主试具备更强烈的责任意识，在实验设计阶段就要考虑到这些可能发生的伤害以及它们是不是在被试可接受的程度内，政府部门和监管机构也可以通过法律和行政等手段进行干预和调控。在这种意义上，VR 虚拟实验室是一间伦理的实验室。

三、可控性越强是否越好

上一小节提到了对 TEP 的不赞同，现在将对此做更进一步的说明和解释。我们主要反对的是 TEP 的普适性。顺着 VR 游戏或实验的超逼真场景表征及其所实现的透视的逼真性和情境-现实主义，以及最终在被试身上引起的虚拟的真实体验这一逻辑线索，确实能够推出 TEP。但是面对现实中复杂的 VR 实验应用，这一原则也有其不适用的特殊情况。这些特殊情况需要一定程度的"不道德内容和行为"来检验实验目的是否达成。

从某个角度来看，TEP 如同一个疾恶如仇的人，眼里容不得任何会对被试、社会造成伤害或会违背公认的伦理价值的不道德内容和行为。换句话说，在 TEP 的影响下，任何这类不道德内容和行为都不能在 VR 严肃游戏或实验中存在。所以，根据 TEP，主试就不能在其 VR 游戏或实验中对不道德的内容和行为进行表征和模拟，被试也就不能在其中体验和实践这类内容和行为。由于 VR 虚拟实验室是一个严格的人工可控环境，所以它完全可以满足 TEP 的上述要求。但是，对于主试和被试来说，TEP 的这种要求都是对他们的"施事能力的操控"或取代。TEP 对 VR 游戏或实验可控性的过度追求不仅限制了被试反思、处理不道德内容和行为的可能性，而且还影响了主试对严肃游戏的正常开展。

TEP 的"施事能力的操控"除了违背"自治"这一伦理价值外，还会给这些VR 游戏或实验带来功能上的打击。根据 TEP 以及对它的上述演绎，类似案例一、案例二这样的 VR 游戏或实验就根本不能实施，因为它们包含了太多不道德的内容和行为，例如，案例一中酒吧场景的挑衅行为和脏话，尤其是案例二中的模拟性侵行为更是不符合 TEP。试想在案例一的酒吧场景中，如果根据 TEP，主试不被允许设计出被试用脏话和肢体打斗等暴力行为回应虚拟人物的挑衅，主试又怎么知道和测试出少年犯是否有能力在这些容易引起争端的环境中正确、合理地处理好与他人的矛盾和冲突呢？又如何决定是否能够提前释放这些少年犯呢？同理，如果根据 TEP，案例二的 VR 游戏或实验不能对性侵这种不道德的行为有所模拟，那么该实验从一开始就无法开展，也就更谈不上治疗受害者了。在 TEP 影响下的 VR 游戏或实验就好像一个绝无邪恶的理想国，尽管我们意图在生活中拒斥邪恶，但是如果不能首先深入理解邪恶就永远无法超越它。①

所以，TEP 因没有考虑现实情况而成为一个空洞的原则。或许就像"亚里士多德模式"所揭示的那样，在涉及伦理道德的实践活动中只存在"概貌性"的指导原则。②这意味着，当在开展 VR 游戏或实验时，要把理论原则与每个游戏或实验各自的现实情况综合起来，根据严肃游戏预期功能和目的创造性地应用原则，进行灵活的创新设计。

---

① 亚当·莫顿. 论邪恶. 文静译. 郑州：河南大学出版社，2017：20-24.

② 奥特弗里德·赫费. 实践哲学：亚里士多德模式. 沈国琴，励洁丹译. 杭州：浙江大学出版社，2011：123-146.

第十三章 文化视域下的电脑游戏现象
——电脑游戏文化设计及其社交功能

本章将立足于游戏魔力怪圈之外去重新审视怪圈内的相关要素,并将对一些由电脑游戏所引起的亚文化现象和活动进行研究,从而试图展示出电脑游戏与整个文化大环境的相互作用。电脑游戏反映出并重塑着整个文化大环境——电脑游戏文化从已存在的人类文化大环境中发展而来,但反过来它也会影响和丰富整个文化大环境。设计师能够影响但不决定电脑游戏文化的发展。

第一节 游戏反映文化:作为文化文本的电脑游戏

一、作为文化文本的电脑游戏与萨顿-史密斯的游戏解读理论

"文化"架构指的是处于魔力怪圈之外的空间,是电脑游戏的"技术"、"规则"和"游玩"架构发生的外部场所[①]。"电脑游戏反映文化"的前提是文化能够跨越魔力怪圈进而影响游戏的内部要素和结构。这样,电脑游戏的意义除了与其"技术"、"规则"和"游玩"有关外,还跟它们所处的文化环境有联系。事实上,伊德已经间接地指出了这一点,即对于处在不同文化中的不同使用者来说,同一个技术物的意义是不同的,对它的使用方式也是不同的。因此,即使电脑游戏的技术和规则不变,它也的确能给玩家带来相同的游戏体验,但是当它发生在不同的文化背景时,这些相同的因素可能会导致不同的意义。当我们站在魔力怪圈之外去审视电脑游戏时,其技术、规则和各种表征内容就具有了不同的文化意义,并且不一定只有一种可能的解读。这就是说,不仅可以从电脑游戏的内部也能从

———————————
① Salen K, Zimmerman E. Rules of Play: Game Design Fundamental. Cambridge: The MIT Press, 2004: 508.

其外部即文化来理解和解释电脑游戏的技术、规则和游戏世界的表征内容。当以后一种方式来审视电脑游戏时，就好似把它们当作了某种"文化文本"（cultural text）①。此概念意味着：在电脑游戏中总是可以找到对应的文化根源，或者说能把游戏（及其内部要素）解读和类比为是对其他人类文化现象和活动的另一种表达和展现方式。此概念的作用在于，电脑游戏通过它自身独有的表达方式（技术设备、规则、游戏世界及其表征内容以及玩家的游玩方式等）体现出外界的文化价值并建构文化意义，甚至能以宣传或劝说的方式使玩家相信所欲表达的价值观念。20世纪著名的游戏哲学家布赖恩·萨顿–史密斯（Brian Sutton-Smith）认为能以七种方式来解读作为文化文本的游戏（表13.1）。

表 13.1　对游戏的七种文化解读②

序号	修辞	历史	功能	形式	玩家	学科	学者
1	过程	启蒙运动、生物进化	适应、成长、社会化	游玩、游戏	青少年	生物学、心理学、教育学	维果茨基、埃里克松、皮亚杰、伯莱因
2	命运	万物有灵论、占卜	魔法、运气	机会	赌徒	数学	贝格勒、富勒、阿布特
3	权力	政治、战争	地位、胜利	技能、策略、深度游玩	运动员	社会学、历史学	斯帕廖苏、赫伊津哈、斯科特、冯·诺依曼
4	身份	传统	共同体、合作	节日、游行、派对、新游戏	民族	人类学、民俗学	图尔纳、法拉西、德·科文、亚伯拉罕
5	虚构	浪漫主义	创造力、灵活性	幻想、比喻	演员	艺术和文学	巴赫金、法根、贝特森
6	自我	个人主义	高峰体验	休闲、孤单的、极限运动	先锋派、孤单玩家	精神病学	希克森特米哈里
7	轻松愉快	职业伦理	倒置、嬉闹	胡言乱语	骗子、喜剧演员、小丑	流行文化	韦尔斯福德、斯图尔特、考克斯

二、电脑游戏的七种具体解读方式及其文化意义

尽管萨顿–史密斯的上述理论针对的是一般游戏，但是由于作为"子类"的电脑游戏也能够被视为一种文化文本，这就可以把萨顿–史密斯的理论应用到电脑游戏中来。可得如下新的结论：第一，几乎所有的严肃游戏都可以被视为作为

---

①　Salen K，Zimmerman E. Rules of Play：Game Design Fundamental. Cambridge：The MIT Press，2004：510-511.

②　Sutton-Smith B. The Ambiguity of Play. Cambridge：Harvard University Press，2001：215.

过程的电脑游戏。萨顿-史密斯认为，作为过程的游戏是使参与其中的孩童变为成人的转化历程。[①]在游戏的过程中，孩童开始脱离他内在的私人空间，转而意识到同伴、集体和社会的存在，并且其认知、推理和学习能力得到进一步开发[②]，从而学会遵守社会法律规则和伦理道德规范，最终参与到共同体的社交生活当中。[③]前文已指出，严肃游戏的本质是：通过把游戏世界建构成和模拟为一个虚拟实验室，严肃游戏就实现了其基础的娱乐和教育功能，在此基础上再帮助玩家弥补他所缺失的特定知识或技能。这与萨顿-史密斯对作为过程的游戏的论述不谋而合。尽管严肃游戏的玩家并不一定是孩童，但是这里的玩家与孩童具有相似点——他们都缺乏参与社会所必需的知识、态度和技能；而通过游玩（严肃）游戏，他们就能弥补这一缺失。因此这么来看，严肃游戏并不是凭空出现的全新游戏类型，它可以在悠久的游戏历史中找到其文化根源。

第二，萨顿-史密斯认为，作为命运的游戏总是以超越玩家控制的力量之形式出现（如运气和机会等），这在赌博类游戏中最为常见。[④]这种文化现象在电脑游戏中表现为：设计师常常利用随机机制来增加自身的不确定性，以此来提升游戏体验的丰富性和意义性。这里的"随机机制"至少有两种形式：一方面，前文已经表明游戏设计师利用遵守规则悖论的诱因及其规避方式从而在电脑游戏中创造出一定程度的不确定性，进而实现玩家游玩的趣味性。另一方面，电脑游戏利用计算机程序的随机算法来决定游戏参数的具体数值和玩家行为的状态属性等。[⑤]例如，在《大富翁》系列[⑥]以及类似的游戏中，玩家行进的步数是由游戏系统随机产生的（以掷骰子的形式表现），当玩家停留在特定地区时所引发的事件（如玩家获得的道具、奖罚等）也是随机的。总之，电脑游戏利用随机机制提高游玩体验质量的方式也可以在赌博游戏中找到其文化根源。

第三，绝大多数的暴力电脑游戏和电子竞技游戏都可以被归为作为权力的游戏。萨顿-史密斯认为，这类游戏通常以各种形式的冲突表现自身，在其中玩家以争夺优势地位、获取力量和权力为主要目标。[⑦]电脑游戏的暴力内容是展现游戏冲突的一种主要形式。从某种意义上说，通过践行电脑游戏中的暴力行为，玩

① Sutton-Smith B. The Ambiguity of Play. Cambridge：Harvard University Press，2001：35-51.

② 皮亚杰. 教育科学与儿童心理学. 杜一雄，钱心婷译. 北京：教育科学出版社，2018：27-44.

③ 皮亚杰. 儿童的道德判断. 傅统先，陆有铨译. 济南：山东教育出版社，1984.

④ Sutton-Smith B. The Ambiguity of Play. Cambridge：Harvard University Press，2001：52-73.

⑤ Salen K，Zimmerman E. Rules of Play：Game Design Fundamental. Cambridge：The MIT Press，2004：183-184.

⑥ 《大富翁》系列是由大宇资讯开发制作的电脑游戏，第一作于 1989 年 11 月发行.

⑦ Sutton-Smith B. The Ambiguity of Play. Cambridge：Harvard University Press，2001：74-90.

家就能参与到充满权力冲突的游戏竞技场中。其目的在于占据优势，并据此打败其他玩家或 NPC，最终赢得胜利或通关游戏。因此暴力电脑游戏可算是权力游戏的一种当代的典型体现。此外，在电子竞技游戏中，各个选手和队伍的合作与竞争也是对游戏中权力和胜利的一种追求。这种权力的冲突以及对它的竞争还具有很高的观赏性，甚至围绕着选手和队伍还会产生粉丝团体或后援会。而且对于粉丝来说，他们所仰慕的选手和队伍与历史文化中的英雄人物无异。总之，暴力电脑游戏和电子竞技游戏反映出作为权力的游戏的文化现象。

第四，萨顿-史密斯认为，作为身份的游戏有助于玩家共同体或社群的形成、维持和发展。[①]这与节日庆典（它们本身也可被视为某种游戏）类似，只有属于同一社群的玩家才会参与到某一庆典（或游戏）中。反过来说，游戏将具有相同兴趣和价值观的人们凝聚在一起，是否具有参与游戏的资格代表了该共同体对于玩家身份是否认同的标准。在游玩的过程中，社群能够引发和形成独有的文化现象，同时在其中玩家自身和社群的身份也得到了进一步的建构。电脑游戏包含了许多种类，通常来说玩家总是对某个或某几个种类的游戏特别感兴趣，他们愿意为此投入大量的时间、金钱和精力甚至感情。由于共同的兴趣和价值观，围绕着同类电脑游戏（有时是具体的某款游戏），玩家通过建立工会、论坛和聊天群等形式的线上组织或安排现实中的聚会和比赛等形式的线下活动，从而形成了不同于过去的玩家共同体形式和活动，也因此得以与其所属的共同体内的志同道合之士进行交流和互动。在这种交流和互动中，玩家更加积极主动地建构起自己和共同体的身份。总之，电脑游戏玩家成立和策划各种线上或线下的组织和活动的行为反映出作为身份的游戏的文化现象。

第五，萨顿-史密斯认为，作为虚构的游戏表明在游戏中充满着并体现出人们的想象力和创造力。[②]在电脑游戏中，作为虚构的游戏至少体现在两方面：一方面，游戏设计师能够无拘无束地表达和具象化自己的观点、创意、世界观和价值观等抽象的理念。电脑游戏与传统游戏不同，它的游戏世界几乎是一个毫无边界和限制的空间，因此设计师就可以充分发挥其想象力和创造力，并将想象的东西以直观的方式展现和建构出来。

另一方面，玩家可以天马行空地践行游戏行为。尽管电脑游戏的规则具有相反的约束力量，它试图限制人们的行动，为游戏内行为的意义限定范围，但是通过前文研究已经知道规则无法因果性地制约玩家的游戏行为，换句话说，玩家可

① Sutton-Smith B. The Ambiguity of Play. Cambridge：Harvard University Press，2001：91-110.

② Sutton-Smith B. The Ambiguity of Play. Cambridge：Harvard University Press，2001：127-150.

以选择不遵守规则（只不过此时对于游戏来说该行为是无意义的）。这样，电脑游戏规则不仅没有限制玩家对该游戏的创造性玩法和使用，而且还能够判断玩家的创新是不是有意义和有效的。即使把玩家活动限定在符合规则的游戏行为内，制定规则的设计师也无法完全预料到玩家对游戏的创造性玩法和使用，因为电脑游戏是一种"突现系统"（emergent systems）。[①]此外，如果玩家不满意现有的游戏规则，他还能够在该游戏规则的基础上修改某些规则，从而设计出具有个人风格的"游戏模组"（MOD）[②]。游戏模组不仅使玩家和设计师的身份变得模糊，而且还大大提高了某款游戏的生命力和影响力，并增加了游戏文化的丰富度和多样性。

第六，萨顿-史密斯认为，作为自我的游戏表明：通过游戏，玩家能够重新发现、塑造和建构自我；换句话说，通过游玩，玩家能够加深对自己的认识，最终得以成长为一个更好的自我。[③]对于电脑游戏来说，自我的成长不仅在精神层面也在身体层面上得到体现。利用身体或"身体图示"的可扩展性，电脑游戏将信息技术与玩家身体结合起来，从而实现了高度的沉浸感和临场感。再结合道德物化思想中的技术调节论，玩家对电脑游戏技术的使用开启了以往未曾体验过的新维度，这也就可能使玩家重新认识自己。这样，玩家的身体与信息技术的结合所实现的新功能和效果实际上也体现了自我的成长和重塑——二者的结合不仅扩展和深化了原初身体的认知和实践功能，同时也开启了玩家对自我（我是一个拥有信息技术身体的主体）、对自己身体及其能力（我有身体意味着什么？它有什么功能？）的新认识。未来，随着可穿戴设备甚至可植入式芯片技术的成熟，玩家的自我（包括其身体）将得到进一步的发展和成长。

除了电脑游戏的技术设备对玩家自我的重构外，游戏的故事情节也能够激发玩家去追问自我的兴趣，在此过程中玩家对自我的认识和理解将会不断深入。电脑游戏《异域镇魂曲》[④]就是一个典型的例子。从游戏一开始，当主角醒来直到游戏结束，整个游戏的剧情可被概括为主角寻找其丢失的记忆从而试图破解"他自己到底是谁"的谜团。随着游戏剧情的推进和任务的完成，这一谜团逐渐浮出水面。值得一提的是，游戏主角的名字是"无名氏"（the nameless one），暗示他

①　Salen K, Zimmerman E. Rules of Play: Game Design Fundamental. Cambridge: The MIT Press, 2004: 152-168.

②　游戏模组，其英文单词为 modification，缩写为 MOD，现已成为一专门术语。

③　Sutton-Smith B. The Ambiguity of Play. Cambridge: Harvard University Press, 2001: 173-200.

④　《异域镇魂曲》（*Planescape: Torment*）是一款由黑岛工作室（Black Isle Studios）开发，于 1999 年由 Interplay Productions Inc. 发行的角色扮演类游戏（role-playing game, RPG）。

不断探寻自己身世的命运。[①]当玩家通关整个游戏，会被磅礴和复杂的游戏剧情和人物关系所感染，玩家将禁不住开始重新审视和追问自我，并对自我的本质产生新的理解。游戏中的一些台词也不禁令玩家陷入哲学沉思，例如，最经典的莫过于"什么可以改变一个人的本质？"（What can change the nature of a man？）

第七，萨顿-史密斯关于作为轻松愉快的游戏的论述反映了游戏通过其娱乐功能对于某种占主导地位的观念和行为模式的讽刺和挑战。[②]例如，如今某一较为主流的观点认为人们应该努力工作，提倡人们把越多的时间投入工作中越好，并视（电脑）游戏为某种无用的和非严肃的不务正业之举。努力工作的要求本身并没有错，但是如果对它过分强调就会引起问题。因为在当今社会，人们的生活节奏越来越快，工作的任务量和时长及其伴随的责任和压力也越来越大。从某种意义上说，现代人或多或少都具有一定程度的神经症人格。[③]如果它没有得到有效的调解和治疗，就会发展成严重的心理疾病，这将不利于社会的稳定和良好发展。作为一种与希望人们超长时间、全身心地投入工作的上述要求相反的诉求，电脑游戏及其娱乐功能成为纾解人们现实学习和工作压力的最主要方式之一。随着电脑游戏设备成本和体积的缩减，玩家可以随时随地地进行游戏，这样即使是工作繁忙的人也能够挤出一些碎片时间来娱乐和放松自己（如在通勤时间玩手机游戏），调剂工作压力。电脑游戏首要的娱乐功能以及它所建构出来的丰富多彩的游戏世界能够使玩家暂时忘却现实中的事务以及压力和烦恼，通常来说，游戏过后的玩家就能够更加积极地重新投身到下一轮工作当中去，如此就能够实现良性循环。

三、从文化视角重新审视电脑游戏的内部要素及其特征

本章开始讨论"文化"架构，这样我们就开启了一个全新的维度和视角去重新审视和思考"技术"、"规则"和"游玩"架构。在上述分析和论述中，我们也是这么做的——站在文化的立场并根据萨顿-史密斯总结出来的七种解读方式，对之前的章节内容进行了重新解读和诠释。不仅如此，结合具体的游戏案例，我们还对受到外部文化影响而涌现出来的、发生在电脑游戏内的独特文化活动和现象进行了解释——以《大富翁》为代表的游戏中的各种形式的随机机制、暴力电

---

① 戴安娜·卡尔. 空间、导航与情绪反映//戴安娜·卡尔，大卫·白金汉，安德鲁·伯恩，等. 电脑游戏：文本、叙事与游戏. 丛治辰译. 北京：北京大学出版社，2015：80-96.

② Sutton-Smith B. The Ambiguity of Play. Cambridge：Harvard University Press，2001：201-213.

③ 卡伦·霍妮. 我们时代的神经症人格. 冯川译. 上海：译文出版社，2011.

脑游戏和电子竞技中的权力冲突、玩家围绕某类或某款游戏所形成的各种线上组织和线下活动、游戏模组所体现出来的玩家创新改编、以《异域镇魂曲》为代表的游戏剧情对自我的探索和拷问等。

从上述分析中发现，同一种解读方式能够在不同的游戏内部要素中找到，或者说同一种内部要素可以展现出不同的解读方式。以电脑游戏的规则要素为例，玩家遵守规则会引发悖论的可能性增加了游戏的不确定性和复杂性从而实现了游戏的趣味性；同时遵守规则的诉求并未因果性地限制玩家的其他行为，而这就给予玩家以一定的试错空间，在其中玩家得以实践和验证各种创造性玩法。这样电脑游戏内部的规则就至少展现出了两种不同的文化解读方式（即作为命运和虚构的游戏）。因此对包含不同的上述内部要素的同一类（款）电脑游戏也就总是能做出不同的文化解读。除了作为命运的解读方式外，《大富翁》系列游戏至少还能被解读为权力（玩家或 NPC 之间争夺资源）、虚构（设计师对游戏世界及其中人物的建构和塑造）和轻松愉快（玩家通过游戏而引起快乐和放松）等。

有时对同一类（款）电脑游戏的不同解读之间甚至是互相矛盾的。例如，以"过程"和"轻松愉快"这两种方式来理解电脑游戏实际上可能是彼此抵牾的。因为从某种意义上说，前者强调了电脑游戏的严肃功能（即玩家通过游玩行为能够学会新的知识和技能从而实现了个人的成长），而后者则突出了其娱乐功能（即玩家的首要动机在于获取愉悦，而并不在意其他的效果）。尽管二者可能是互相矛盾的，但是它们却能和谐地共处于严肃游戏中。并且，看似彼此冲突的两种功能并未阻碍反倒是帮助了严肃游戏实现其预期目标。换句话说，严肃游戏完美地展现了互相矛盾的文化解读方式是如何从同一类（款）电脑游戏中产生的。

第二节 游戏重塑文化：电脑游戏亚文化 现象及其对文化的影响

上一节主要侧重讨论了位于电脑游戏外部的文化是如何侵入魔力怪圈内，从而影响游戏设计师和玩家的态度、观念和行为的。这样，这些游戏内的要素也就能反映出游戏外的文化。同时，我们也已经窥见，在此过程中，围绕着电脑游戏形成了许许多多新的亚文化现象。反过来，这些新的亚文化现象也在逐渐改变设计师、玩家甚至其他人群在日常现实生活中的价值观和行为方式，从而补充和重塑了整个外部文化环境。如此循环往复，实现了文化的繁荣发展。

一、玩家的三种 DIY 形式及其所创造的"文化阻力"

尽管电脑游戏具有复杂和严格的规则系统，但是我们已知规则并不能因果性地限制玩家的游戏行为，更不用说约束玩家在现实的文化环境中对电脑游戏的应用方式了。就这样，通过对电脑游戏进行各种形式的 DIY（自己动手，do-it-yourself），玩家不仅改变和增加了自己参与电脑游戏的方式（以一种类似于设计师的身份参与），而且还丰富了自己参与文化活动和表达文化内容的途径（即通过对电脑游戏的 DIY 表达自己的观点、意见和价值观）。这些都恰恰体现出了玩家在游玩和应用电脑游戏方面的创新。

这些 DIY 形式主要包括电脑游戏的定制内容、游戏补丁和游戏模组。宽泛地说，三者是一回事，但是在这里根据玩家制作的参与度之高低对它们做了区分：定制内容的程度最少，它只对游戏世界中的道具和角色的外观而未对游戏规则做出改动；游戏模组的程度最大，它不仅对道具和角色的外观还对游戏规则进行了全方位的修改，因而游戏模组看上去就像一个全新的游戏（它与原游戏的唯一联系就在于借用了原游戏的引擎和开发工具）；游戏补丁的程度介于二者之间，它对道具和角色的外观和游戏规则做出了部分改动，但与原游戏仍具有较大的联系并依赖于原游戏。具体来说如下。

第一，玩家对游戏世界中道具和角色等内容进行定制和发布。设计师对游戏内各种道具和角色外观的美工设计能力毕竟有限，要想让所有玩家都满意并不现实。为了满足自己的审美需求并表达自己的审美观，一些玩家开始自己动手设计和定制游戏道具和角色等内容的外观，并将其成果上传到与该游戏相关的网站上，供具有相同审美趣味的玩家下载和使用。定制内容不仅会对游戏的美学产生影响，而且还能改变游戏的风格和主题并与外部的其他流行文化产生联系，从而改变和丰富文化的表现形式。[1]例如，如果把一款游戏的所有道具和角色的外观全换成《星际迷航》系列[2]或《星球大战》系列[3]，那么即使原来的游戏规则不变，这款游戏也变得好像是发生在上述系列中的一段故事，玩家也会获得一段大为不同的游戏体验。这就不仅拓宽了原游戏的受众面和潜在消费者，而且也大大满足

---

① Salen K，Zimmerman E. Rules of Play：Game Design Fundamental. Cambridge：The MIT Press，2004：559-561，538，544.

② 《星际迷航》（Star Trek）始于 20 世纪 60 年代，是由派拉蒙影视制作的科幻影视系列。

③ 《星球大战》（Star War）始于 20 世纪 70 年代，是主要由乔治·卢卡斯所制作拍摄的科幻影视系列。

了上述系列粉丝的审美需求。

第二，除定制内容外，玩家还能对游戏规则进行部分改动，改动的内容通常以游戏补丁的形式在网上发布、下载。补丁最初是为了修补原游戏所具有的一些错误或漏洞而由设计师上传至游戏官方网站上以供玩家下载和使用的程序。但是，出于对官方补丁及其修复效果或游戏的其他功能感到不满，这时有能力的玩家会效仿设计师的打补丁行为，自发地对他所不满意的任何地方进行修补，甚至增加原游戏所不具备的新功能。游戏补丁通常具有以下形式或功能：补充游戏字幕、提高游戏画面清晰度和创建新的道具、人物、地图和关卡等。[1]例如，玩家围绕《上古卷轴 5》[2]所制作出来的各种增强游戏功能的补丁——在"世界地图高清化"补丁中，除了加强地图的清晰度外，还增加了指路系统；在诸如"致命龙"和"七彩魔法"的补丁中，还对游戏怪物的难度和角色技能的功能和特效进行了增强。[3]

第三，除了对原游戏的美学和部分功能的定制和修补外，有能力的玩家还能利用原游戏的源代码（或游戏引擎）和开发工具去创造一个新的电脑游戏，并以游戏模组的方式发布在相关网站上供其他玩家下载和游玩。此时新游戏在各方面都与原游戏有所不同。在游戏模组的意义上，玩家才真正获得了游戏设计师的地位和能力，它使玩家可以随心所欲地发挥其创造力以建构电脑游戏的规则程序和游戏世界。[4]例如，在《魔兽争霸 3：冰封王座》[5]的地图编译器等开发工具的基础上被制作出来的《刀塔》[6]和利用《雷神之锤 2》[7]的游戏引擎开发制作出的新游戏《半条命》系列[8]。

玩家的上述三种 DIY 创新形式在不同程度上改变了原游戏的规则系统和游

①　Salen K，Zimmerman E. Rules of Play：Game Design Fundamental. Cambridge：The MIT Press，2004：561-562.

②　《上古卷轴 5：天际》（*The Elder Scrolls V：Skyrim*）是由 Bethesda 于 2011 年开发和发行的电脑游戏。

③　良家游戏. 上古卷轴 5 有哪些知名 MOD，甚至比 DLC 更优秀厉害，超越原版的存在. https://baijiahao.baidu.com/s?id=1605828451948490688&wfr=spider&for=pc[2018-07-13].

④　Salen K，Zimmerman E. Rules of Play：Game Design Fundamental. Cambridge：The MIT Press，2004：563-564.

⑤　《魔兽争霸 3：冰封王座》（*Warcraft III：Frozen Throne*）是由暴雪娱乐（Blizzard Entertainment）在 2003 年开发和制作的即时战略类游戏（real-time strategy game，RTS）。

⑥　严格说来，《刀塔》（*DOTA*）只能被算作是一张《魔兽争霸 3》的游戏地图，但是它在游戏规则和玩法等方面的创新，使其不同于作为 RTS 游戏的《魔兽争霸 3》，并将多人在线战术竞技游戏（Multiplayer Online Battle Arena，MOBA）发扬光大。之后在 2013 年，《刀塔》脱离《魔兽争霸 3》的平台，《刀塔 2》（*DOTA 2*）出现，从而成为一款独立的 MOBA 游戏。

⑦　《雷神之锤 2》（*Quake 2*）是由 Id Software 于 1997 年开发的一款第一人称射击类（first person shooter，FPS）游戏。

⑧　《半条命》(Half-life) 系列是由维尔福软件公司（Valve Software）于 1998 年开发制作的 FPS 游戏。

戏世界，从某种意义上说，它们所创造的内容也是某种文化产品，这样也就极大地丰富了整个文化的内涵和活力。实际上不仅如此，这种改变还发生在文化观念（包括各种信念和态度、意识形态、价值观）和行为惯例（在文化中行为惯例被符号化和制度化）上——通过电脑游戏的定制内容、游戏补丁和游戏模组，玩家就创造出了某种与原游戏的文化意义或现实中既存的文化观念相悖的"文化阻力"（cultural resistance）。通过在电脑游戏（及其 DIY 形式）与其外部文化之间制造紧张和冲突，文化阻力就迫使或诱使玩家将其注意力放在某个既存的文化观念和行为惯例上，并与它进行对话，而这也就很可能会改变这一已被玩家或大众所接受了的文化观念和惯例传统。通过上一节的内容已知，现实中的各种文化观念和传统可以跨越魔力怪圈并在电脑游戏的内部要素中反映出来。因此，玩家对游戏内部要素的 DIY 所改变的不仅是游戏本身，而且也对那些被反映出来的文化观念和传统提出了挑战，以此使得玩家批判性地重新审视（也可以是赞同、加强、质疑和反对）这些既存的文化观念和传统，再根据审视之结果强化或改变旧的既成观念和行为模式。例如，通过改变游戏道具和角色的外观贴图及其所引发的文化阻力的冲击，定制内容就能挑战并改变上述事物在文化传统中的固有艺术表现形式；通过部分或完全改变游戏的表征结构和跟玩家的互动方式，游戏补丁或模组就可以挑战并重塑现实中对应的行为模式及其所蕴藏的文化预设（即行动规范和风俗习惯背后的既定道德价值观和社会组织原则）。一旦这些挑战或阻力是有价值的而被人们所接受，那么它们就会被文化吸收和容纳，进而补充和丰富整个文化，以此实现电脑游戏重塑文化的愿望。①总之，通过制造文化阻力，玩家就对既存的文化观念和行为惯例传统提出挑战并做出改变，从而丰富和重塑了整个外部文化环境。

在电脑游戏改变或重塑文化的过程中，相对而言，玩家比设计师起到了更加积极主动的作用。这就是说，玩家承担了部分设计师的活动和责任（设计师放开进入其领域的权限），二者身份的界限变得模糊。这意味着更多的由玩家制作和设计的电脑游戏及其衍生物源源不断地涌现出来，它们作为电脑游戏亚文化现象的表现形式面向更多的玩家和其他人群。因为只有让更多的熟悉电脑游戏的玩家参与到游戏制作和设计的生产环节中，才能定制出更多的、更加符合某类玩家群体要求的电脑游戏及其衍生物。这样不仅增加了参与设计的人以及由他们制作出的电脑游戏及其衍生物的数量，还扩大了游戏的受众面和影响力。受众人群种类和数量的增加就把电脑游戏重塑文化的效应放大了，新的亚文化现象得以形成。

上述这些电脑游戏及其衍生物可以被视为玩家的创造性游玩方式，实际上在

① Salen K, Zimmerman E. Rules of Play: Game Design Fundamental. Cambridge: The MIT Press, 2004: 558-567.

此基础上玩家还能把它们创造性地应用在现实的文化环境中——围绕着这些由玩家制作和设计的电脑游戏及其衍生物，玩家们还在现实中自发地成立各种组织或社群，并积极开展各类与游戏相关的活动。随着玩家社群及其游戏活动的普及和流行，它们也成为一种文化现象和活动。本节余下的内容将具体阐述这种文化现象和活动。

二、游戏社群及其对玩家社交的作用

通过上面的论述已知，通过部分或全部承担设计师的工作和任务，玩家就可以创造性地制作和设计出各种各样的电脑游戏及其衍生物。但是，实际上仅仅如此是不够的，玩家还需要将这些定制内容、游戏补丁和游戏模组发布在网络上供其他玩家下载和使用才能实现重塑文化的功能。

在此过程中，由于网络技术的发展，玩家与设计师、玩家与玩家之间的沟通方式和效果发生了巨大的改变和增强。例如，设计师通常会通过游戏的官方网站或其他社交媒体与玩家进行即时互动和沟通，玩家之间通过第三方 VoIP（voice over internet protocol）程序（如 Skype 和 YY 语音）和论坛网站等形式就能在游戏的事中和事后实现及时和有效的交流。网络技术在电脑游戏中的大规模应用使得目前的绝大多数游戏都具有了接入网络的功能，网络技术对于玩家沟通的促进和影响，使得玩家以成立各种游戏社群（gaming communities）或玩家社群（communities of players）的方式而策划和开展围绕某类或某款电脑游戏的各种线上和线下的社交活动成为可能。与此同时，游戏设备的发展和玩法上的创新使得游戏的种类不断增加，这就进一步导致了玩家种类和数量的激增。例如，由于体感游戏和一些休闲类的电脑游戏的难度较低，因而对于一些操作水平较低的玩家（如年龄较大者）来说，这些游戏的使用门槛就较低，这就在无形之中吸纳了更多的游戏受众人群。玩家人群数量的增加从侧面说明了电脑游戏的普及和流行，从而使游玩电脑游戏更易成为一种文化现象。[①]结合上述两点可知，利用网络技术和游戏设备，参与游戏的玩家成立自己的社群并进行与游戏相关的社交活动是一种普遍的文化现象，而非偶然的个别行为。网络和游戏设备等相关技术的进步和发展对电脑游戏文化（尤其是在玩家的社交生活方面）产生了巨大的影响。

1. 游戏社群及其分类、影响因素

游戏社群（或玩家社群）是一种诞生于电脑游戏的游戏世界并由参与其中的

---

① Wikipedia. Video game culture. https://en.wikipedia.org/wiki/Video_game_culture[2019-04-27].

玩家组成的虚拟或现实社群。在一款电脑游戏中可能会有许许多多的游戏社群，它们之间的关系不是并列或包含的，而是互相重叠的。①

根据社群形成和维系力量的强弱，可以分成四种玩家社群："利益社群"（community of interest）、"实践社群"（community of practice）、"承诺社群"（community of commitment）和"精神社群"（spiritual community）。第一，出于共同的利益或目标，人们通过成立社群或组织以更好地实现上述目标。当利益或目标达成后，该种社群也将不复存在，因此它往往是临时性的。电脑游戏中的玩家们常常会组建一个临时的队伍（利益社群）去共同完成某些游戏任务或关卡（它们通常被玩家称为"副本"），这在一些"大型多人在线角色扮演游戏"（massively multiplayer online role-playing games，MMORPG）中非常常见，其中较著名的当属《魔兽世界》②。第二，在利益社群的基础上，如果人们认为为了实现共同的利益或目标而成立的社群实际上具有更高的内在价值，因而希望在结束任务后仍然维持该社群的存在，就会建立实践社群。在电脑游戏中，其形式包括各种"战队"（clans）和"工会"（guilds）。通过参与游戏战队或工会的实践活动，玩家们的归属感被加强。第三，当社群的维系力量进一步增强，承诺社群形成，其中成员的行为更多的是为了整个集体而非个人。此时成员玩家甚至会在游戏的魔力怪圈之外策划和进行与其社群相关的活动，如通过建立特定的社群网站进行宣传。第四，最终社群可能会发展成为精神社群，其中的成员玩家无条件地信任彼此，这种社群成员间的信任和友谊已经不单单局限在电脑游戏内了。成立上述四种社群的难度逐级递增，因此四者的规模是逐级递减的。③

游戏社群的成立和发展受到诸多因素的影响。由于游戏世界是从规则中衍生出来的，因此设计师就能够通过其设计行为影响游戏社群的形成和发展。毋庸置疑，游戏社群当然也能被组成它的玩家决定④，但是不可否认游戏社群也能反过来影响玩家，稍后将具体论述游戏社群对玩家所造成的影响及其内容和方式。

2. 设计师对游戏社群的影响及其设计策略

实际上，设计师只能影响而不能决定游戏社群。因为社群成立和发展的直接

① Bartle B A. MMOs from the Outside In：The Massively-Multiplayer Online Role-Playing Games of Psychology，Law，Government，and Real Life. Berkeley：Apress，2016：370.

② 《魔兽世界》（*World of Warcraft*）是由暴雪娱乐于 2004 年发布的一款 MMORPG。

③ Bartle B A. MMOs from the Outside In：The Massively-Multiplayer Online Role-Playing Games of Psychology，Law，Government，and Real Life. Berkeley：Apress，2016：372-373.

④ Bartle B A. MMOs from the Outside In：The Massively-Multiplayer Online Role-Playing Games of Psychology，Law，Government，and Real Life. Berkeley：Apress，2016：368，370.

参与方是玩家，而玩家的行为具有"突现的"（emergent）特征，因此设计师就无法预测和完全干预玩家的突现行为。①这就是说，通过电脑游戏设计，设计师可以期望在他的游戏中形成什么社群，但是社群最终是什么样的并不是他能够决定的。他的设计只是规定了社群形成和发展的界限，即只能在大方向上影响社群的特性（如其"规模、重叠度、参与的难易度、彼此之间的界线和结构"），而无法决定详细的具体特征。这也就解释了为什么在同一款游戏（对于玩家们来说它的设计是一样的）中会形成不同的社群。②

设计师影响游戏社群特性的一些常用设计策略或技术包括以下几方面。第一，通过游戏内的消极或积极的物理系统以支持玩家成立和经营其社群，这是社群诞生的必要条件。这些系统包括：沟通系统，这是"社群运作所需的最低标准"③；战队或工会系统，这就明确地告诉玩家该游戏支持他们建立和经营各种工会组织，帮助他们更好地管理和协调各自的成员；角色职业或技能配合系统，这有助于在成员玩家之间形成互相配合的合作机制，以培养和增进成员之间的共同经历和友谊；合理的竞争机制（如记分牌、PvP 模式④），良性竞争也是一种加深成员之间羁绊、增加社群凝聚力的方法；自动匹配系统，该系统可以检测到玩家在游玩过程中的各种参数，并帮助找到与他各项参数类似的其他玩家，从而尽可能地确保成立或加入社群的成员具有共同的目的和追求；虚拟经济系统，该系统能够加深玩家和社群之间的沟通和联系，维持社群的稳定；等等。⑤

第二，通过游戏外的一些设计策略来维持玩家社群的存在和运营并促进其发展，包括：建立关于电脑游戏的官方网站和论坛，支持那些由玩家自发建立的非官方网站和论坛，并鼓励玩家对原游戏进行 DIY 的创造性玩法。这些网站和论坛不仅是玩家社群存在和活动的主要阵地，而且还为玩家提供了一个可以跟其他玩家和设计师讨论某款电脑游戏的现状和未来走向、某些技术问题和攻略的场地，在这里他们可以发布那些由玩家创制的游戏及其衍生物并表达自身观点。在这些网站和论坛的基础上，设计师可以雇佣社群经理（community managers），其职责

　①　Salen K，Zimmerman E. Rules of Play：Game Design Fundamental. Cambridge：The MIT Press，2004：152-168.

　②　Bartle B A. MMOs from the Outside In：The Massively-Multiplayer Online Role-Playing Games of Psychology，Law，Government，and Real Life. Berkeley：Apress，2016：380-381.

　③　Bartle B A. MMOs from the Outside In：The Massively-Multiplayer Online Role-Playing Games of Psychology，Law，Government，and Real Life. Berkeley：Apress，2016：372，382.

　④　PvP，即 player vs. player，指的是一种发生在玩家之间的电脑游戏对战模式。

　⑤　Ruggles C，Wadley G，Gibbs M R. Online community building techniques used by video game developers//Kishino F，Kitamura Y，Kato H，et al. Entertainment Computing-ICEC 2005：4th International Conference，Sanda，Japan，September 19-21，2005，Proceedings. Berlin：Springer，2005：117-121.

是：在设计师和玩家之间建立信任，从而保证二者之间沟通的有效性；利用游戏开发技术和市场营销技巧，尽可能早地建立玩家社群，积累早期的关键玩家，并以此快速地建立口碑；把关键的玩家培养成为管理和经营社群的领导者；把玩家的反馈体现在游戏中，这样会增强该玩家的社群参与度；等等。①

其意义在于，设计师的上述这些有助于游戏社群成立、管理和运营的具体设计策略能够使成员玩家意识到加入游戏社群并参与其中社交活动的"有用性"（即有助于玩家通关游戏）、"外在的益处"（即玩家可以获得游戏知识和信息并与其他玩家建立社交关系，从而帮助玩家体验电脑游戏的愉悦）和"内在的益处"（即在社群帮助下通关游戏所带来的满足和成就感）。上述这些益处或优势会促使玩家进一步参与到游戏社群及其活动中，与其他成员共享他的知识和信息，从而提高"团队凝聚力"。这样就形成了一个良性循环，以此提升玩家对于游戏社群和游戏本身的忠诚度。②

3. 从社群主义来看游戏社群对其成员玩家的影响

社群主义（communitarianism）是由批判罗尔斯新自由主义（new liberalism）而形成、发展起来的一种学术流派。因为在社群和个人、玩家社群和成员玩家之间具有类似的对应关系，所以社群主义关于社群以及它与成员（个人）的关系等问题的论述对于我们理解电脑游戏的玩家社群以及其与成员玩家之间的关系具有重要的参考价值。

罗尔斯提出的"原初状态"和"无知之幕"概念（二者的关系和内容是"无知之幕是对处于原初状态下的个人自身信息的限定"）意味着新自由主义的如下自我观：社会是由个人组成的，而个人都先验地拥有着一个自我，这样的自我优先于个人的任何经验因素（包括其态度、期望、目的、判断、义务、价值、道德观、利益等）。这是因为自我的特征已经被先验地规定好了，所以经验性知识就无法成为自我的构成要素。拥有如此自我的个人的自由选择和合作过程就最终构成了其所属社群的形态和特征。③

相反，社群主义认为自我不是先验的（自我并不优先于经验因素），而是相

① Ruggles C Wadley G，Gibbs M R. Online community building techniques used by video game developers//Kishino F，Kitamura Y，Kato H，et al. Entertainment Computing-ICEC 2005：4th International Conference，Sanda，Japan，September 19-21，2005，Proceedings. Berlin：Springer，2005：121-123.

② Zhao F，Shi H. Does online game community matter? //Kurosu M. Human-Computer Interaction. Novel User Experiences. 18th International Conference，HCI International 2016 Toronto，ON，Canada，July 17-22，2016 Proceedings，Part Ⅲ. Switzerland：Springer，2016：463-465.

③ 龚群. 自由主义的自我观与社群主义的共同体观念. 世界哲学，2007，（5）：72-75.

反，这些经验因素构成了自我。又因为自我的经验因素是在社群的文化历史中形成的，所以是社群及其中的各种社会关系决定了个人。①但这并不意味着社群主义就完全否定了个人的自由，只不过他的自由是受到社群制约的，离开社群的历史文化背景谈论个人自由都是抽象和空洞的。②自我边界的开放性、其形成过程的动态性和构成性以及个人自由的相容性表明社群中的个人成员有自由、有能力去自主选择和实现其自我的个性和价值，但他的选择和判断最终仍要得到社群的认证和背书，这样才能进行下一步的自我塑造活动。③

　　上述自我的形成过程即个人发现自己在社群中的角色定位或自己是谁的自我认同过程。毋庸置疑的是，对于社群主义来说，自我认同受到社群及其目标、利益、价值等方面的影响，是个人成员伦理生活和道德观念的起点和源头。④同时，如果社群具有较长的历史，那么就极有可能形成独特的社群文化。社群文化表明社群的历史和传统以文化的形式影响和塑造其成员的自我认同。⑤其结果是个人明白自己在社群中的地位与所能够起到的作用，如此社群才能把分散的个人组织起来，使他们各司其职，高效地完成和实现各项任务和目标。

　　社群主义的上述自我观还暗示着社群成员在充分享受自由和权利的同时还承担着成正比的义务，二者互为表里。成员资格是区分社群成员和陌生人的凭证，它意味着已获得成员资格的个人受到社群的保护并享有公共福利。在此基础上，对其他个人权利和义务的进一步明确和分配也是根据其成员资格来进行的。成员资格是社群团结个人的力量，只有具有成员资格的人才能参与到社群的集体生活和活动中，基于此才能参与权利和义务、利益和资源的分配。⑥除此之外，成员资格也是实现美德的必要条件。因为对于社群主义来说，合乎道德的伦理生活只能发生在社群及其集体生活中。⑦

　　根据社群主义的上述观点，我们将重新审视电脑游戏中的玩家社群，并探究

　　① Sandel M J. Liberalism and the Limits of Justice. 2nd ed. Cambridge：Cambridge University Press，1998：175-183.
　　② 查尔斯·泰勒. 自我的根源：现代认同的形成. 韩震，王成兵，乔春霞，等译. 南京：译林出版社，2001：34-77.
　　③ 龚群. 当代社群主义对罗尔斯自由主义的批评. 中国人民大学学报，2010，24（1）：11-14.
　　④ Miller D. Market，State，and Community：Theoretical Foundations of Market Socialism. Oxford：Clarendon Press，1989：227-251.
　　⑤ 庞俊来. 论社群主义之现代伦理学形态. 东南大学学报（哲学社会科学版），2016，18（1）：29-30.
　　⑥ 迈克尔·沃尔泽. 正义诸领域：为多元主义与平等一辩. 褚松燕译. 南京：译林出版社，2002：38-78.
　　⑦ 阿拉斯代尔·麦金太尔. 谁之正义？何种合理性？万俊人，吴海针，王今一译. 北京：当代中国出版社，1996：123-124.

它对现实中的社群有何影响与启示。第一，玩家对其所控制的虚拟化身之角色和身份，甚至对其现实中的成员资格和自我认同进行塑造和建构。游戏社群与其成员玩家关系的复杂性体现在玩家身份的双重性或者说游戏社群的跨越性上——玩家所控制的虚拟化身位于游戏世界（虚拟现实）中的游戏社群内，基于此游戏社群还有能力跨越魔力怪圈而在现实世界中存在（即玩家也能在现实中成立与游戏相关的社群）。①

就前者而言，在游戏刚开始时玩家对其虚拟化身往往一无所知，或者说即使设计师对虚拟化身的历史背景——例如他的出身（家庭、种族或国家）、他的社会关系（有哪些朋友或敌人）等——做了一定程度的设定，但是随着游戏的推进，随着玩家控制其虚拟化身加入游戏世界中的各种组织和阵营，与其他玩家和NPC进行社交互动，玩家总能对其虚拟化身有更多的了解和认识。或者说玩家对"虚拟化身是谁"这一身份问题的答案总是在不断变化和扩充的，它是在玩家所做的每个决定、所遇到的每个人、所加入的每个社群和活动中被建构的。这种对虚拟化身身份的发现和塑造过程，可以在本章第一节中的"作为身份的游戏"中得到印证。由此可见，虚拟化身的身份不是在游戏刚开始就被"先验地"完全规定好了并且后天的经验因素无法对此做出任何改变，而是虚拟化身在游戏世界中的社会关系决定了他是谁。因此我们说游戏社群决定了玩家虚拟化身的自我，在此过程中玩家对虚拟化身身份的探索和建构过程充分体现了社群主义的自我观。

就后者而言，玩家在现实中的自我不仅在虚拟游戏社群及其社交活动中而且也在现实中与游戏相关的社群和活动中被塑造和建构。在虚拟化身于游戏世界中探险和抉择的背后，在他所加入的每个社群及其社交活动的背后，实际上控制虚拟化身参与社群行为的主体都是玩家现实中的自我。虚拟化身只不过是玩家出现在游戏世界中的虚拟形象而已，它本身并不具备成立社群和参与社交活动的能动性。总而言之，可以说虚拟化身的身份是玩家自我在游戏世界中的投影。因此，当虚拟化身的身份被其所属社群及其社交活动建构的同时，实际上也是玩家自身的成员资格和自我认同不断成长的过程。尤其是，虚拟化身的表征和身份可以与玩家原本的有很大差异，如此一来，通过提供的这种"身份旅行"（identity tourism）②就

---

① 需要说明的是，在此之前我们基本上是在前一种意义上来谈论游戏社群或玩家社群的，也可以说这是在狭义上谈论游戏社群。由于玩家身份的双重性，或者说电脑游戏对现实文化的重塑作用，游戏社群也常常超越魔力怪圈，进而扩展、延伸到现实世界中去，在这种意义上我们是在广义上谈论游戏社群的。

② Nakamura L. Race in/for cyberspace: identity tourism and racial passing on the Internet. Works and Days，1995，（13）：181-193.

能为玩家提供一种新的自我体验进而影响和改变玩家现实中的自我。

　　同时，"严肃游戏"也是塑造玩家现实自我的范例之一，还是以上一章的两个案例为例进行说明：出于各自的原因，少年犯和性侵受害者无法正常地加入社群和参与社交活动，少年犯的自我仍停留在他刚入狱的时候，而性侵受害者的自我缺失了关键部分。通过控制游戏中的虚拟化身参与到严肃游戏及其中的各个虚拟实验中，（如果实验成功）少年犯和性侵受害者就不仅能够弥补所缺失的社交能力，还可以重获一个更完善和健康的自我。此外，当虚拟游戏社群发展到现实中、线上的社交活动延伸到线下时，以电脑游戏为主题和平台的各种现实玩家社群和社交活动就出现了，例如电子竞技（e-sports）和局域网派对（LAN-party）。它们是以往未曾有过的，因而可以被视为电脑游戏重塑文化的一种表现。

　　第二，游戏社群对成员玩家的身份或自我认同的塑造和建构明确了他在社群内的位置或地位、角色职能，即他在社群中承担的职责和行为方式等。对于线上游戏社群来说，上述成员玩家的身份认同的形成是"内生自发式的建构"或协调过程，它围绕着社群的"共同的兴趣、利益或价值"运转。在这一建构过程的开始，成员玩家对自己身份或行为模式的确定是一种突现性的探索过程。也就是说，在开始阶段，成员玩家在社群的角色定位和行为方式具有一定程度的不确定性，这一不确定性会随着建构过程的发展而逐渐减少，并最终稳定下来成为"群体规范"。"群体规范的制度化形成……最终内化为一种社群亚文化（"内涵文化"）的形式固定下来。"社群文化又会反过来规范成员玩家的身份或自我认同，而上述辩证过程最终也会提高成员玩家的活跃度和社群凝聚力。①

　　因为"社群的规则即其文化"，所以上述对社群规则的规范就是社群文化的形成过程。因为社群文化是由游戏社群的运营模式及其中成员玩家的行为规范所组成的，而某类或某款电脑游戏常常具有许多社群，所以该类或该款游戏中的不同社群就可能具有各自的不同文化，但因不得不相处在一起，它们必须互相适应并做出调整。各个社群文化互相角力，因而最终形成了一个包罗一切的、动态的和整体性的游戏文化。也就是说，游戏文化整体是由其中的各个社群文化互相融合而形成的。因为游戏社群的具体特征主要是由玩家决定的，所以社群文化或游戏文化也主要是由玩家决定的。此外，跟现实文化类似，社群文化也是代代相传的，这意味着最先玩一款或某类游戏的玩家会对这款或这类游戏的文化产生至关重要的奠基影响，而后续的玩家面对已经形成了的这种文化所能做的主要是

　　① 杨江华，陈玲. 网络社群的形成与发展演化机制研究：基于"帝吧"的发展史考察. 国际新闻界，2019，41（3）：141-142.

适应。①

例如，在类似于《魔兽世界》的 MMORPG 中，游戏社群的成立和管理以及其中成员玩家的角色职业、技能配合和社交活动的形式和内容等很大程度上借鉴了（但并非完全照搬）之前的同类游戏的相关设计和玩法。因此，实际上如果是熟悉 MMORPG 的老玩家就很容易上手《魔兽世界》——他们不仅可以很容易地根据其他游戏中的社群文化而在新游戏中创造新的社群文化，而且还能快速适应他在新游戏社群中的身份和角色并积极地参与社群活动。以某工会或团队试图通关《魔兽争霸》的某个副本为例，玩家们会根据之前的社群文化尝试找到最佳的职业搭配和行动计划，在不断的失败和磨合中就总结出了新的副本攻略方案，它明确了团队中每个成员的角色和配合模式，久而久之不单是该副本的攻略方案而且对于《魔兽争霸》中的其他副本和社群活动都形成了一套较为固定的行为模式和规划，从而形成了新的社群文化。

第三，通过奖励分配机制促进成员玩家在游戏社群中的合作与竞争。绝大多数针对游戏社群的任务或活动都需要成员玩家们的共同努力与团队合作来完成②，在此之后就会根据各个成员的贡献程度来分配任务或活动的奖励。但是，不同的电脑游戏具有不同的分配机制。还是以《魔兽世界》的各类副本活动为例，在很多大型副本活动中，一般采用 DKP③ 机制来分配副本战利品。成员玩家主要通过参与工会组织的攻略副本活动和其他社交活动来赚取 DKP 积分，并根据积分多少来分配副本掉落的奖励。可见，该机制是根据成员玩家对社群的贡献度来决定奖励的归属的，因而是一种比较公平的分配方法。总之，综合利用玩家对副本奖励的期望与多劳多得的分配规则，该机制在追求分配公平的同时也就激励和实现了社群的合作和团结。同时，尤其重要的是，DKP 机制还意味着它是对团队中合理竞争的鼓励。因为该机制实际上是一种对副本战利品归属权的拍卖行为（只不过其拍卖筹码是 DKP 积分），而拍卖行为是一种公开的竞争机制（体现在价高者得之的拍卖规则上），所以在竞价方（成员玩家）之间就形成了一种对副本奖励的竞争行为。除了成员玩家对社团任务和活动的参与度和贡献度之外，DKP 机制对竞争的鼓励还体现在每个成员玩家在选择奖励时所需讲求的一种策略上——到底是通过较少的 DKP 积分马上换取一件能力较为平庸的奖励，还是

---

① Bartle B A. MMOs from the Outside In：The Massively-Multiplayer Online Role-Playing Games of Psychology，Law，Government，and Real Life. Berkeley：Apress，2016：370，374.

② Poor N D. Collaboration via cooperation and competition：small community clustering in an MMO. 2014 47th Hawaii International Conference on System Sciences. Waikoloa，2014：1696，1702-1703.

③ DKP 是 dragon kill points 的缩写形式，直译为"屠龙分值"，是很多 MMORPG 所采用的一种分配奖励的机制。详见：百度百科. DKP. https://baike.baidu.com/item/DKP/563229[2019-06-10].

为了换取一件更加稀有、能力更强的装备而慢慢积累积分呢？这不仅与每个玩家各自的需求和所处的情境有关，也与社群中的其他成员所选择的策略相关。不过，需要注意的是，不管怎么样，DKP 机制起效的前提是社群首先要完成副本或其他工会活动才有资格再分配任务的奖励，因此这一机制对成员玩家之间互相竞争的鼓励并不与他们的团结合作有太大的冲突，二者能够较为完美地和谐共处。

三、基于玩家社群的相关社交活动：电子竞技和局域网派对

当线上的虚拟游戏社群逐渐延伸到线下时，成员玩家就不仅在线上而且也可以在现实中组织与电脑游戏相关的社交集体活动，其中最为显著的当属电子竞技和局域网派对。它们改变或重塑了玩家原本在现实中从事体育活动和举办派对的方式。

1. 作为亚文化现象和活动的电子竞技

电子竞技具有广义和狭义两种定义。从广义上说，"电子竞技指的是体育活动的一个领域，在其中人们利用信息和通信技术来开发和训练各种心理或身体能力"。[1] 从狭义上说，电子竞技表明玩家会以个人或团队的形式竞争性地参与到电脑游戏中，此外这一概念还强调了它与传统体育的关联性以及特殊技能（如手眼协调或反应时间）和战略战术知识的重要性。[2]

对"电子竞技"这一概念较为正式的使用最早可追溯到 20 世纪 90 年代末，1999 年"在线游戏玩家协会"（online gamers association）发布了一则新闻稿，它将电子竞技与传统体育进行了比较。但是在实践中，非商业化的电子竞技或类似活动早已展开，它与某些电脑游戏类型（其中最主要的有 FPS 游戏、RTS 游戏、MOBA 游戏、体育游戏和赛车竞速游戏）及其特定的游戏模式的出现和发明有很大关系。例如 FPS 游戏《毁灭战士》[3] 的横空出世，它所独有的"死亡竞技"（deathmatch）模式使玩家们乐此不疲地在局域网中组织比赛并角逐胜负。[4] 它们

---

[1]　Wagner M. On the scientific relevance of eSport. Proceedings of the 2006 International Conference on Internet Computing and Conference on Computer Game Development. Las Vegas，2006：439.

[2]　Müller-Lietzkow J. Leben in medialen Welten—E-Sport als Leistungs-und Lernfeld. Medien+Erziehung，2006，50（4）：30.

[3]　《毁灭战士》，英文名为 DOOM，是 id Software 于 1993 年发售的一款具有里程碑意义的第一人称射击类游戏。

[4]　Wagner M. On the scientific relevance of eSport. Proceedings of the 2006 International Conference on Internet Computing and Conference on Computer Game Development. Las Vegas，2006：437-438.

为职业或半职业战队以及商业化电竞赛事的出现奠定了基础，其中规模最大的当属有"世界三大电竞赛事"美誉的"世界电子竞技大赛"（world cyber games，WCG）、"职业电子竞技联盟"（cyberathlete professional league，CPL）和"电子竞技世界杯"（electronic sport world cup，ESWC）。如同传统体育运动和赛事一样，这些电竞赛事和职业俱乐部及其队员也吸引了一大批观众和粉丝，这为电子竞技奠定了坚实的群众基础，电子竞技的产业规模也得以水涨船高。2017 年，中国电子竞技整体市场规模达到 655.4 亿元人民币，电竞用户规模达 2.6 亿人。[①]就这样由于电子竞技规模和影响的不断壮大，举办电竞赛事就成为一种独特的文化活动和现象。

西方学者认为，一个社会具有不同的阶层，它们是该社会形成不同文化的基础，这些文化为其所对应的社会阶层提供了各自体验和理解社会关系的方式。根据不同社会阶层对该社会的影响力大小，就可区分出主流文化和亚文化。如果社会阶层是以年龄为划分标准，那么就存在一种"青年亚文化"（youth subculture），因为就影响力来说，青年无疑比壮年和中年要低。青年亚文化具有自身的风格（style），它意味着其中的成员利用物理客体作为媒介来表达自己独到的见解和感受，并以此来把自己与主流文化成员区别开来。对于电子竞技来说，由于其高强度的竞技性对选手身体协调能力和神经反应速度等方面的高要求，因此电竞选手绝大多数都是青少年，这就满足了青年亚文化中的年龄条件。同时，电竞选手利用电脑游戏作为物质媒介来表达他们对于主流社会相关问题的见解（即电子竞技向主流文化呼吁存在另一种参与体育竞技活动的方式）并提供了一种解决方案（即通过游玩某种电脑游戏来参与体育竞技活动）。[②]

但是，如果我们把围绕电竞俱乐部和选手而聚集在一起的观众和粉丝也考虑在内的话（毕竟"电竞用户规模"可不仅仅只包含参赛选手），那么电子竞技作为青年亚文化并因此与主流文化分隔开来的观点就有待商榷了。具体来说，电子竞技的受众不必非得限定在青少年当中，其观赏性可以吸引一大批非青年玩家或爱好者。甚至参与一些非正式比赛的玩家也不一定非得是要处于巅峰期的青年职业选手，其对抗性也让更多非职业玩家能够体验电子竞技所带来的快乐，就这样电子竞技就为传统的主流竞技方式（如体育运动）提供了另一种替选方案，它改

---

① 艾瑞咨询. 2018 年中国电竞行业研究报告. https://report.iresearch.cn/report_pdf.aspx?id=3147 [2018-02-02].

② Adamus T. Playing computer games as electronic sport：in search of a theoretical framework for a new research field//Fromme J，Unger A. Computer Games and New Media Cultures：A Handbook of Digital Games Studies. Dordrecht：Springer，2012：483-485.

变和丰富了主流文化对于竞技活动内容和形式的理解和实践方式。在这种情况下，甚至当官方将电子竞技列为正式体育竞赛项目的时候[①]，它与主流文化之间的界限还有那么明显或必要吗？

2. 局域网派对及其社交和学习功能

按规模来分，依托局域网来举办派对有如下三个种类："私人局域网［派对］"（Privat-LANs）、"局域网派对"和"局域网事件"（LAN-Szene）。[②]其中，私人局域网派对规模最小，参与者十分熟悉和了解彼此，最常见的举办地点是在某人的家中；局域网事件规模最大，参与者或许熟知他所属的小圈子，但并不认识其余的绝大多数人；局域网派对介于二者之间，参与者可以是由几个彼此熟悉的玩家所组成的小团体也可以是个人。局域网派对和局域网事件由于规模较大，因此其举办地点常常是公开的大型场所，如体育馆。

一般来说，参加局域网派对的玩家需要自备游戏设备和网络接入设备，按照组织者发布的指定时间到达指定场地，与其他参与者一同游玩电脑游戏，除此之外的休息时间所有人将一同生活（如吃饭和睡觉）一段时间（通常是几天）。[③]玩家参加局域网派对的首要动机是获得"在社交情景中玩电脑游戏的机会"（the opportunity to play video games in a social context）[④]，而非只是玩游戏。因为玩家可以独自在家中连上互联网进行游戏，所以局域网派对的重点是玩家参加一个公开的社交活动，只不过其具体内容是与电脑游戏相关的。由此可见，局域网派对的社交属性就显得尤为突出，这与人们对于"游戏极客"（game geek）的刻板印象（即极客深度沉迷于电脑游戏，并且有能力解决与游戏相关的技术难题，但却不善于与他人沟通和参与社交生活）[⑤]大相径庭了。

玩家因参与局域网派对而得以跟志同道合者结识与合作，这有助于在他们之间形成友谊；并且这段难忘的共同经历也会帮助他们习得特定的知识和能力。这

①　国家统计局发布的《体育产业统计分类（2019）》把电子竞技归为"职业体育竞赛表演活动"（编码为：020210210）。详见 2019 年 4 月 1 日发布的国家统计局令第 26 号（https://www.gov.cn/gongbao/content/2019/content_5419214.htm）。

②　Vogelgesang W. LAN-Partys：Jugendkulturelle Erlebnisräume zwischen Off-und Online［EB/OL］. http://www.waldemar-vogelgesang.de/lan.pdf［2023-05-17］.

③　Simon B. Geek chic：machine aesthetics，digital gaming，and the cultural politics of the case Mod. Games and Culture，2007，2（3）：183-184.

④　Jansz J，Martens L. Gaming at a LAN event：the social context of playing video games. New Media and Society，2005，7（3）：350.

⑤　The American Heritage® dictionary of the English Language（Fifth Edition）. Geek. https://www. ahdictionary.com/word/search.html?q=geek&submit.x=0&submit.y=0［2019-06-14］.

些知识和能力通常是与游戏或技术相关的。在局域网派对的前期准备工作中，需要将所有参与者的游戏设备接入同一个网络中。因为大多数人并不具备这样的知识和技能，所以就需要人们互相帮助和面对面的沟通，把关于准备工作的必要的技术知识传授给别人。这样，派对的前期准备工作就充满了社交、团队协作和互动学习的属性。除了与一群有共同兴趣和目标的玩家在现实中一起游玩游戏并共同生活的经历所带来的快乐之外，上述知识和能力的学习或者说技术设备的准备和调试过程也能引起愉悦。①

尽管局域网派对的组织者和参与者各自的任务有所不同——组织者主要负责策划举办派对所需的一切准备工作（包括事前的确定活动时间、联系场地、与参与者沟通，事后的活动反馈和再组织以及上面提及的把所有游戏设备链接到局域网内等相关技术问题），而参与者主要负责游玩电脑游戏和参与相关的社交活动并享受派对带来的乐趣，但上述区分并不是绝对的。也就是说，参与者有时候也会承担起组织者的角色和责任（例如在其力所能及的范围内帮助身边或小组内的其他成员解决技术问题或在事后化身为组织者策划下一次的派对活动），而这种角色的变换则有助于参与者培养沟通、合作和组织策划等社交能力。②

最后，局域网派对改变了人们举办派对的传统形式，或者说它丰富了社交活动的形式和内容。人们会出于各种兴趣和目的来举办和参加各种社交活动，而当电脑游戏出现后，社交活动的主题和理由也可以是它。总之，游玩电脑游戏并不一定得是一种个人的行为，它的社交属性使得越来越多的人加入进来，因而得以使电脑游戏及其相关的活动和现象成为一种文化。

总的来说，本章是站在魔力怪圈之外、从文化的角度（即"文化"架构）去重新审视怪圈之内的电脑游戏及其内部要素（即"技术"、"规则"和"游玩"架构）的。反言之，电脑游戏反映出了它所处的文化环境，此时电脑游戏不仅是被设计出来的产品，而且也是一种"文化文本"。作为文化本文的电脑游戏表达着自己的文化意义，利用萨顿-史密斯所提供的七种解读方式，我们对作为文化文本的电脑游戏进行了较为详细的再诠释。这种再诠释使之前章节所讨论的内容和现象的文化含义得以显现出来，丰富和加深了我们对电脑游戏的理解。

不过，电脑游戏不仅仅只是单纯地反映其外部文化，而且也在积极地创造新

---

① Ackermann J. Playing computer games as social interaction: an analysis of LAN Parties//Fromme J, Unger A. Computer Games and New Media Cultures: A Handbook of Digital Games Studies. Dordrecht: Springer，2012：470.

② Ackermann J. Playing computer games as social interaction: an analysis of LAN Parties//Fromme J, Unger A. Computer Games and New Media Cultures: A Handbook of Digital Games Studies. Dordrecht: Springer，2012：471-475.

的文化内容和形式，从而实现了对整个外部文化的重塑。电脑游戏对文化的重塑效应主要体现在玩家的三种创造性玩法（DIY形式）上，根据程度的不同可分为电脑游戏的定制内容、游戏补丁和游戏模组，它们是玩家表达自身看法和价值观的方式和途径。并且，因为这三种DIY形式对原游戏做了改动，所以它们所表达的文化意义也就与原游戏的文化意义有所不同，从而造成了"文化阻力"。文化阻力能够挑战并改变旧有的既存观念和行为惯例。

　　基于这些创造性玩法，并在网络等相关技术的帮助下，玩家就可以成立属于自己的游戏社群。通过属于游戏内（积极或消极的物理系统）和外的设计策略，设计师就能够影响游戏社群形成和发展的界限。游戏社群的具体特征是被其所属的成员玩家决定的，除此之外游戏社群也对其成员玩家产生了不可忽视的影响。利用社群主义的相关观点，我们对游戏社群对玩家所造成影响的内容和方式进行了具体分析和解释。稍展开来说，游戏社群不仅对成员玩家在游戏中的虚拟化身之角色身份也对他在现实中的自我认同和成员资格都产生了影响，这一影响还明确了成员玩家在社群内的地位和所承担的职能。此外，还研究了如何通过奖励分配机制促进成员玩家在游戏社群中的合作与竞争。

　　最后对当线上的游戏社群延伸到线下时所引发的与电脑游戏相关的社交活动进行了介绍和说明，并对比较有代表性的两个活动进行了研究，即电子竞技和局域网派对。其中，对电子竞技作为"青年亚文化"的成立条件进行了说明，以及对它是否真的能够成立进行了反思。在局域网派对的整个过程中所表现出来的社交和教育功能则很好地反驳了人们对于"游戏极客"的偏见。

结　语

本着这样的学术理想，即反映当代技术创新实践的时代精神和超越技术创新中性论的经济主义解释范式，我们迈出了技术创新实践哲学研究的第一步，尝试开拓出一个集"思想""理论""实践"三大维度于一体的研究场域。

三大维度具有密切的联系，但各自本身具有相对独立性，它们之间并不是一一对应的单向关联，互相之间本身有一定的张力。譬如，思想总是处于流变中，鉴于思想发展的弥散性和丰富性，理论不可能就只是既有思想的系统化和具体化，其亦有自己的生命。同样，实践个案也不只是理论的具体应用，实践总具有鲜明的丰富性、特殊性和境域性。并且每一维度目前都还只是集中深入地探讨了其中的一个重要新问题，本身并不具有结构的完备性和系统性。所以，三大维度的关联性本身还有待日后随着各自的充分发展而加强。

但即便如此，三大维度统一的家族纽带渐已织就，这就是技术创新的实践性，三大维度都是有关技术创新实践性的说明、解释或应用。思想篇从客观的思想流变中努力揭示技术创新作为"实践性活动"的思想；理论篇以全责任创新理论建构来阐释技术创新实践性活动的应然形态；实践个案篇结合具体技术开发来展示技术创新作为实践性活动的现实可能。所以，与其说本项研究已经完成，不如说该研究只是尝试建构了一个技术创新实践哲学研究框架，应做的工作还有很多，完整的技术创新实践哲学体系还有待进一步扎实建设，我们期待日后能出现一座宏大的理论大厦。

在21世纪初，完成博士学位论文研究工作后，笔者有了自觉的技术创新哲学研究意识，并坚信技术创新哲学研究并不只是技术哲学的应用研究或方法论研究，而应成为技术哲学研究的基础与核心，憧憬在马克思实践哲学的指导下开出技术创新哲学的新天地。作为结语，这里有必要强调，在这个技术创新实践哲学研究意识背后存在着三大觉悟，即认识到存在着一场深刻的技术实践转型、一场根本性的技术观念变革和一个触目的技术哲学难题。

（1）实践层面。这个技术实践转型判断是，从20世纪中叶特别是21世纪以来，人类技术实践正在经历一场新的深刻的技术转型运动，现代性技术实践正在发生新的断裂与跃迁。如果说现代性技术与古代技术对立，本身是近代那场技术转型的产物，那么今天它的裂变将造就新的技术转型，而新的技术转型必将塑造出全新的技术文明形态。海德格尔和雅斯贝斯（Karl Jaspers）曾审视过近代那场技术转型，而现在要做的是努力前瞻当下这场技术转型的实践逻辑。可以确信的是，以核技术、人工智能、信息技术、生物技术等为代表的新兴科技快速发展，在人类逐渐掌握了"改天换地"地创造"世界"的技术能力的同时，自觉自为的价值实践就会愈来愈凸显出来。技术与价值深度纠缠、致密结合、浑然一体，以至于没有纯粹的"技术实践"，只有"技术-价值实践"。

（2）话语观念层面。这个观念变革判断是，约从 20 世纪中叶以来，人类技术世界的基础话语正在发生一场观念变革，这就是从"技术发明"到"技术创新"的概念变迁。其直接的表现是对于技术世界的技术创生事件，传统上人们习惯于用"技术发明"（或简称"发明"）的称呼，而现在更习惯于用"技术创新"（或简称"创新"）的称呼。也就是说，就技术世界而言，"技术发明"越来越由原来的一个"通用语"变为适于"小生境"的"专用语"，而"技术创新"越来越由一个"专用语"转变为一个"通用语"，"技术发明"正在为"技术创新"所取代。这种概念变迁，即由"发明话语体系"转变为"创新话语体系"，涉及一场思想观念变革，这实质上是一场哥白尼式的"概念革命"。"发明"原本主要用在文学领域，是古典修辞学中的一个流行概念，其原始意涵强调心灵意识的突现，是属于"认识中心主义的"，而"创新"原本主要用在社会政治和宗教等领域，其原始意涵是强调引入变革的社会实践行动，是属于"实践中心主义的"。

（3）哲学层面。中外哲学史上曾存在着一股技术发明哲学暗流，如古代《易传》中的"观象制器说"、《考工记》中的"圣人创物"思想；文艺复兴时期列奥纳多·达·芬奇（Leonardo da Vinci）对"我是发明家"的觉悟、弗兰西斯·培根（Francis Bacon）对发明的界定；19 世纪德克斯出版的《发明哲学》小册子；20 世纪德韶尔提出的"第四王国"理论和诺伯特·维纳（Norbert Wiener）的发明哲学探索《发明：激动人心的创新之路》等。与之相关切的，可以确信，随着从"技术发明"向"技术创新"的概念变迁，技术创新哲学研究会应时代之需逐渐兴起。鉴于"创新"固有的实践性原始含义，技术创新哲学理应是一门实践哲学，技术创新理应是实践性的。但从哲学上看，技术创新的实践性是一种怎样性质的实践性，如何论证这种实践性，就成了应认真对待的问题。在实践哲学史的两大传统中，无论是亚里士多德提出的"伦理实践"概念，还是弗兰西斯·培根提出的"技术实践"概念，它们持有相同的前提信念，即"伦理实践活动"与"技术实践活动"，两者本质上是无内在关涉的。显然，在依然强劲的实践哲学的两大传统中难以安顿"技术创新",如何建构"技术-伦理实践"概念,如何理解和践行技术创新的实践性就成为一个实践哲学难题。

最后,我们还想强调,技术创新实践哲学研究实质就是澄明、落实马克思实践哲学的洞见与理想。马克思曾深刻指出:技术揭示出人对自然的能动关系、人的生活的直接生产过程、人的社会生活关系以及由此产生的精神观念的直接生产过程。这种马克思关于技术本质的三大维度洞见,清楚表明他已突破了习以为常的相互隔绝的"技术实践"和"伦理实践"概念的束缚,预示着一个广阔的技术理论创造空间有待开拓。面向新技术转型,技术创新实践哲学研究应更自觉地响应这种理论创造的召唤,并不断地回味:哲学家们只是用不同的方式解释世界,问题在于改变世界。

主要参考文献

安维复. 2003. 技术创新的社会建构——建立健全国家创新体系的理论分析和政策建议. 上海：文汇出版社.

北京大学互联网发展研究中心. 2019. 游戏学. 北京：中国人民大学出版社.

伯纳德·舒兹. 2022. 蚱蜢：游戏、生命与乌托邦. 胡天玫，周育萍译. 重庆：重庆出版社.

陈凡. 1995. 技术社会化引论：一种对技术的社会学研究. 北京：中国人民大学出版社.

陈凡，李勇. 2012. 面向实践的技术知识——人类学视野的技术观. 哲学研究，（11）：95-101，129.

陈其荣. 2000. 技术创新的哲学视野. 复旦学报（社会科学版），（1）：14-20，75.

陈文化，田幸，陈晓丽. 2014. 全面创新学. 长沙：中南大学出版社.

陈韵博. 2015. 暴力网络游戏与青少年：一个涵化视角的实证研究. 广州：暨南大学出版社.

丁飞，孔燕. 2022. 负责任停滞及其启示. 自然辩证法研究，38（2）：48-53，101.

丁长青. 1995. 技术人类学. 自然辩证法通讯，（3）：70-75.

樊浩. 2007. 伦理精神的价值生态. 北京：中国社会科学出版社.

高剑平. 2008. 从"实体"的科学到"关系"的科学：走向系统科学思想史研究. 科学学研究，26（1）：25-33.

关萍萍. 2012. 互动媒介论：电子游戏多重互动与叙事模式. 杭州：浙江大学出版社.

关士续. 2005. 技术与创新研究. 北京：中国社会科学出版社.

何威，刘梦霏. 2020. 游戏研究读本. 上海：华东师范大学出版社.

贺来. 2013. 乌托邦精神与哲学合法性辩护. 中国社会科学，（7）：40-58，205.

黄佩. 2017. 传播视野中的电子游戏：技术与文化的互动和创新. 北京：北京邮电大学出版社.

金吾伦. 2010. 创新的哲学探索. 上海：东方出版中心.

巨乃岐. 2012. 技术价值论. 北京：国防大学出版社.

李勇. 2012. 技术的人类学审视. 沈阳：东北大学博士学位论文.

李兆友. 2004. 技术创新论：哲学视野中的技术创新. 沈阳：辽宁人民出版社.

廖苗. 2020. 负责任创新的理论与实践. 长沙：湖南大学出版社.

刘兵. 2004. 人类学对技术的研究与技术概念的拓展. 河北学刊，（3）：20-23，33.

刘珺珺. 1999. 科学技术人类学：科学技术与社会研究的新领域. 南开学报（哲学社会科学版），
　　（5）：102-109.

吕乃基. 2011. 科学技术之"双刃剑"辨析. 哲学研究，（7）：103-108，128.

马克思，恩格斯. 2012. 马克思恩格斯选集. 中共中央马克思恩格斯列宁斯大林著作编译局编
　　译. 北京：人民出版社.

梅亮. 2018. 责任式创新：科技进步与发展永续的选择. 北京：清华大学出版社.

梅其君. 2009. 技术人类学：一个成长中的新学科. 青海民族研究，20（4）：10-13.

彭福扬，刘红玉. 2006. 论生态化技术创新的人本伦理思想. 哲学研究，（8）：104-106.

尚俊杰，蒋宇，庄绍勇. 2012. 游戏的力量：教育游戏与研究性学习. 北京：北京大学出版社.

孙正聿. 2016. 哲学：思想的前提批判. 北京：中国社会科学出版社.

田松. 2018. 神灵世界的余韵：纳西族传统宇宙观、自然观、传统技术及生存方式之变迁. 北京：
　　民族出版社.

万辅彬，韦丹芳，孟振兴. 2011. 人类学视野下的传统工艺. 北京：人民出版社.

王滨. 2002. 技术创新过程论——对中间试验的哲学探索. 上海：同济大学出版社.

王程韡. 2020. "技术"哲学的人类学未来. 自然辩证法通讯，42（11）：9-11.

王大洲. 2001. 技术创新与制度结构. 沈阳：东北大学出版社.

王国豫，胡比希，刘则渊. 2007. 社会-技术系统框架下的技术伦理学——论罗波尔的功利主义
　　技术伦理观. 哲学研究，（6）：78-85，129.

王前，菲利普·布瑞. 2019. 负责任创新的理论与实践. 北京：科学出版社.

王中贝，周荣庭. 2022. 新兴技术伦理分析路径研究. 自然辩证法研究，（3）：29-35.

吴小玲. 2015. 幻象与真相：网络游戏的文化建构. 成都：西南交通大学出版社.

吴永忠. 2002. 技术创新的信息过程论. 沈阳：东北大学出版社.

夏保华. 2004. 技术创新哲学研究. 北京：中国社会科学出版社.

夏保华. 2015. 简论早期技术社会学的法国学派. 自然辩证法研究，31（8）：25-29，47.

肖峰. 2011. 人文语境中的技术：从技术哲学走向当代技术人学. 北京：中国社会科学出版社.

许煜. 2018. 论数码物的存在. 李婉楠译. 上海：上海人民出版社.

闫宏微. 2015. 大学生网络游戏成瘾问题研究. 上海：上海人民出版社.

姚晓光，田少煦，梁冰，等. 2018. 游戏设计概论. 北京：清华大学出版社.

易显飞. 2014. 技术创新价值取向的历史演变研究. 沈阳：东北大学出版社.

于光远，马惠娣. 2006. 休闲·游戏·麻将. 北京：文化艺术出版社.

远德玉. 2008. 过程论视野中的技术：远德玉技术论文研究文集. 沈阳：东北大学出版社.

远德玉，等. 1999. 工业企业技术创新的动力与能力研究//陈晓田，杨列勋. 技术创新十年. 北
　　京：科学出版社.

约翰·赫伊津哈. 2014. 游戏的人：文化的游戏要素研究. 傅存良译. 北京：北京大学出版社.

约瑟夫·熊彼特. 2011. 经济发展理论——对于利润、资本、信贷、利息和经济周期的考察. 何畏，易家详，等译. 北京：商务印书馆.

恽如伟，陈文娟. 2012. 数字游戏概论. 北京：高等教育出版社.

詹姆斯·卡斯. 2013. 有限与无限的游戏：一个哲学家眼中的竞技世界. 马小悟，余倩译. 北京：电子工业出版社.

张柏春，李成智. 2009. 技术的人类学、民俗学与工业考古学研究. 北京：北京理工大学出版社.

张治河，潘晶晶. 2007. 创新学理论体系研究新进展. 工业技术经济，（2）：150-160.

赵建军. 2011. 创新之道：迈向成功之路. 北京：华夏出版社.

赵汀阳. 2010. 论可能生活. 2 版. 北京：中国人民大学出版社.

赵迎欢. 2011. 荷兰技术伦理学理论及负责任的科技创新研究. 武汉科技大学学报（社会科学版），13（5）：514-518.

Aarseth E. 1997. Cybertext：Perspectives on Ergodic Literature. Baltimore and London：The Johns Hopkins University Press.

Altshuller G. 1999. The Innovation Algorithm. Worcester：Technical Innovation Center，Inc.

Arthur W. 2009. The Nature of Technology：What It Is and How It Evolves. New York：Free Press.

Blanckaert C. 2001. Logical bases of technological anthropology：the measurement of man and bio-sociology(1860—1920). Archives Internationales d'Histoire des Sciences，51(146)：65-73.

Blok V. 2021. What is innovation? Laying the ground for a philosophy of innovation. Techné：Research in Philosophy and Technology，25（1）：72-96.

Botin L. 2015. The technological construction of the self: techno-anthropological readings and reflectons. Techné：Research in Philosophy and Technology，19（2）：211-232.

Botin L，Børsen T. 2021. Technology Assessment in a Techno-Anthropological Perspective. Aalborg：Aalborg Universitetsforlag.

Børsen T. 2020. Bridging critical constructivism and postphenomenology at techno-anthropology. Techné：Research in Philosophy and Technology，24（1-2）：218-246.

Børsen T，Botin L. 2013. What Is Techno-Anthropology? Aalborg：Aalborg University Press.

Corbett J. 1959. Innovation and philosophy. Mind：A Quarterly Review Psychology and Philosophy，（271）：289-308.

Dessauer F. 1956. Streit um die Technik. Frankfurt：Verlag Josef Knecht.

Dircks H. 1867. The Philosophy of Invention. London：E. & F. Spon.

Dosi G. 1982. Technological paradigms and technological trajectories：a suggested interpretation of the determinants and directions of technical change. Research Policy，11（3）：147-162.

Feenberg A. 2002. Transforming Technology: a Critical Theory Revisited. Oxford: Oxford University Press.

Flanagan M, Nissenbaum H. 2016. Values at Play in Digital Games. Cambridge: The MIT Press.

Freyermuth G S. 2015. Games、Game Design、Game Studies. Bielefeld: Transcript Verlag.

Friedman B, Kahn P, Borning A. 2006. Value sensitive design and information systems//Zhang P, Galletta D. Human-computer Interaction and Management Information Systems: Foundations. New York: M. E. Sharpe.

Gilbert H. 2018. The philosophical and technological anthropology of transhumanism. Journal International de Bioethique et d'ethique des Sciences, 29 (3-4): 135-153.

Godin B. 2015. Innovation Contested: the Idea of Innovation Over the Centuries. London: Routledge.

Grunwald A. 2016. The Hermeneutic Side of Responsible Research and Innovation. Hoboken: John Wiley & Sons.

Gualeni S, Vella D. 2020. Virtual Existentialism: Meaning and Subjectivity in Virtual Worlds. London: Palgrave Macmillan.

Ingold T. 1997. Eight themes in the anthropology of technology. Social Analysis, 41 (1): 106-138.

Jensen T. 2013. Techno anthropology: a new move in science and technology studies. STS Encounters, 5 (1): 1-22.

Juul J. 2005. Half-Real: Video Games between Real Rules and Fictional Worlds. Cambridge: The MIT Press.

Koops B J, Oosterlaken I, Romijn H, et al. 2015. Responsible Innovation 2: Concepts, Approaches, and Applications. Cham: Springer.

Kowert R, Quandt T. 2016. The Video Game Debate: Unravelling the Physical, Social, and Psychological Effects of Digital Games. New York: Routledge.

Kronfeldner M. 2009. Creativity naturalized. The Philosophical Quarterly, 59 (237): 577-592.

Lemonnier P. 1986. The study of material culture today: toward an anthropology of technical systems. Journal of Anthropological Archaeology, 5 (2): 147-186.

Lemonnier P. 1992. Elements for an Anthropology of Technology. Ann Arbor: University of Michigan Press.

Lemonnier P. 1993. Technological Choices: Transformation in Material Cultures Since the Neolithic. New York: Routledge Press.

Li F J. 2018. Situated Framings of Responsible Innovation in a Chinese Context: Case Study of Changsha County. Exeter: University of Exeter.

Olle D A, Westcott J R. 2018. Video Game Addiction. Dulles: Mercury Learning and Information.

Owen R，Bessant J R，Heintz，M，et al. 2013. Responsible Innovation：Managing the Responsible Emergence of Science and Innovation in Society. Chichester：John Wiley & Sons.

Pavie X，Scholten V，Carthy D. 2014. Responsible Innovation：from Concept to Practice. London：World Scientific Publishing.

Pavie X. 2020. Critical Philosophy of Innovation and the Innovator. Hoboken：John Wiley & Sons.

Pellé S，Reber B. 2016. From Ethical Review to Responsible Research and Innovation. London：ISTE.

Pfaffenberger B. 1988. Fetishised objects and humanised nature：towards an anthropology of technology. Man，（2）：236-252.

Pfaffenberger B. 1992. Social anthropology of technology. Annual Review of Anthropology，（21）：491-516.

Rutter J，Bryce J. 2006. Understanding Digital Games. London：SAGE Publications.

Salen K，Zimmerman E. 2004. Rules of Play：Game Design Fundamental. Cambridge：The MIT Press.

Schell J. 2015. The Art of Game Design：a Book of Lenses. Boca Raton：CRC Press.

Schiffer M B. 2001. Anthropological Perspectives on Technology. Albuquerque：University of New Mexico Press.

Schrier K，Gibson D. 2010. Designing Games for Ethics：Models，Techniques and Frameworks. Hershey：IGI Global.

Schrier K，Gibson D. 2011. Ethics and Game Design：Teaching Values Through Play. Hershey：IGI Global.

Sicart M. 2009. The Ethics of Computer Games. Cambridge：The MIT Press.

Sokolovskiy S. 2019. Bodies and technologies through the prism of techno-anthropology. Forum for Anthropology and Culture，（15）：97-115.

Stahl B. 2013. Responsible research and innovation：the role of privacy in an emerging framework. Science and Public Policy，40（6）：708-716.

Steen M. 2021. Slow innovation：the need for reflexivity in Responsible Innovation（RI）. Journal of Responsible Innovation，8（2）：254-260.

Steiner C. 1995. A philosophy for innovation. Journal of Product Innovation Management，12（5）：431-440.

Stilgoe J，Owen R，Macnaghten P. 2013. Developing a framework for responsible innovation. Research Policy，42（9）：1568-1580.

van de Poel I，Royakkers L，Zwart D Z. 2015. Moral Responsibility and the Problem of Many Hands.

Oxon: Routledge.

van den Hoven J, Swierstra T, Koops B, et al. 2014. Responsible Innovation 1: Innovative Solutions for Global Issues. Dordrecht: Springer.

van den Hoven J, Vermaas P E, van de Poel I. 2015. Handbook of Ethics, Values and Technological Design. Dordrecht: Springer.

Verbeek P. 2011. Moralizing Technology: Understanding and Designing the Morality of Things. Chicago: The University of Chicago Press.

von Schomberg R, Hankins J. 2019. International Handbook on Responsible Innovation: a Global Resource. Cheltenham: Edward Elgar Publishing.

Wolf M. 2008. The Video Game Explosion: a History from Pong to Playstation® and Beyond. Westport: Greenwood Press.

Zagal J. 2012. The Videogame Ethics Reader. San Diego: Cognella.

后　记

　　本书是我与三位优秀博士研究生共同研究完成的。我负责全书结构厘定，执笔引论、各篇引言及结语；南京中医药大学王皓副教授执笔思想篇；南京农业大学刘战雄副教授执笔理论篇；上海电力大学吴一迪博士执笔实践个案篇。对每一部分，我与执笔人都在一起反复思量，对其中思想负有共同责任。

　　本书初稿是国家社科基金一般项目（项目批准号为16BZX025）的结项成果。自2021年10月结项以来，在国家社科基金重大项目（项目批准号为19ZDA040）支持下，又进行了深入的研究和完善。借本书付梓之际，我首先特别感谢全国哲学社会科学规划办公室和同行专家对课题立项的支持。

　　感谢东南大学人文学院的组织支持。感谢以樊和平资深教授、王珏院长、吕乃基教授等为代表的东南大学哲学共同体的帮助。感谢老师、同学、学生和同行朋友们给予的帮助。

夏保华

2022年10月